环境工程专业实验系列教材

# 水污染控制工程实验

郑师梅　王元芳　台夕市　主编
刘莹　王林同　副主编

清华大学出版社
北京

## 内容简介

本书是一本综合性的水污染控制工程实验教材，在编写上重视经典理论的传承和新技术、新工艺的引进。首先介绍了实验教学的目的和要求，水样的采集、保存及预处理，数据处理与实验分析等基础理论。实验部分包含了传统经典的水污染控制工程实验，同时也加入了新理论、新工艺的实验，还兼顾了与水相关的微生物实验，包含了化学、物理、物理化学和生物化学的各种主要理论和工艺技术。

本书可供环境工程、给水排水工程等相关专业作为教材使用，也可供有关工程技术人员阅读参考。



**图书在版编目(CIP)数据**

水污染控制工程实验/郑师梅，王元芳，台夕市主编. —北京：清华大学出版社，2023.12
环境工程专业实验系列教材
ISBN 978-7-302-62321-2

Ⅰ. ①水… Ⅱ. ①郑… ②王… ③台… Ⅲ. ①水污染－污染控制－实验－高等学校－教材
Ⅳ. ①X52-33

中国国家版本馆 CIP 数据核字(2023)第 007096 号

**责任编辑**：袁　琦
**封面设计**：何凤霞
**责任校对**：欧　洋
**责任印制**：沈　露

**出版发行**：清华大学出版社
**网　　址**：https://www.tup.com.cn，https://www.wqxuetang.com
**地　　址**：北京清华大学学研大厦 A 座　　**邮　　编**：100084
**社 总 机**：010-83470000　　**邮　　购**：010-62786544
**投稿与读者服务**：010-62776969，c-service@tup.tsinghua.edu.cn
**质量反馈**：010-62772015，zhiliang@tup.tsinghua.edu.cn
**印 装 者**：三河市龙大印装有限公司
**经　　销**：全国新华书店
**开　　本**：185mm×260mm　　**印　　张**：12.25　　**字　　数**：295 千字
**版　　次**：2023 年 12 月第 1 版　　**印　　次**：2023 年 12 月第 1 次印刷
**定　　价**：48.00 元

---

产品编号：098964-01

# 编 者 名 单

**主　　编：**郑师梅　王元芳　台夕市

**副 主 编：**刘　莹　王林同

**编　　者：**耿启金　杨金美　陈　刚　汤善芳

殷月慧　王延栋　李智华

**参编单位：**潍坊学院

潍坊市人民医院

潍坊水利水质检测有限公司

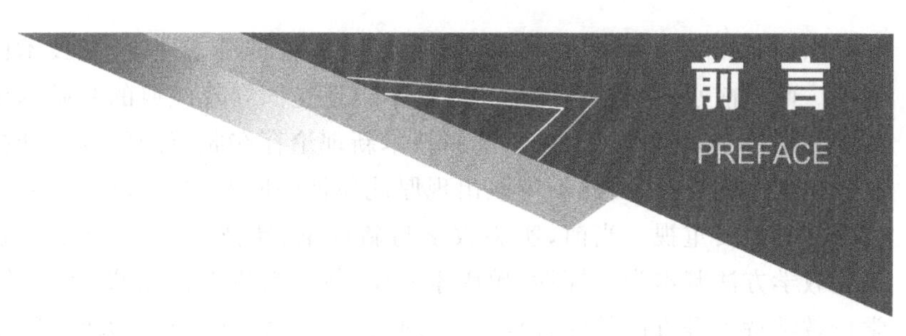


联合国政府间气候变化专门委员会(Intergovernmental Panel on Climate Change, IPCC)第一工作组报告《气候变化 2021：自然科学基础》明确了人类活动对气候系统的影响,预估在未来几十年,所有地区的气候变化仍将加剧,极端天气现象日益频繁出现。

习近平总书记在党的十九大报告中提出,坚持人与自然和谐共生,必须树立和践行“绿水青山就是金山银山”的生态文明理念。党的十八大以来,在习近平生态文明思想的指引下,我国生态环境治理取得显著进展,尤其是“十三五”时期,我国生态环境政策改革与创新加速,全国生态环境治理总体上得到很大改善,生态环境政策体系建设也取得重大进展,为深入推进生态文明建设、美丽中国建设提供了重要动力机制。十九届六中全会通过《中共中央关于党的百年奋斗重大成就和历史经验的决议》,将生态文明建设作为新时代十三个方面重大成就之一进行总结概括,并强调坚持人与自然和谐共生,协同推进人民富裕、国家强盛、中国美丽,为持续推进生态文明建设、朝着美丽中国建设目标迈进,指明了前进方向,注入了强大动力,提供了根本遵循。“十四五”时期,我国生态文明建设进入了以降碳为重点战略方向、推动减污降碳协同增效、促进经济社会发展全面绿色转型、实现生态环境质量改善由量变到质变的关键时期,由此继续深化生态环境保护政策改革与创新,持续改善生态环境质量,加快推进生态环境治理体系,为全面开启社会主义现代化建设新征程奠定生态环境基础。

打破发展与保护对立的束缚,树立保护环境就是保护人类、建立生态文明就是为人类造福的新理念。生命起源于自然,坚持生态文明建设,实现人与自然的和谐共生,才能让绿水青山带来源源不断的金山银山。《中共中央 国务院关于深入打好污染防治攻坚战的意见》明确要巩固污染防治攻坚成果,坚持精准治污、科学治污、依法治污,以更高标准打好蓝天、碧水、净土保卫战,以高水平保护推动高质量发展、创造高品质生活,努力建设人与自然和谐共生的美丽中国。站在人与自然和谐共生的高度来谋划经济社会发展,统筹污染治理、生态保护、应对气候变化,促进生态环境持续改善,努力建设人与自然和谐共生的现代化。“水”“气”“土”等污染防治相关法律及排放限值等相继修订,切实反映了环境质量改善现实要求。黑臭水体治理在切实紧盯污染防治重点领域和关键环节,集中力量攻克老百姓身边的突出生态环境问题,推动污染防治在重点区域、重要领域、关键指标上实现新突破。

与此同时,技术的发展创新也在不断进行,新理论不断地填补基础理论的空白。例如,脱氮除磷新技术、高级氧化技术、深度处理、膜处理等新理论、新技术已广泛用于污(废)水处理中。而当前水污染控制工程实验基本上还是固守着经典的基础理论实验,因此,出现了当前水污染控制工程实验的教学与新技术新理论存在脱节的问题。新技术的发展和应用离不开基础理论的支撑,因此不应该出现厚此薄彼的问题,基础理论重要,新技术同样重要,两者应该同时都要重视。当前,实验教学与新理论、新技术、新工艺、新设备、新标准不够接轨;实验教学方法基本为验证性、单因素实验,较少考虑多因素设计、多分析测试手段研究以及学校教学特色等方面的综合训练;实验教学理念、教学内容陈旧,且与理论教学和工程实际脱节,不利于水污染控制工程的理论学习和工程技术知识的传授。实验教学中,需要对学生创新能力进行培养,因此改革、创新水污染控制工程实验教学已非常急迫。为此,编者编写了此实验教材,以期在水污染控制工程实验教学方面做出积极的探索。

本书编写重视经典理论的传承和新技术新工艺的引进。实验包含与污水相关参数的一些监测实验,如硬度的测定、残渣的测定、凯氏氮的测定、磷的测定、有机碳的测定等;还包括传统的经典水污染实验,如悬浮物的沉淀实验、混凝沉淀实验、离子交换实验、活性污泥特性测定实验、污泥比阻测定实验、动态和静态活性炭吸附有机物实验、厌氧消化实验、曝气充氧实验等;再就是包括一些比较成熟的新的技术实验,比如,高级氧化实验、膜生物反应器实验、光催化降解实验等内容;同时兼顾了与污水相关的微生物实验,把一些成熟的新理论技术引入书中,例如,利用 Biolog 法测定分析废水中微生物代谢特征,微生物絮凝剂与无机絮凝剂的复配,并加入了污水中新冠病毒检测实验。全书包含了化学、物理、物理化学和生物化学的各种主要理论和工艺技术实验,涉及了水污染控制工程常见分析项目及其仪器、设备的使用,涵盖了水污染控制工程实验的重要教学内容和工程技术要点,注重与新理论、新技术、新工艺、新标准的无缝衔接。因此,本书是一本综合性的水污染控制工程实验教材。

本书第一章和第四章由潍坊学院郑师梅博士、王林同教授、陈刚博士、杨金美博士、台夕市教授和潍坊水利水质检测有限公司李智华高级工程师编写;第二章由潍坊学院郑师梅博士、刘莹博士和王元芳博士编写;第三章由潍坊学院耿启金教授和刘莹博士编写;第五章由潍坊学院郑师梅博士、王元芳博士,潍坊市人民医院汤善芳副主任护师、殷月慧副主任医师和王延栋副主任医师编写。全书由潍坊学院郑师梅博士、王元芳博士和台夕市教授负责统稿。本书编写过程中,得到了潍坊学院教材科和化学化工与环境工程学院和潍坊市人民医院等单位的大力支持和帮助。本书得到潍坊学院“潍院学者”建设工程项目、潍坊学院化学工程与技术重点学科、潍坊学院绿色催化新材料的分子模拟及合成科研创新团队项目、山东省自然科学基金(ZR2017MB057)资助。

由于编者时间和水平有限,错误和疏漏在所难免,敬请专家和读者批评指正。

编　者

2023 年 5 月

# 目录

CONTENTS

第一章

# 实验教学的目的和要求

水污染控制工程是环境工程专业的一门重要的专业课程，是建立在水体自净作用、水处理实验研究与技术开发、水污染治理工程基础之上的课程。水环境污染成因剖析和处理方法、污染防治机理探讨、污染治理技术开发、工艺技术参数确定、设备设计加工和操作运行管理都需要基于实验研究加以解决。处理设备的设计参数和操作运行方式的确定，都需要通过实验解决。例如，采用塔式生物滤池处理某种工业废水时，需要通过实验测定负荷率、回流比、滤池高度等，混凝沉淀或混凝气浮所用药剂种类的选择和生产运行条件的确定，较高氨氮浓度进水如垃圾渗滤液、畜禽废水的硝化和反硝化工艺参数的确定，化学除磷剂投加量及其投加位置的确定等工艺参数，都是需要通过实验测定才能获得较合理地数据，进而才能进行工程设计。

水污染控制工程实验是水污染控制工程课程的重要组成部分，是科研和工程技术人员解决水和污水污染治理中各种问题的一个重要手段。通过水污染控制工程实验研究可以解决下述问题。

(1) 观察水环境污染的客观现象，通过研究和掌握水环境污染物在水体以及污水中的稀释、扩散、迁移、转化、降解、吸附、沉淀等基本规律，为水环境保护和污染防治提供依据。

(2) 掌握污水处理过程中污染物去除的基本原理，并能改进现有的处理技术及设备，实现水处理设备的优化设计和优化控制。

(3) 掌握基本原理的基础，开发新的水处理技术和设备。

(4) 解决水污染治理技术开发中的工程放大问题、自动化控制问题等。

## 第一节　水污染控制工程实验教学的目的

实验教学是使学生理论联系实际，培养学生观察问题、分析问题和解决问题能力的一个重要方法。实验分为验证性、综合性、设计性和探索性实验。

综合性实验是指以学生发现问题、分析问题和解决问题能力训练思路为主线，使实验形成一个有机整体的实验。

设计性实验是指学生在教师的指导下，根据给定的实验目的和实验条件，独立设计实验方案、选择实验方法、确定实验器材、拟定实验操作程序，自己加以实现并对实验结果进行分析处理的实验。

探索性实验是指学生在导师的指导下，在自己的研究领域或导师选定的学科方向，针对某一选定研究目标所进行的具有研究、探索性质的实验，是学生参加科学研究或实践的一种重要形式。探索性实验需要结合水污染防治的发展方向、学校的研究特色、导师的研究项目以及现有实验基础开展。

一般验证性实验的教学具有局限性，不能满足学生综合能力的培养要求，因此需要开设一些综合性、设计性和探索性实验。

实验教学的教学目的如下：

(1) 帮助学生理解和掌握理论知识的基本概念、基本理论及主要工艺技术。

(2) 使学生了解如何提出科学问题、了解如何进行实验方案的设计，并初步掌握水污染控制工程实验的研究方法和基本测试技术。

(3) 培养学生对数据的基本分析、处理能力，包括收集实验数据、正确地分析和归纳实验数据、运用实验成果验证已有的概念和理论等。

总之，水污染控制工程实验教学的目的在于推动和促进学生深入探究水环境污染及其控制方法的主要科学问题和基本理论问题，掌握实验研究的方法，理解科学研究及其工程应用的价值。

## 第二节　水污染控制工程实验的基本程序

为了更好地实现教学目的，使学生学好本门课程，下面简单介绍实验研究工作的一般程序。

### 一、提出科学问题

运用理论知识或者根据实际水环境问题，提出打算验证的其事物的基本概念或探索研究的问题。

### 二、设计实验方案

确定实验目标后，要根据具体情况研究制定工艺技术路线，设计实验研究方案。实验方案应包括实验目的、实验装置、实验步骤、测试项目和测试方法等内容。

### 三、实验研究

(1) 根据设计好的实验方案进行实验，及时进行样品的采集、保存和分析测试。

(2) 收集实验数据。

(3) 整理分析实验数据，对实验结果进行讨论，对污染成因、污染控制的作用机制进行探讨。对实验数据可靠性的整理分析是实验工作的重要环节。实验人员要用已掌握的基本概念分析实验数据，通过数据分析加深对基本概念的理解，并发现实验设备、操作运行、测试方法和实验方向等方面的问题，以便及时解决，使实验工作能较顺利地进行。一旦发现实验出现了问题，能及时弥补。

(4) 实验小结。实验是培养学生严谨的科学态度、踏实的工作作风的实践过程。学生通过实验，结合所学理论知识，对实验数据进行系统分析和评价，对实验结果进行分析研究、机制探讨和潜在工程价值探索。实验小结的内容包括以下几个方面：

(a) 通过实验加深了对哪些工艺技术或科学理论的理解，掌握了哪些新的知识和技术，获取了哪些认知和技能。

(b) 是否解决了提出的科学问题或验证了科学原理。

(c) 当实验数据不合理时，应分析原因，提出新的实验方案。

(d) 实验结果对已有的工艺设备和操作运行条件的改进是否有参考价值。

受课程学时等条件限制，学生只能在已有的实验装置和规定的实验条件范围内实验，通过本课程的学习得到初步的训练，为今后从事实验研究打好基础。

## 第三节　水污染控制工程实验教学的要求

不同类型实验的要求是不一样的。对于验证性实验，学生实验时应遵循下列要求。

### 一、课前预习

在课前，学生必须认真阅读实验教材，清楚地了解实验的目的和要求、实验原理和实验内容，熟悉实验所需分析测试项目的测试方法，了解实验有关注意事项，准备好实验记录表格，并把这些事项记录在预习提纲里。

### 二、实验设计

实验设计是培养学生综合利用所学知识和技能独立分析和解决问题能力的重要环节，是获得满足要求的实验结果的基本保障。在实验过程中，学生需要先基于实验内容和实验要求，并结合所学理论和知识设计实验方案，选择实验方法，确定实验器材，明确测试项目和分析方法，拟定实验操作程序，做好实验分工。在实验教学中，宜将此环节的训练放在部分实验项目完成后进行，以达到使学生掌握实验设计方法的目的。

### 三、实验操作

学生实验前应仔细检查实验设备、仪器仪表是否完整齐全。实验时要严格按照操作规程认真操作，仔细观察实验现象，精心测定实验数据并详细填写实验记录。实验结束后，要将实验设备和仪器仪表恢复原状，将周围环境整理干净。学生应注意培养自己严谨的科学态度，养成良好的实验习惯。

### 四、实验数据处理

通过实验取得大量数据以后，必须对数据作科学的整理分析，去伪存真、去粗取精，并进行科学、合理的分析，以得到正确可靠的结论。

### 五、编写实验报告

将实验结果整理编写成一份实验报告，是实验教学必不可少的组成部分。编写实验报告是训练和规范学生科学研究报告或文本书写必不可少的环节，这一环节的训练可为今后写好科学论文或科研报告打下基础。实验报告包括下述内容：①实验目的；②实验原理；③实验装置和方法；④实验步骤；⑤实验数据和数据整理结果；⑥实验结果分析讨论。对于科研论文，最后还要列出参考文献。实验教学的实验报告，参考文献一项可省略。实验报告的重点放在实验数据处理和实验结果的讨论。

对于综合性、设计性和探索性实验，除上述要求外，学生还必须结合自己的实验内容和要求，查阅有关书籍、文献资料，了解和掌握与本实验研究有关的国内外技术状况、发展动态，并在此基础上，根据实验课题要求和实验室条件，提出具体的实验方案，包括实验工艺技术路线、实验条件要求、实验设备及材料、实验步骤、实验进度安排等。

综合性、设计性和探索性实验报告的内容应包括：①课题研究意义；②课题研究进展；③实验研究方案；④实验过程描述与实验结果分析讨论；⑤实验结论与建议；⑥参考文献等。

# 第二章

# 水样的采集、保存及预处理

近年来，我国的生态环境质量逐步改善，但是仍存在一定污染问题。我国要实现碳中和、碳达峰，需要着力解决资源环境约束突出问题，实现中华民族永续发展。而诸多环境污染往往无法直观发现，都需要环境检测对环境状态进行定性和定量的评估。这些污染物包括无机污染物、有机污染物和微生物等，主要分布在水体、大气、土壤、固体废弃物及生物体内，对环境和人类健康危害很大。

这些年，我国在水污染、空气污染、土壤污染、放射源污染和重金属污染等方面的检测工作都取得了可喜的发展。但是，目前面临的环境分析与治理的任务仍很艰巨，这就需要各级政府部门、科研院所、检测机构等多部门继续加大对于环境检测体系的建立、充分发挥环境监测的作用、提升环境监测工作的科学化和规范化水平。本章主要结合生态环境部各项标准、技术规范，对环境样品的采集、保存和预处理进行概括总结。

合理的水样采集和保存方法，是保证检测结果能正确地反映被检测对象特征的重要环节。为了保证水样的代表性和完整性，在水样采集以前，根据被检测对象的特征拟定水样采集计划，确定采样地点、采样时间、水样数量和采样方法，并根据检测项目决定水样保存方法。即采集符合被测对象真实情况的样品。为此，开展水污染防治需要了解被测对象采集、管理运输、保存及其预处理的相关规范或要求，选择合适的采样位置、采样时间以及保存方法。力求做到所采集的水样，其组成成分的比例或浓度与被检测对象的所有成分一样，并在测试工作开展以前，各成分不发生显著的改变。

水污染控制涉及水体污染防治、点源污染治理以及实验室的实验研究等，其研究对象的特征差异性大，因而其水样的采集也各有所异。如河流、湖泊、水库的监测水样需在设置的监测断面上采取；工业污染源中第一类污染物水样应在车间排放口采取混合样，而第二类污染物水样应在企业污染排放口采取；实验室小试的出水最好收集全部出水的混合样，而不是取短时或瞬时出水样等。

为确保水样的代表性和完整性，国家对水和废水监测的布点与采样、监测项目与相应的监测分析方法等制定了系列规范，如《污水监测技术规范》(HJ 91.1—2019)、《地表水和污水监测技术规范》(HJ/T 91—2002)、《水质　采样技术指导》(HJ 494—2009)、《水质　采样方案设计技术规定》(HJ 495—2009)、《水质　样品的保存和管理技术规定》(HJ 493—2009)、《水质　湖泊和水库采样技术指导》(GB/T 14581—1993)、《地下水环境监测技术规范》(HJ 164—2020)、《水污染物排放总量监测技术规范》(HJ/T 92—2002)和《大气降水样品的采集与保存》(GB/T 13580.2—1992)等，为水样采样点的设置、采样和保存制定了规范性的操作方法。对于非环境监测的水污染防治研究，水样采取的频次可以不受上述规范、规定的限制，但其采样点位和采样断面设置、水样采取和保存应遵循上述规范、规定的要求。

# 第一节 水样采样点位的布设

水质监测点位的布设关系到监测数据是否有代表性，是能否真实地反映水环境质量现状及污染发展趋势的关键问题。为了获得完整的环境质量（或污染源）监测信息，从理论上讲，要求监测的空间和时间分辨率越高越好，然而单纯追求和实现高分辨率的空间和时间监测，不论从经济点，还是从实践观点看，都是难于实现的。即使采用连续自动采样监测系统以求获得高分辨率的时间代表性，却很难做到获得高分辨率的空间代表性。环境监测的实践已经表明，无论对哪个环境要素进行监测，其空间分辨率只能是有限的。所以，追求以最少（或尽可能少）的监测点位获取最有空间代表性的监测数据，就成为环境监测的最重要的指导思想之一，因而在此背景条件下，就提出了环境监测点位的优化布设问题。环境监测过程是测取数据—解释数据—运用数据的一个完整过程，而测取数据的第一步则是要确定环境监测的点位。

## 一、地表水监测断面的布设原则

在确定和优化地表水监测点位时应遵循尺度范围的原则、信息量原则和经济性、代表性、可控性及不断优化的原则。总之，断面在总体和宏观上应能反映水系或区域的水环境质量状况；各断面的具体位置应能反映所在区域环境的污染特征；尽可能以最少的断面获取有足够代表性的环境信息；应考虑实际采样时的可行性和方便性。

断面位置应避开死水区、回水区、排污口处，尽量选择顺直河段、河床稳定、水流平稳、水面宽阔、无急流、无浅滩处。监测断面力求与水文测流断面一致，以便利用其水文参数，实现水质监测与水量监测的结合。监测断面的布设应考虑社会经济发展，监测工作的实际状况和需要，要具有相对的长远性。流域同步监测中，根据流域规划和污染源限期达标目标确定监测断面。局部河道整治中，监视整治效果的监测断面，由所在地区环境保护行政主管部门确定。入海河口断面要设置在能反映入海河水水质并临近入海的位置。其他如突发性水环境污染事故、洪水期和退水期的水质监测，应根据现场情况，布设能反映污染物进入水环境和扩散、消减情况的采样断面及点位。

监测断面可分为以下几种：

（1）背景断面：为评价某一完整水系的污染程度，未受人类生活和生产活动影响，能够提供水环境背景值的断面。

（2）对照断面：具体判断某一区域水环境污染程度时，位于该区域所有污染源上游处，能够提供这一区域水环境本底值的断面。

（3）控制断面：为了解水环境受污染程度及其变化情况，以控制污染物排放为目的而设置的断面。

（4）消减断面：工业废水或生活污水在水体内流经一定距离而达到最大程度混合，污染物受到稀释、降解，其主要污染物浓度有明显降低的断面。

（5）管理断面：为特定的环境管理需要而设置的断面。

## 二、河流监测断面的设置方法

(1) 背景断面须能反映水系未受污染时的背景值。要求基本上不受人类活动的影响，远离城市居民区、工业区、农药化肥施放区及主要交通路线。原则上应设在水系源头处或未受污染的上游河段，如选定断面处于地球化学异常区，则要在异常区的上、下游分别设置。如有较严重的水土流失情况，则设在水土流失区的上游。

(2) 入境断面，用来反映水系进入某行政区域时的水质状况，应设置在水系进入该区域且尚未受到该区域污染源影响处。

(3) 控制断面用来反映某排污区(口)排放的污水对水质的影响。应设置在排污区(口)的下游，污水与河水基本混匀处。

(4) 控制断面的数量、控制断面与排污区(口)的距离可根据以下因素决定：主要污染区的数量及其之间的距离、各污染源的实际情况、主要污染物的迁移转化规律和其他水文特征等。此外，还应考虑对纳污量的控制程度，即由各控制断面所控制的纳污量不应小于该河段总纳污量的80%。如某河段的各控制断面均有5年以上的监测资料，可用这些资料进行优化，用优化结论来确定控制断面的位置和数量。

(5) 出境断面用来反映水系进入下一行政区域前的水质。因此应设置在本区域最后的污水排放口下游，污水与河水已基本混匀并尽可能靠近水系出境处。如在本行政区域内，河流有足够长度，则应设消减断面。消减断面主要反映河流对污染物的稀释净化情况，应设置在控制断面下游，主要污染物浓度有显著下降处。

(6) 省(自治区、直辖市)交界断面。省、自治区和直辖市内主要河流的干流和一级、二级支流的交界断面，是环境保护管理的重点断面。

(7) 其他各类监测断面

(a) 水系的较大支流汇入前的河口处，以及湖泊、水库、主要河流的出、入口应设置监测断面。

(b) 国际河流出、入国境的交界处应设置出境断面和入境断面。

(c) 国务院环境保护行政主管部门统一设置省(自治区、直辖市)交界断面。

(d) 对流程较长的重要河流，为了解水质、水量变化情况，经适当距离后应设置监测断面。

(e) 水网地区流向不定的河流，应根据常年主导流向设置监测断面。

(f) 对水网地区应视实际情况设置若干控制断面，其控制的径流量之和应不少于总径流量的80%。

(g) 有水工建筑物并受人工控制的河段，视情况分别在闸(坝、堰)上、下设置断面。如水质无明显差别，可只在闸(坝、堰)上设置监测断面。

(h) 要使各监测断面能反映一个水系或一个行政区域的水环境质量。断面的确定应在详细收集有关资料和监测数据基础上，进行优化处理，将优化结果与布点原则和实际情况结合起来，做出决定。

(i) 对于季节性河流和人工控制河流，由于实际情况差异很大，这些河流监测断面的确定、采样的频次与监测项目、监测数据的使用等，由各省(自治区、直辖市)环境保护行政主管部门自定。

## 三、潮汐河流监测断面的布设

(1) 潮汐河流监测断面的布设原则与其他河流相同,设有防潮桥闸的潮汐河流,根据需要在桥闸的上、下游分别设置断面。

(2) 根据潮汐河流的水文特征,潮汐河流的对照断面一般设在潮区界以上。若感潮河段潮区界在该城市管辖的区域之外,则在城市河段的上游设置一个对照断面。

(3) 潮汐河流的消减断面,一般应设在近入海口处。若入海口处于城市管辖区域外,则设在城市河段的下游。

(4) 潮汐河流的断面位置,尽可能与水文断面一致或靠近,以便取得有关的水文数据。

## 四、湖泊、水库监测垂线的布设

对于湖泊、水库通常只设监测垂线,如有特殊情况可参照河流的有关规定设置监测断面。

(1) 湖(库)区的不同水域,如进水区、出水区、深水区、浅水区、湖心区、岸边区,按水体类别设置监测垂线。

(2) 湖(库)区若无明显功能区别,可用网格法均匀设置监测垂线。

(3) 监测垂线上采样点的布设一般与河流的规定相同,但对有可能出现温度分层现象时,应进行水温、溶解氧的探索性实验后再定。

(4) 受污染物影响较大的重要湖泊、水库,应在污染物主要输送路线上设置控制断面。在一个监测断面上设置的采样垂线与各垂线上的采样点数应符合表 2-1～表 2-3 的要求。

**表 2-1 采样垂线数的设置**

| 水面宽/m | 垂线数 | 说明 |
|---|---|---|
| ≤50 | 一条(中泓) | 1. 垂线布设应避免污染带,要测污染带应另加垂线; 2. 确能证明该断面水质均匀时,可仅设中泓垂线; 3. 凡在该断面要计算污染物通量时,必须按本表设置垂线 |
| 50～100 | 二条(近左、右岸有明显水流处) | |
| ≥100 | 三条(左、中、右) | |

**表 2-2 采样垂线上的采样点数的设置**

| 水深/m | 采样点数 | 说明 |
|---|---|---|
| ≤5 | 上层一点 | 1. 上层指水面下 0.5 m 处,水深不到 0.5 m 时,在水深 1/2 处; 2. 下层指河底以上 0.5 m 处; 3. 中层指 1/2 水深处; 4. 封冻时在冰下 0.5 m 处采样,水深不到 0.5 m 时,在水深 1/2 处采样; 5. 凡在该断面要计算污染物通量时,必须按本表设置采样点 |
| 5～10 | 上、下层二点 | |
| ≥10 | 上、中、下层三点 | |

**表 2-3 湖(库)区监测垂线采样点的设置**

| 水深/m | 分层情况 | 采样点数 | 说明 |
|---|---|---|---|
| ≤5 | | 一点(水面下 0.5 m 处) | 1. 分层是指湖水温度分层状况; 2. 水深不足 0.5 m,在 1/2 水深处设置采样点; 3. 有充分数据证实垂线水质均匀时可酌情减少采样点 |
| 5～10 | 不分层 | 二点(水面下 0.5 m,水底上 0.5 m 处) | |
| | 分层 | 三点(水面下 0.5 m,1/2 斜温层,水底上 0.5 m 处) | |
| ≥10 | | 除水面下 0.5 m 和水底上 0.5 m 处外,按每一斜温层 1/2 处设置 | |

### 五、工业废水的采样点布设

工业废水的采样必须考虑废水的性质和每个采样点所处的位置。通常，用管道或者明沟把工业废水排放到远而偏僻、人们很难达到的地方。但在厂区内，排放点容易接近，有时必须采用专门的采样工具通过很深的人孔采样。为了安全起见，最好把人孔设计成无须人进入的采样点。从工厂排出的废水中可能含有生活污水，采样时应予以考虑所选采样点要避开这类污水。第一类污染物的采样必须在车间出水口或预处理出水口。如果废水被排放到氧化塘或贮水池，那么应进行类似于湖泊采样点的布设。

### 六、污水采样点的布设

第一类污染物的污水采样点位一律设在车间或车间处理设施的排放口或专门处理此类污染物设施的排口。

第二类污染物的污水采样点位一律设在排污单位的外排口。

进入集中式污水处理厂和进入城市污水管网的污水采样点位应根据地方环境保护行政主管部门的要求确定。

污水处理设施效率监测采样点的布设：

(1) 对整体污水处理设施效率监测时，在各种进入污水处理设施污水的入口和污水设施的总排口设置采样点。

(2) 对各污水处理单元效率监测时，在各种进入处理设施单元污水的入口和设施单元的排口设置采样点。

## 第二节 水样的采集与保存

### 一、水样的类型

因采样目的和具体情况差异，采样方式及其水样类型是不同的。通常，对河流、湖(库)等天然水体可以采集瞬时水样；而对生活污水和工业废水应采集混合水样。

1. 瞬时水样

在某一定的时间和地点，从水体中或污(废)水中随机采集的分散水样。对于组成及流量较稳定的水体或污(废)水，或水体组成在相当长的时间和相当大的空间范围变化不大，瞬时样品具有良好的代表性。当水体的组成和流量随时间和空间发生变化，则要在适当时间间隔内多点采集瞬时水样，分别进行分析，绘制浓度-时间、浓度-空间或流量-时间、流量-空间曲线，掌握水质、水量变化规律。

2. 定时水样

在某一时段内，在同一采样点按等时间间隔采集等体积的单一水样，且对每个样品单独进行测定。用于研究水体、污(废)水排放(或污染物浓度)随时间变化的规律。

3. 等时综合水样

从不同采样点按照流量大小同时采集的各个瞬时水样经混合后所得到的水样，适用于多支流河流、多个排放口的污水样品的采集。综合水样是获得平均浓度的重要方式，有时需要把代表断面上的各点，或几个污水排放口的污水按相对比例流量混合，取其平均浓度。

什么情况下采综合水样，需要视水体的具体情况和采样目的而定。如为几条排污河渠建设综合处理厂，从各河道取单样分析就不如取综合水样更为科学合理，因为各股污水的相互作用可能对设施的处理性能及其成分产生显著的影响。不可能对相互作用进行数学预测，因此取综合水样可以提供更加有用的资料。相反，有些情况取单样就满足要求，如湖泊和水库在深度和水平方向常常出现组分上的变化，而此时，大多数的平均值或总值的变化不显著，局部变化明显。在这种情况下，综合水样就失去意义。

4. 等时混合水样

在某一时段内，在同一采样点位（断面）按等时间间隔所采等体积水样的混合水样。适用于污（废）水排放流量相对稳定，但水质或者污染物组合、浓度均有变化的水样采集，常用于不需要测定每个水样而只需要平均浓度的测定。等时混合水样不适用于测试成分在水样储存过程中发生明显变化的水样，如挥发酚、油类、硫化物等。

若污染物在水中的分布随时间而变化，必须采集“流量比例混合样”，即按一定的流量采集适当比例的水样（例如每 10 t 采样 100 mL）混合而成。通常使用流量比例采样器完成水样的采集。

对于排污企业，生产的周期性影响着排污的规律性。为了得到有代表性的污水样，应根据排污情况进行采样。不同的工厂、车间生产周期不同，排污的周期性差别也很大。一般地说，应在一个或几个生产或排放周期内，按一定的时间间隔分别采样。对于水量和水质稳定的污染源，可采集等时混合水样；对于水量和水质不稳定的污染源可采集等比例混合水样或者可分别采样、分别测定后按流量比例计算平均值。

在污染源监测中，随污水流动的悬浮物或固体微粒，应看成是污水样的一个组成部分，不应在分析前滤除。油、有机物和金属离子等，可能被悬浮物吸附，有的悬浮物中就含有需测定的物质，如选矿、冶炼废水中的重金属。所以，分析前必须摇匀取样。

## 二、采样前的准备

1. 制订采样计划

在制订计划前要充分了解研究的目的和要求；在充分了解采样点的基本情况后，针对性地制订采样计划，包括采样方法、容器及其洗涤方式、样品保存、管理运输、采样质量保证措施、采样时间等，并进行任务分解，把工作落实到人。在现场测定时，还应了解有关现场测定技术。

2. 采样器的准备

采样应选择适宜的采样器。采样器的材质和结构应符合水质采样器技术要求的相关规范。一般采样器较简单，只要将取样容器沉入采样点对应深度即可。

采样器使用前需要清洗。塑料或玻璃采样器要按一般洗涤方法洗净备用；金属采样器应先用洗涤剂清洗油污，再用清水洗净，晾干备用；特殊采样器的洗涤方法按说明书要求进行。

3. 盛水容器准备

水样保存要基于水样的化学性质选择合适的容器。容器材料应保证水样各组分在储存期内不与容器发生反应，不对水质造成污染，且价廉易得、易清洗、能反复使用。常用的水样容器材料有聚四氟乙烯、聚乙烯塑料（P）、石英玻璃（G）和硼硅玻璃（BG），其稳定性依次降低。通常塑料容器用作含金属污染物、放射性污染物和其他无机物水样的保存；玻璃容器用作含有机污染物和生物类水样的盛放。容器盖和塞的材质应与容器材料一致。

容器洗涤方法基于水样成分和测试项目确定。《地表水和污水监测技术规范(HJ/T 91—2002)》中对不同项目及容器材质提出了明确要求,并对洗涤方法做出了统一的规定(见本书附录一～附录三)。容器洗涤晾干后,应按类型和项目编号,做到定点、定相,标签要粘贴在不易污损的部位。

## 三、水样采集

### (一) 地表水水样的采集

1. 地表水水样的类型

1) 表层水

在河流、湖泊可以直接汲水的场合,可用适当的容器如水桶采样。从桥上等地方采样时,可将系着绳子的聚乙烯桶或带有坠子的采样瓶投入水中汲水。要注意水样中不能混入漂浮于水面上的物质。

2) 一定深度的水

在湖泊、水库等处采集一定深度的水时,可用直立式或有机玻璃采水器。这类装置是在下沉过程中,水就从采样器中流过。当达到预定的深度时,容器能够闭合而完成水样采集。在河水流动缓慢的情况下,采用上述方法时,最好在采样器下系上适宜重量的坠子,当水深流急时要系上铅鱼并配备绞车。

3) 泉水、井水

对于自喷的泉水,可在涌口处直接采样。采集不自喷泉水时,将停滞在抽水管的水吸出,新水更替之后,再进行采样。

从井水采集水样,必须在充分抽吸后进行,抽吸水量不得少于井内水体积的2倍,采样深度应在地下水水面0.5 m以下,以保证水样能代表地下水水源。对封闭的生产井可在抽水时从泵房出水管放水阀处采样,采样前应将抽水管中存水放净。

4) 自来水或抽水设备中的水

采取这些水样时,应先放水数分钟,使积留在水管中的杂质及陈旧水排出,然后再取样。采集水样前,应先用水样洗涤采样器容器、盛样瓶及塞子2～3次(油类除外)。

2. 地表水采样的注意事项

(1) 采样时不可搅动水底部的沉积物。

(2) 采样时应保证采样点的位置准确。必要时使用定位仪定位。

(3) 现场认真填写"水质采样记录",用签字笔或硬质铅笔在现场记录,字迹应端正、清晰,项目完整。内容包括采样日期、断面名称、采样位置(断面号、垂线号、点位号、水深)、现场测定记录[水温、pH、溶解氧(DO)、氧化还原电位(Eh)、透明度、电导率、浊度、水样感官指标]、水文参数(流速、流量)、气象参数(气温、风向、相对湿度等)。

(4) 保证采样按时、准确、安全。

(5) 采样结束前,应核对采样计划、记录与水样,如有错误或遗漏,应立即补采或重采。

(6) 如采样现场水体很不均匀,无法采到有代表性的样品,则应详细记录不均匀的情况和实际采样情况,供使用该数据者参考,并将此现场情况向环境保护行政主管部门反映。

(7) 测定油类的水样,应在水面至水面下300 mm采集柱状水样,并单独采样,全部用于测定。采样瓶(容器)不能用采集的水样冲洗。

(8) 水温、pH、电导率、DO、Eh 等项目应进行现场监测。

(9) 测溶解氧 DO、五日生化需氧量($BOD_5$)和有机污染物等项目时的水样，必须注满容器，不留空间，并用水封口。

(10) 测定 DO、$BOD_5$、硫化物、余氯、粪大肠菌群、悬浮物、放射性、油类等项目要单独采样。

(11) 如果水样中含沉降性固体(如泥沙等)，则应分离除去。分离方法为：将所采水样摇匀后倒入筒形玻璃容器(如 1～2 L 量筒)，静置 30 min，将已不含沉降性固体但含有悬浮性固体的水样移入盛样容器并加入保存剂。测定总悬浮物和油类的水样除外。

(12) 测定湖(库)水化学需氧量(COD)、高锰酸盐指数、叶绿素 a、总氮、总磷时的水样，静置 30 min 后，用吸管一次或几次移取水样，吸管进水尖嘴应插至水样表层 50 mm 以下位置，再加保存剂。

### (二) 污水采样

1. 采样方法

1) 污水的监测项目按照行业类型有不同要求

在分时间单元采集样品时，测定 pH、COD、$BOD_5$、DO、硫化物、油类、有机物、余氯、粪大肠菌群、悬浮物、放射性等项目的样品，不能混合，只能单独采样。

2) 不同监测项目要求

对不同的监测项目应选用的容器材质、加入的保存剂及其用量与保存期、应采集的水样体积和容器及其洗涤方法等见本书附录一～附录三。

3) 自动采样

自动采样用自动采样器进行，有时间等比例采样和流量等比例采样。当污水排放量较稳定时可采用时间等比例采样，否则必须采用流量等比例采样。所用的自动采样器必须符合生态环境部所列具体标准。

4) 实际采样位置的设置

采样位置应在采样断面中心。采样深度：污水深度大于 1 m 时，于表层下 1/4 深度处采样；污水深度小于或等于 1 m 时，在水深 1/2 处采样。

2. 污水采样频次与采样量

监督性监测采样每年不少于 1 次，被列为重点排污单位的每年采样控制在 2～4 次，国家重点污染源为每季度一次。工业企业排污的自控监测可根据生产周期和生产特点确定监测频次，一般每个生产周期不少于 3 次。对于水污染防治、环境科学研究、污染源调查和评价，可依据具体工作需要确定采样频次。每个项目的采样量因被测对象而异，具体见本书附录一～附录三。

3. 污水采样的注意事项

(1) 用样品容器直接采样时，必须用水样冲洗 3 次后再进行采样，但采油的容器不能冲洗。

(2) 采样时应注意除去水面的杂物、垃圾等漂浮物。

(3) 用于测定悬浮物、$BOD_5$、硫化物、油类的水样，必须单独定容采样，全部用于测定。

(4) 选用特殊的专用采样器(如油类采样器)时，应按照该采样器的使用方法采样。

(5) 采样时应认真填写“污水采样记录表”，内容包括污染源名称、监测目的、监测项目、采样点位、采样时间、样品编号、污水性质、污水流量、采样人姓名及其他有关事项等。

(6) 凡需现场监测的项目,应进行现场监测。

(7) 微生物水样的采集容器为 500 mL 带磨口塞的广口耐热玻璃瓶。采样前将瓶置于 160℃干热灭菌 2 h,或高压蒸汽 121℃灭菌 15 min,并在 2 周内使用。采样的样品应在 2 h 内送到实验室检验,否则应在 4℃环境下保存,并于 4 h 内送实验室检验。如在同一采样点采集几个监测项目水样时,必须先采微生物监测水样。

(8) 放射性水样的采集容器采用聚四氟乙烯或高压聚乙烯瓶,采用方法同一般水样。

(9) 测定水中溶解油或乳化油时,采样可采用一般采样器,但采样时注意避开水面浮油;测定水面浮油油含量时,可用一个已知面积带不锈钢丝网的不锈钢钢架,网上固定易吸油的介质(如合成纤维、有机溶剂浸泡过的纸浆或厚滤纸),放在水面吸附浮油。完成吸附后,去除吸油介质,用正已烷溶解油分供测定。

### (三) 大气降水的采集

为化学分析而收集降水样品时,所选采样点应尽可能地远离局部污染源,例如,应避开烟尘、化肥、农药等污染。四周无遮挡雨、雪的高大树木或建筑物。如果样品被冻或者含有雪或冰雹,最好用电加热器为采样器械加热保温。如果现场无法进行加热保温,则可将全套设备移到高于 0℃的低温环境解冻。

采集大气降水可用降水自动采样器采样,或用聚乙烯塑料小桶(上口直径 40 cm,高 20 cm)采样。采集雪水可用聚乙烯塑料容器,上口直径 60 cm 以上。采样器具在第一次使用前,用 10%(体积比)盐酸(或硝酸)浸泡一昼夜,用自来水洗至中性,再用去离子水冲洗多次。然后加少量去离子水振摇,用离子色谱法检查水中的 $Cl^-$ 若和去离子水相同,即为合格。晾干,加盖保存在清洁的橱柜内。

(1) 采样器每次使用后,先用去离子水冲洗干净,晾干,然后加盖保存。采样器放置的相对高度应在 1.2 m 以上。

(2) 每次降雨(雪)开始,立即将备用的采样器放置在预定采样点的支架上,打开盖子开始采样,并记录开始采样时间。不得在降水前打开盖子采样,以防干沉降的影响。

(3) 取每次降水的全过程样(降水开始至结束)。若一天中有几次降水过程,可合并为一个样品测定。若遇连续几天降雨,可收集上午 8:00 至次日上午 8:00 的降水,即 24 h 降水样品作为一个样品进行测定。

(4) 采集的样品应移入洁净干燥的聚乙烯塑料瓶中,密封保存。在样品瓶上贴标签、编号,同时记录采样地点、日期、起止时间、降水量。

## 四、水样的保存

### (一) 导致水样变化的原因

水样采集后,应尽快送到实验室分析。样品久放,会受到生物、化学和物理作用的影响,某些组分的浓度可能会发生变化。

1. 生物作用

微生物的代谢活动,如细菌、藻类和其他生物的作用可改变许多被测物的化学形态,影响许多测定指标,主要反映在 pH、DO、$BOD_5$、游离 CO、碱度、硬度、磷酸盐、硫酸盐、硝酸盐和某些有机化合物的浓度变化上。

2. 化学作用

测定组分可能被氧化或还原，如六价铬在酸性条件下易被还原为三价铬，低价铁可被氧化成高价铁。由于铁、锰等价态的改变，可导致某些沉淀或溶解、聚合物产生或解聚作用的发生，如多聚无机磷酸盐、聚硅酸等，所有这些均能导致测定结果与水样实际情况不符。

3. 物理作用

阳光、温度、静置或振动、容器材质等会影响水样的性质。如：温度上升会使汞、氰化物、氧、甲烷、乙醇等挥发；长期静置会导致氢氧化物、碳酸盐、磷酸盐和硫酸盐的各种沉淀物发生沉淀；部分组分被吸附在容器壁上或悬浮颗粒物的表面上。

水样在储存期内发生变化的程度主要取决于水的类型及水样的化学性质和生物学性质，同时也取决于保存条件、容器材质、运输及气候变化等因素。必须强调的是，这些变化往往非常快，常在很短的时间里样品就发生了明显变化，因此必须在相关情况下采取必要的保护措施，并尽快地进行分析。

保存措施旨在降低变化的程度或减缓变化的速度，水样类型不同其保存效果也不同。地表水、地下水和饮用水因其污染物浓度低，对生物或化学的作用不敏感，一般的保存措施均能有效。污(废)水因污染物浓度高、水质性质和污染物组合复杂，其保存效果也就不同。因此，需要基于水样的具体情况具体对待。不同水样保存方法参见本书附录一～附录三。

### （二）水样保存方法

不论是对生活污水、工业废水还是天然水，实际上不可能做到完全不发生变化的保存。保持水样的各组成成分完全稳定是做不到的，合理的保存技术能延缓各组分的化学、生物学的变化。各种保存方法旨在延缓生物作用，延缓化合物和络合物的水解以及抑制各组分的挥发。

1. 冷藏或冷冻

将样品在4℃冷藏或将水样迅速冷冻，储存于暗处，可以抑制生物活动，减缓物理挥发作用和化学反应速度。

冷藏是短期内保存样品的一种较好的方法，对测定基本无影响，但冷藏保存不能超过规定的保存期限。冷藏时温度必须控制在4℃左右，温度太低(例如≤0℃)会出现水样结冰膨胀导致玻璃容器破裂，或样品瓶盖被顶开破坏密封，出现样品被玷污；反之，温度太高会滋生微生物，导致水质变化。

2. 加入化学保存剂

(1) 控制溶液pH。控制水样的pH，可以有效抑制微生物的絮凝和沉降，防止重金属的水解和沉淀，减少容器表面化学吸附，使一些不稳定的待测组分保持稳定。故测定金属离子水样可采用硝酸酸化至pH为1～2；测定氰化物的水样需加氢氧化钠调至pH为12；测定六价铬的水样应加氢氧化钠调至pH＝8(因在酸性介质中，六价铬的氧化电位高，易被还原；而pH大于8时，易生成沉淀)；而保存总铬的水样，应加硝酸或硫酸酸化pH至1～2。

(2) 加入抑制剂。为了抑制生物作用，可在样品中加入生物抑制剂，如重金属盐等。在测氨氮、硝酸盐氮和COD的水样中，加入氯化汞或三氯甲烷、甲苯作防护剂以抑制生物对亚硝酸盐、硝酸盐、铵盐的氧化还原作用。测定含酚水样时，可用磷酸调节pH至4，再加入适量硫酸铜可抑制苯酚分解菌的活动。

(3) 加入氧化剂或还原剂。当水样含有氧化还原组分时，可投加氧化剂或还原剂保存。

水样中痕量汞易被还原，引起汞的挥发性损失，加入硝酸-重铬酸钾溶液可使汞维持在高氧化态，汞的稳定性大为改善。保存硫化物水样时，加入抗坏血酸利于水样保存。含余氯水样能氧化水中氯离子，使水中酚类、烃类、苯系物氯化生成相应的衍生物，为此需在采样时加入适量的 $Na_2S_2O_3$ 予以还原，除去余氯干扰。

3. *大气降水样品的保存*

样品采集后，尽快用过滤装置除去降水样品中的颗粒物，将滤液装入干燥清洁的白色塑料瓶中。不加添加剂，密封后放在冰箱中保存。以减缓由于物理作用(如挥发作用和吸收大气中的 $SO_2$、酸碱气体等)、化学作用($SO_2$ 被氧化成 $SO_4^{2-}$，$NO_2$ 被氧化成 $NO_3^-$)和生物作用(如某些微生物是以 $NH_4^+$、$NO_3^-$ 作为养料的)，导致样品中待测成分的改变。大气降水样品中各成分的储存容器、储存方式及保存时间见本书附录四。

本书附录一～附录三列出了水样保存方法和保存期。一般说来，采集水样和分析之间的时间间隔越短，分析结果越可靠。对于某些成分(如溶解性气体)和物理特性(如温度)应在现场立即测定。水样允许存放的时间，随水样的性质，所要检测的项目和储存条件而定。采样后立即分析最为理想。水样存放在暗处和低温(4℃)处可大大延缓微生物繁殖所引起的变化。大多数情况下、低温储存可能是最好的办法。当使用化学保存剂时，应在灌瓶前就将其加到水样瓶中，使刚采集的水样得到良好保存。为了保证加入的保存剂不干扰以后的测定，保存剂应采用优级纯试剂配制，同时在采样前进行相应空白试验，对测定结果进行校正。没有一种单一的保存方法能完全令人满意，一定要针对所要检测的项目选择合适的保存方法。

## 第三节 水样的预处理

除了从水样中取得常规参数外，有的还需测定重金属或有机物，所以大多数水样品需要进行适当的预处理。样品预处理是环境分析中不可或缺的重要步骤，有时甚至是整个检测过程的关键。有统计资料指出，样品预处理在整个分析过程中占用时间的比例大约为61%，其他步骤所占时间比例分别大约为采样 6%、分析测定 6%、数据处理 27%。样品经预处理后即成为可供直接分析的试样。

预处理的目的是使欲测组分达到测定方法和仪器要求的形态、浓度、灵敏度以及消除共存组分。水样的预处理主要方法包括水样消解、富集和分离、稀释三大类。

### 一、水样消解

测定含有机物水样中的无机元素时，需进行消解处理，目的是破坏有机物，溶解悬浮性固体，将欲测元素的各种价态氧化成单一高价态，或转变成易于分离的无机化合物。消解后的水样应清澈、透明、无沉淀。目前常用的消解方法包括湿式消解、干式消解、微波消解和紫外光消解。

#### (一) 湿式消解

利用各种酸或碱进行消解。该法适用于清洁的地表水和地下水、微污染源水、污水以及水体沉积物等环境样品的预处理。

1. *硝酸消解法*

适用于较清洁水样。取一定体积的水样，加入浓硝酸，加热消解至水样清澈透明，呈浅色或无色为止。若有沉淀，应过滤，滤液冷却至常温后于定量瓶中定容。

2. 硝酸-高氯酸消解法

适用于含难氧化有机物的水样。硝酸和高氯酸均为强氧化酸，二者混合使用能氧化含难氧化有机物的水样。高氯酸能与羟基化合物反应生成不稳定的高氯酸酯，有发生爆炸的危险，故先加入硝酸，氧化水中的羟基化合物，稍冷后再加高氯酸处理。消解过程中，不得把高氯酸加入含有机物的热溶液中，任何情况下不得将高氯酸水解的水样蒸干。

3. 硝酸-硫酸(5∶2)消解法

硫酸为高沸点酸，二者混合使用可明显提高水样的消解温度和消解效果，故该法适于各种类型水样的消解，但不适用于易生成难溶硫酸盐组分(如铅、钡、锶)的水样。

4. 硫酸-磷酸消解法

硫酸氧化性较强，磷酸能与 $Fe^{3+}$ 等金属离子络合，二者结合消解水样，有利于测定时消除 $Fe^{3+}$ 等离子的干扰。

5. 硫酸-高锰酸钾(5%)消解法

适用于消解测定汞的水样。高锰酸钾为强氧化剂，对有机物有较强的氧化作用，但高锰酸钾的颜色可能会干扰后续测定，消解结束后需要滴加盐酸羟胺溶液破坏过量的高锰酸钾。

6. 多元消解方法

指三元以上酸或氧化剂组成的消解体系。如处理测定总铬的水样时，用硫酸、磷酸和高锰酸钾消解；进行全元素测定时，需采用硝酸-盐酸-氢氟酸消解。

7. 碱分解法

适用于当酸体系消解水样易造成挥发组分损失时，可改用碱分解法。可采用 $NaOH+H_2O_2$、$NH_3 \cdot H_2O+H_2O_2$ 或氢氧化钠+高锰酸钾等体系碱消解。

### (二) 干式消解

进行金属离子或无机离子测定时，通过高温灼烧去除有机物，将灼烧后的残渣用质量浓度 2% $HNO_3$ 溶液(或 HCl 溶液)溶解，滤于容量瓶中再进行测定。不适用于处理测定易挥发组分(如砷、汞、镉、硒、锡等)的水样。

### (三) 微波消解

微波消解(microwave digestion，MWD)是一种利用微波能量对封闭容器中的消解液(各种酸、部分碱液以及盐类)和样品在高温增压条件下进行快速消解的技术，包括溶解、干燥、灰化、浸取等。该法适于处理大批量样品及萃取极性与热不稳定的化合物。微波消解法于 1975 年首次用于消解生物样品，但直到 1985 年才开始引起人们的重视。与传统的传导加热方式(如电热板加热，加热方式是从热源“由外到内”间接加热分解样品)相反，微波消解是对试剂(包括吸附微波的试样)直接进行由微波能到热能的转换加热。微波是频率为 300～300 000 MHz 的电磁波，能级属于范德瓦尔斯力(分子间作用力)的范畴，能穿透用一些非导体材料制作的容器(如石英或玻璃制品、塑料 PTFE 制品)，直接作用于其中的水样或溶液，使水样或溶液中的极性分子产生剧烈振动、摩擦，并同时吸收微波能量，使得水样或溶液快速升温，水样中的物质随即被撕裂、振碎、破坏而快速分解消化。微波法与微波频率、物质的介电常数有关。微波频率越高，输入的能级越高，消化效果越好；物质的介电常数越高，吸收的微波能也越高，消化的效果也越好。

与传统加热相比，微波加热具有以下优点：

(1) 加热快速均匀，消解能力强，大大缩短了溶样时间。消解各类样品可在几分钟到二十几分钟内完成，比电热板消解速度快10～100倍。如凯氏定氮法消解试样需3～6 h，用微波消解只需9～18 min，快20倍左右。还能消解许多传统方法难以消解的样品，如锆英石。快速消解的原因来自于微波对样品溶液的直接加热和罐内迅速形成的高温高压。

(2) 密封消解时容器产生的压力提高了溶样酸的沸点，温度可达350℃，压力可达20 MPa，利于难消解组分的充分消解。

(3) 密封消解时，能消除样品污染和减少外界影响，利于提高测定的准确度。

(4) 减少了水样消解过程中的热散失和挥发组分排放，节能环保。

(5) 消解一个样品一般只需5～15 mL的酸溶液，只有传统方法用酸量的几分之一，节省了试剂，也大大降低了分析空白值减少了试剂带入的杂质元素的干扰，空白值明显减小了。

从科学原理上讲，传统的酸消解均可采用微波消解替换，但为了确保消解完全，需要根据水样测定项目优化微波消解条件。

#### (四) 紫外光消解

相对于微波消解而言，紫外线消解系统则相对较为温和。紫外线消解是利用紫外线(UV)和氧化剂相结合的一种湿式催化氧化方法。其原理是在常温常压条件下，利用紫外光的能量激发，使氧化剂分解产生氧化能力强、反应速率快、反应彻底的羟基自由基(·OH)等基团，从而氧化传统酸、碱氧化剂难以氧化分解或消解的难降解有机物。消解过程不产生二次污染，且消解完全、彻底。紫外区的光主要分为UVA(320～400 nm)、UVB(275～320 nm)、UVC(200～275 nm)，不同波段的紫外线对消解效率的影响不同，UVC段由于波长较短，具有较强的能量，因此可以提高消解的效率。

### 二、富集与分离

当水样中的欲测组分含量低于分析方法的检测限和成分比较复杂时，必须进行富集或浓缩。当有共存干扰组分时，就必须采取分离或掩蔽措施。富集与分离往往不可分割，同时进行。例如，测定海水中的痕量铀，通常1 L海水中只有1～2 μg，往往不能直接进行测定，如果把1 L海水最后处理成10 mL溶液，等于将U(Ⅵ)的浓度提高了100倍，这就可解决测定方法灵敏度不够的问题。

常用的分离或富集方法有过滤、汽提、挥发、顶空、蒸馏、溶剂萃取、离子交换、吸附、共沉淀、色谱分离、层析、低温浓缩、固相萃取、固相微萃取和液相微萃取等。

#### (一) 挥发和蒸发浓缩

*1. 挥发分离法*

利用某些污染组分挥发度大，或者将欲测组分转变成易挥发物质，然后用惰性气体(氮气或氦气)带出而达到分离的目的。该法适于被测组分沸点较高和水溶性较大的水样。例如，用冷原子荧光法测定水样中的汞时，先将汞离子用氯化亚锡还原为原子态汞，再利用汞易挥发的性质，通入惰性气体将其吹出并送入仪器测定；用分光光度法测定水体中的硫化物时，先使之在磷酸介质中生成硫化氢，再用惰性气体载入乙酸锌-乙酸钠溶液吸收，达到与母液分离和富集的目的。

2. 蒸发浓缩

蒸发浓缩是指在电热板上或水浴中加热水样，使水分缓慢蒸发，达到缩小水样体积、浓缩欲测组分的目的。该法简单易行，无须化学处理，但速度慢，易有吸附损失。

### （二）蒸馏法

蒸馏法是利用水样中各污染组分具有不同沸点而使其彼此分离的方法。直接蒸馏装置（挥发酚、氰化物、氟化物）和水蒸气蒸馏装置在酸性介质中进行，而氨氮蒸馏装置在微碱性介质中进行。

### （三）溶剂萃取法

溶剂萃取法是基于物质在不同溶剂相中分配系数的不同，而达到组分的富集与分离。

1. 有机物的萃取

根据相似相溶原理，用有机溶剂直接萃取水中的有机物，多用于分子化合物（如挥发酚、油、有机农药）的萃取。

2. 无机物的萃取

多数无机物质在水相中均以水合离子状态存在，故无法用有机溶剂直接萃取。为实现有机溶剂的萃取，需先加入一种试剂，使水中离子生成一种不带电、易溶于有机溶剂的物质，该试剂与水相、有机相共同构成萃取体系。根据生成萃取物类型的不同，可分为螯合物萃取体系、离子缔合物萃取体系、三元络合物萃取体系和协同萃取体系等。其中，螯合物萃取体系在环境监测中最常用，既可选择通用型螯合剂，在适当条件下一次可同时萃取多种元素，也可选择选择性强的螯合剂，仅萃取特殊目标金属离子。

### （四）离子交换法

离子交换法是利用离子交换剂与溶液中的离子发生交换反应进行分离的方法。离子交换剂可以分为无机离子交换剂和有机离子交换剂，目前广泛使用的是有机离子交换剂，即离子交换树脂。离子交换树脂是可渗透的三维网状高分子聚合物，在网状结构的骨架上含有可电离的或者可被交换的阳离子和阴离子活性基团。一般可用阳离子交换树脂、阴离子交换树脂及螯合树脂对水中金属元素进行富集，然后用适当的溶液将吸附在树脂上的金属洗脱下来，富集倍数可达百倍以上。

1. 阳离子交换树脂

含$—SO_3H$、$—SO_3Na$等活性基团的为强酸性阳离子交换树脂，一般用于交换吸附水中的各种金属离子，控制吸附的酸度和淋洗液强度能有选择地将某些元素分离与富集。含—COOH或—OH的为弱酸性阳离子交换树脂。

2. 阴离子交换树脂

含$—N(CH_3)_3+X—$基团（其中$X—$为$OH^-$、$Cl^-$、$NO_3^-$等）的为强碱性阴离子交换树脂，能在酸性、碱性和中性溶液中与强酸或弱酸阴离子交换。含伯胺、仲胺、叔胺基的为弱碱性阴离子交换树脂。

3. 螯合树脂

带有氨基羧酸螯合基团，或者氨基磷酸基螯合基团、氨基巯基螯合基团等。在弱酸至弱碱介质中，重金属离子与树脂上的螯合基团反应生成螯合物而被吸附在树脂上。

### （五）共沉淀法

溶液中一种难溶化合物在形成沉淀过程中，将共存的某些痕量组分一起载带沉淀出来的现象。共沉淀现象在常量分离和分析中是力图避免的，但却是一种分离、富集微量组分的手段。共沉淀的原理基于溶度积原理，通过表面吸附、形成混晶、异电核胶态物质相互作用及包藏等作用。常见的沉淀产物有氢氧化物、硫化物、碳酸盐、硫酸盐、磷酸盐和氟化物等。

1. 吸附共沉淀

常用的载体有 $Fe(OH)_3$、$Al(OH)_3$、$Mn(OH)_2$ 及硫化物等。由于它们是表面积大、吸附力强的非晶形胶体沉淀，故吸附和富集效率高，但选择性不高。

2. 混晶共沉淀

两种金属离子和一种沉淀剂形成的晶形、晶核相似的晶体，称为混晶。当欲分离微量组分及沉淀剂组分生成沉淀时，如具有相似的晶格，就可能生成混晶而共同析出。如 $PbSO_4$-$SrSO_4$ 混晶。

3. 用有机共沉淀剂进行共沉淀分离

有机共沉淀剂的选择性较无机沉淀剂高，得到的沉淀也较纯净，并且通过灼烧可除去有机共沉淀剂或者萃取处理，留下欲测元素。例如，铜铁试剂（*N*-亚硝基苯胺）在强酸性介质中，能够沉淀析出 $Cu^{2+}$、$Fe^{3+}$、$Zr^{4+}$、$Ti^{4+}$、$Ce^{4+}$、$Sn^{4+}$ 等。

### （六）吸附法

吸附法是利用多孔性的固体吸附剂将水样中一种或数种组分吸附于表面，以达到分离的目的。常用的吸附剂有活性炭、氧化铝、分子筛、大网状树脂等。被吸附富集于吸附剂表面的污染组分可用有机溶剂或加热解吸出来供测定。

### （七）顶空法

顶空法常用于测定挥发性有机物（VOCs）或挥发性无机物（VICs）水样的预处理。通过样品基质上方的气体成分来测定这些组分在原样品中的含量。其基本理论依据是在一定条件下气相和凝聚相（液相和固相）之间存在着分配平衡。所以，气相的组成能反映凝聚相的组成。可以把顶空分析看作一种气相萃取方法，即用气体做“溶剂”来萃取样品中的挥发性成分，因而，顶空分析就是一种理想的样品净化方法。传统的液液萃取以及固相萃取（SPE）都是将样品溶在液体里，不可避免地会有一些共萃取物的干扰分析。况且溶剂本身的纯度也是一个问题，这在痕量分析中尤为重要。而气体做溶剂可避免不必要的干扰，因为高纯度气体很容易得到，且成本较低。这也是顶空气相被广泛采用的一个原因。

顶空法的优点：

第一，顶空分析简单，它只取气体部分进行分析，大大减少了样品本身可能对分析的干扰或污染。作为 GC 分析的样品处理方法，顶空法是最为简便的。

第二，可以气化后再进样，顶空分析有不同模式，可以通过优化操作参数而适合于各种样品。

第三，顶空分析的灵敏度能够满足法规的要求。

第四，顶空进样可相对地减少用于溶解样品的沸点较高的溶剂的进样量，缩短分析时间，但对溶剂的纯度要求较高，尤其不能含有低沸点的杂质，否则会严重干扰测定。

第五，与 GC 的定量分析能力相结合，顶空 GC 完全能够进行准确的定量分析。

### （八）其他富集分离

随着环境监测对象的不断扩大，对预处理方法监测质量的要求越来越高。随着环境科学和环境工程学科领域研究的不断深入，环境样品在监测前的新的分离方法越来越多，这些方法有的已经广泛地用于环境监测中。

1. 膜分离方法

一种建立在选择性渗透原理的基础上，使被分离的组分从膜的一方渗透到另一方而达到分离和富集目的的方法。膜分离方法分固体膜分离（渗析、半透膜）和液膜分离（渗析、超滤、反渗透、电渗析等）。

2. 泡沫浮选法

向水样中加入合适的试剂，调节合适的 pH，然后向水样中曝气，使被分离的微量或痕量组分随气泡浮到水面，再将浮渣取出进行分析。这种方法在环境水样监测中，有时是其他分离方法不可替代的。

3. 离心分离法

近年来离心分离越来越受到重视，尤其在生命科学的研究中成为不可缺少的工具。例如，常用离心法分离蛋白质、核酸、病毒、多肽苷酸、酶及其他生物物质。离心分离的主要优点是它不破坏待测组分。

4. 纸色谱法和薄层色谱法

这两种方法常用于分离分析有机物。纸色谱法是以滤纸为支持体，将欲分离的试样溶液用毛细管点样于滤纸的一端的原点位置，利用滤纸上吸湿的水分作为固定相，另取一有机溶剂（或混合有机溶剂）为流动相。流动相在滤纸的毛细作用下，自下而上不断上升，在上升过程中随流动相上升的待测组分会在流动相和固定相之间分配。分配比大的组分上升得快，分配比小的组分上升得慢，从而将待测组分分开。色谱展开一定时间后，将滤纸取出，显色后进行分析测定。薄层色谱也是一种平面色谱，一般是在玻璃板上涂上一层吸附剂，将待测试样点设置于板的一端（距离下边缘 1～2 cm 处），然后将薄层板置于盛有展开剂的层析缸中，层析一定时间后，取出薄层板，晾干，显色，进行分析。

## 三、水样稀释

若样品中污染物含量较高，超过了分析测试方法的检出范围，就需要对样品进行稀释，以使稀释后样品中污染物的浓度处于分析方法测定浓度范围之内。通过确定适当的稀释倍数，不仅可减轻分析工作量，还可减轻干扰，提高监测结果的可靠性。

样品稀释有多种方法。根据样品稀释时使用的样品处理程度，可分为原始样品稀释法、中间样品稀释法和分析后样品稀释法。

绝大部分样品都可采用原始样品稀释法。根据样品中待测物质浓度的高低，原始样品稀释法又可分为一次稀释法和逐级稀释法。如样品基础溶剂是水，可用水进行稀释；如是其他溶剂，需用与之相同或相近组分的溶剂稀释。原始样品稀释法一般吸取（或量取）一定体积的均匀样品于容量瓶中，用溶剂稀释至刻度，稀释后总体积与吸取样品体积的比即为稀释倍数。为减小稀释误差，节约溶剂用量，一般吸取的体积不应太小，一次稀释倍数也不应太大，达不到所要求的稀释倍数，可采取逐级稀释法。如某高氨氮废水的氨氮含量在 2000 mg/L 左右，采用纳氏比色法和水杨酸－次氯酸盐比色法的检出上限分别为 2 mg/L

和 1 mg/L,故水样至少需要分别稀释 1000 倍、2000 倍,此时绝对不能采用一次稀释法,如在 1 L 的容量瓶取 1 mL 或 0.5 mL 水样于容量瓶中,加入纯水定容至刻度的方法,而宜采用二次稀释,如先稀释 20 倍和 40 倍,再稀释 50 倍,使之分别达到 1000 倍、2000 倍。原始样品稀释法的主要优点是样品稀释过程中,对原样品的组分及性质影响较小,可降低干扰物质的浓度,但操作烦琐,稀释溶剂用量大。如稀释倍数不当,需重新确定稀释倍数后进行测试,工作量大。

中间样品系指原始样品经预处理后的样品,如氰化物、挥发酚、氨氮等原始样品经蒸馏后的待测样品及砷、汞、镉等金属消解后的样品。利用中间样品进行稀释,可减少试剂用量,也方便操作。利用中间样品进行稀释要注意预处理后的样品经稀释后,样品中某些组分浓度的变化,如氰化物要用 0.1%氢氧化钠溶液稀释。有些样品稀释时,需按一定比例添加对分析有影响的组分,以减小样品组分的变化。

利用分析后样品进行稀释,是最方便的方法。一般凡能在样品分析后进行稀释的就不必采用原始样品或中间样品稀释,因为稀释倍数易确定,重新稀释也方便。如酚二磺酸光度法测定硝酸盐氮,样品经一系列程序,在显色后发现样品吸光值高于规定范围时,可将显色后的样品用水稀释后再测定即可。采用分析后样品稀释时,要注意相同处理的空白对比,因为显色剂本身对测定结果有影响。一般显色后样品稀释以负误差为多,可采取配制一定量的空白溶液作为分析后样品的稀释溶剂。

光度法分析的样品大多可在显色后稀释,如氨氮、硝酸盐氮、亚硝酸盐氮、总氰、总砷、六价铬、总磷、总氮、铁、锰等;宜采用中间样品稀释的有挥发酚、汞、镉、铅等;必须采用原始样品稀释的项目有化学需氧量、生化需氧量等。

样品的稀释误差来源于量器误差及由于溶剂组分与样品溶剂组分的差异而引起的分析误差。样品的稀释误差主要由量器误差决定,即由移液管和容量瓶的误差决定。吸取和定量的体积越大,相对误差越小;稀释的次数越少,相对误差越小。因此,降低样品的稀释误差,首先要选择适宜的溶剂,尽可能不要引起样品组分的变化;其次要尽可能少稀释,选择较大的取样量和定容体积;此外,能使用分析后样品稀释的不使用原始样品和中间样品稀释,能使用中间样品稀释的不用原始样品稀释,就可有效地降低样品稀释误差。

第三章

# 数据处理与实验分析

数据是对事实、概念或指令的一种表达形式，可由人工或自动化装置进行处理。数据经过解释并赋予一定的意义之后，便成为信息。数据处理(data processing)是对数据的采集、存储、检索、加工、变换和传输。

数据处理的基本目的是从大量的、杂乱无章的、难以理解的数据中抽取并推导出对于某些特定的人们来说是有价值、有意义的数据。

数据处理是系统工程和自动控制的基本环节。数据处理贯穿于社会生产和社会生活的各个领域。数据处理技术的发展及其应用的广度和深度，极大地影响着人类社会发展的进程。

用计算机收集、记录数据，经加工产生新的信息形式的技术。数据指数字、符号、字母和各种文字的集合。数据处理涉及的加工处理比一般的算术运算要广泛得多。

## 一、实验目的

(1) 学会使用软件处理实验数据。

(2) 掌握不同软件处理数据的基本技能。

## 二、操作步骤与软件运行

1. Excel 软件

Excel 提供了强大的数据分析处理功能，利用它们可以实现对数据的排序、分类汇总、筛选及数据透视等操作。在进行数据分析处理之前，首先必须注意以下几个问题：

(1) 避免在数据清单中存在空行和空列。

(2) 避免在单元格的开头和末尾键入空格。

(3) 避免在一张工作表中建立多个数据清单，每张工作表应仅使用一个数据清单。

(4) 工作表的数据清单应与其他数据之间至少留出一个空列和一个空行，以便于检测和选定数据清单。

(5) 关键数据应置于数据清单的顶部或底部。

1) 数据排序实验

数据排序的规则：Excel 允许对字符、数字等数据按大小顺序进行升序或降序排列，要进行排序的数据称之为关键字。不同类型的关键字的排序规则如下：

(1) 数值：按数值的大小。

(2) 字母：按字母先后顺序。

(3) 日期：按日期的先后。

(4) 汉字：按汉语拼音的顺序或按笔画顺序。

(5) 逻辑值：升序时 FALSE 排在 TRUE 前面，降序时相反。

(6) 空格：总是排在最后。

数据排序步骤：

(1) 单击数据区中要进行排序的任意单元格。

(2) 单击【数据】菜单，选择【排序】项，系统将弹出【排序】对话框。

(3) 在【排序】对话框中用下拉列表框选择要排序的关键字，关键字有"主要关键字""次要关键字""第三关键字"，根据需要分别选择不同的关键字。

(4) 单击【确定】按钮，数据就按要求进行了排序。

当只有一个关键字时，可以单击工具栏上的升序按钮 A↓Z 或降序按钮 Z↓A，进行自动排序。

2) 数据的查找与筛选实验

环境工程实验经常需要在数据库或数据清单众多的数据中找出需要的数据，Excel 提供了功能强大的数据查找与筛选工具。数据查找是指从原始数据中提取满足条件的数据记录，源数据不会改变，也不会被隐藏；数据筛选是指把数据库或数据清单中所有不满足条件的数据记录隐藏起来，只显示满足条件的数据记录。常用的数据查找与筛选方法有：记录单查找、自动筛选和高级筛选。

建立数据透视表的步骤如下：

(1) 首先，要保证数据源是一个数据清单或数据库，即数据表的每列必须有列标。

(2) 单击数据清单或数据库中的任一非空单元格，然后单击【数据】菜单，选择【数据透视表和图表报告】项，则系统弹出【数据透视表和数据透视图向导——3 步骤之 1】对话框，根据待分析数据来源及需要创建何种报表类型，进行相应的选择，然后单击【下一步】按钮，系统弹出【数据透视表和数据透视图向导——3 步骤之 2】对话框。

(3) 默认情况下，系统自动将选取整个数据清单作为数据源，如果数据源区域需要修改，则可直接输入"选定区域"，或单击【浏览】按钮，从其他的文件中提取数据源。确定数据源后，单击【下一步】按钮，系统弹出【数据透视表和数据透视图向导——3 步骤之 3】对话框。

(4) 在【数据透视表和数据透视图向导——3 步骤之 3】对话框中，单击【版式】按钮，出现【数据透视表和数据透视图向导——版式】对话框。

(5)【数据透视表和数据透视图向导——版式】对话框中，再根据需要，将右边的字段按钮拖到左边的图上。

(6) 设置好版式后，单击【确定】按钮，则系统就返回到【数据透视表和数据透视图向导——3 步骤之 3】对话框，然后单击【完成】按钮，数据透视表就完成。

(7)在建立的数据透视表上，可以很方便地进行多角度的统计与分析。

3) Excel 求和实验

在 Excel 诸多函数中，使用最多的是求和类函数。所涉及函数如下：

(1) SUM(Number1，Number2，……)

(2) SUMIF(Range，Criteria，Sum_Range)

(3) 数组公式

具体的统计过程：基本求和——用 SUM 函数

(1) 选中单元格,输入公式:=SUM(F2:F302),即可求出所有数据之和。

(2) 用“填充柄”将公式复制到G307单元格中,就可以求出所有该区域数据之和。

2. Origin 软件

Origin 软件是一款重要的数据处理软件,对于大学理工科学生来说必不可少。以下通过对用最大泡压法测定液体表面张力实验数据的处理,来讲解如何运用它科学地处理数据。

(1) 安装 Origin 7.0 软件并双击打开(图1)。

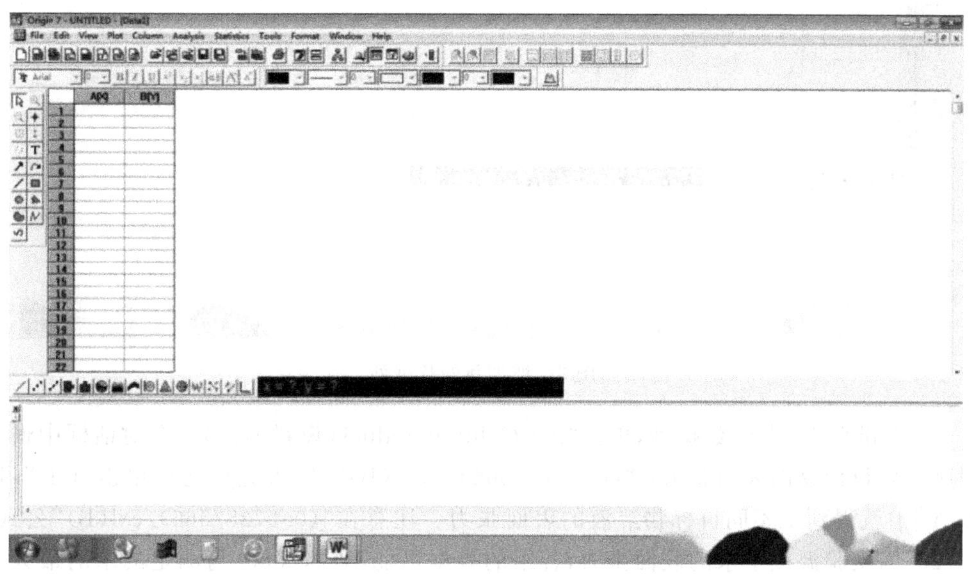

图1　Origin 软件界面

(2) 在 A[X]和 B[Y]数据列分别输入目标物浓度和相对应的最大压力差(图2)。

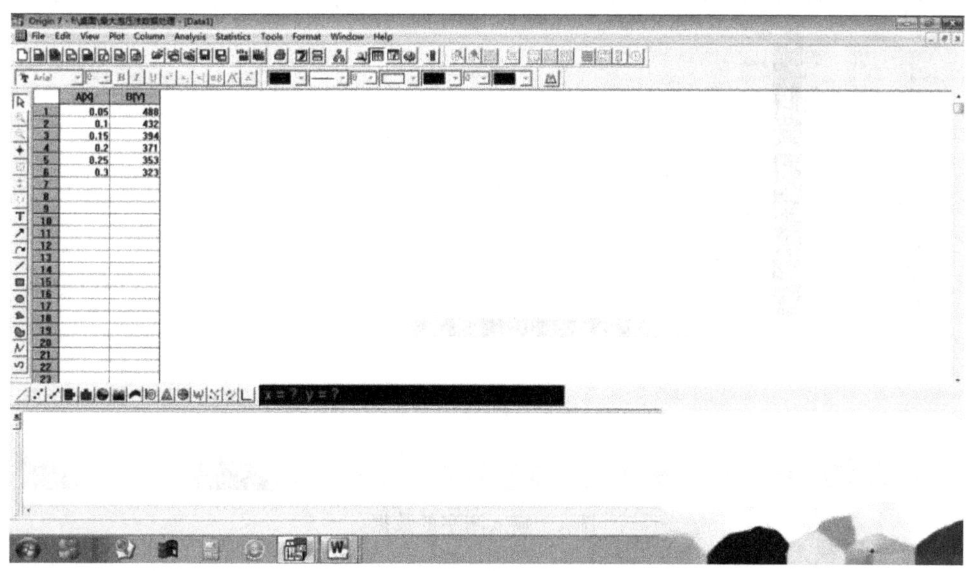

| | A[X] | B[Y] |
|---|---|---|
| 1 | 0.05 | 488 |
| 2 | 0.1 | 432 |
| 3 | 0.15 | 394 |
| 4 | 0.2 | 371 |
| 5 | 0.25 | 353 |
| 6 | 0.3 | 323 |

图2　输入目标物浓度和压力差

(3) 在空白处单击鼠标右键，单击“Add New Column(增加新列)”增加新的数据列C[Y](图3)。

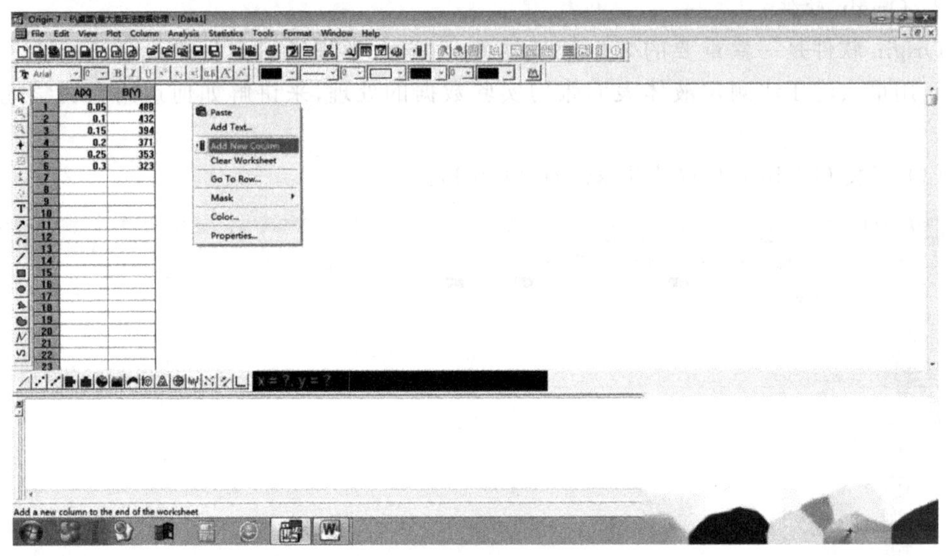


图 3 增加新的数据列

(4) 右键单击C[Y]数据列，单击“Set Column Values(设置列值)”，在对话框中输入计算程序计算目标物的表面张力：“(0.0728/566) * col(B)”，输入完毕之后单击“OK”，这时在C[Y]中就得到了不同目标物溶液的表面张力。注意在“(0.0728/566)/col(B)”公式中，“0.0728”为实验温度下水的表面张力，各组的数据可能不同，“566”为测定的水的最大压力差，各组也是不同的，输入测定的数据进行计算即可(图4)。

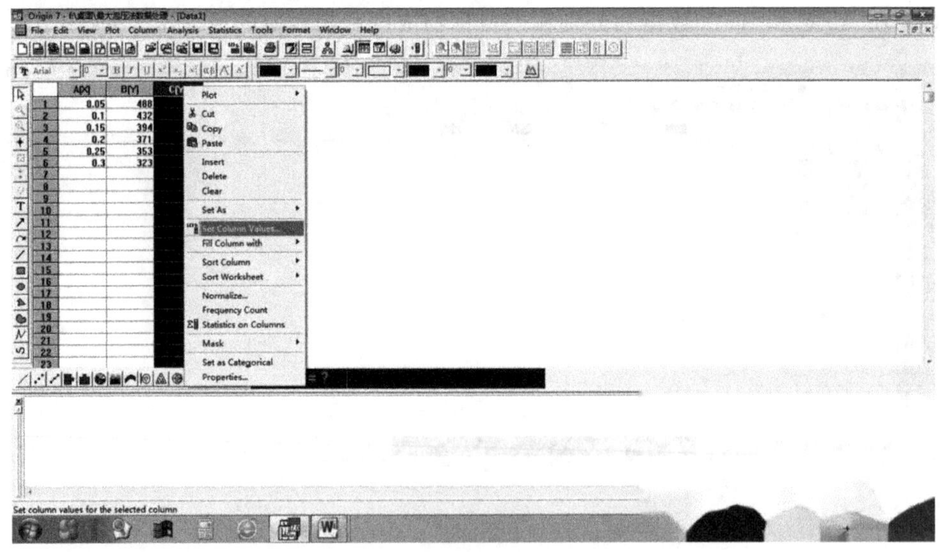


图 4 输入测字的数据

(5) 选中C[Y]数据列，单击“Analysis(分析)→Non-linear Curve Fit(非线性曲线拟合)→Advanced Fitting Tool(高级拟合工具)”，出现数据拟合对话框(图5)。

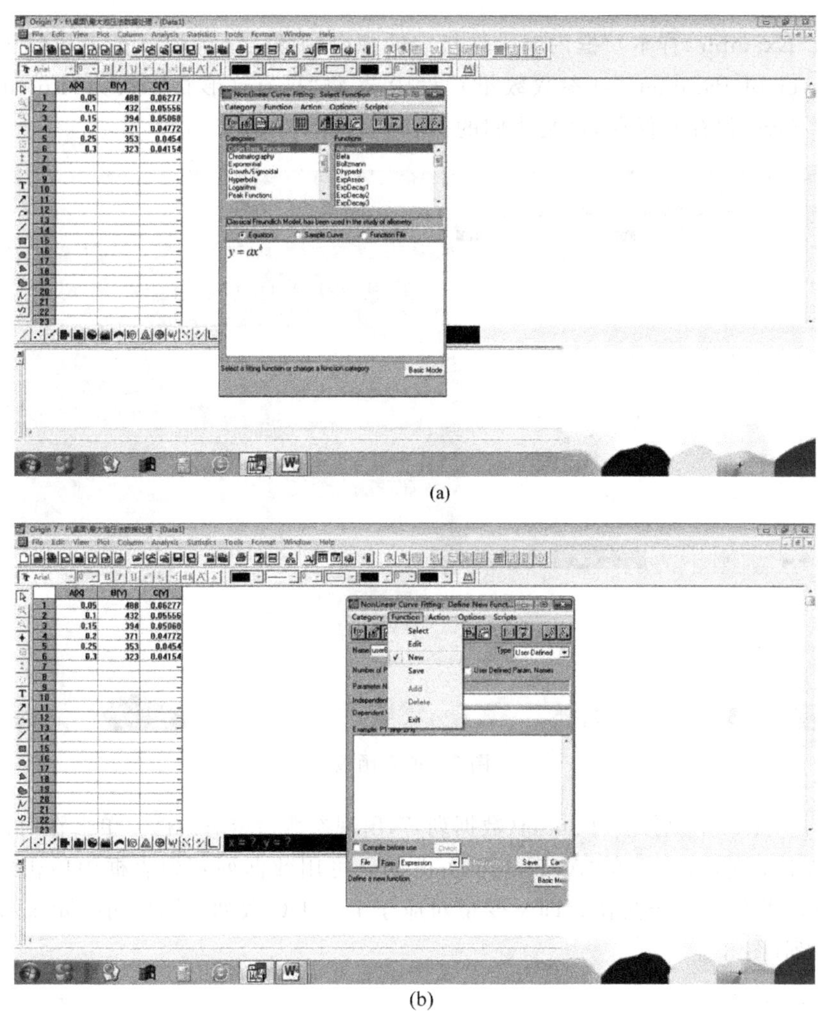

(a)

(b)

图 5 数据拟合对话框

(6) 单击对话框中的“Function(函数)→New(新建)”，建立新的拟合函数(图 6)。

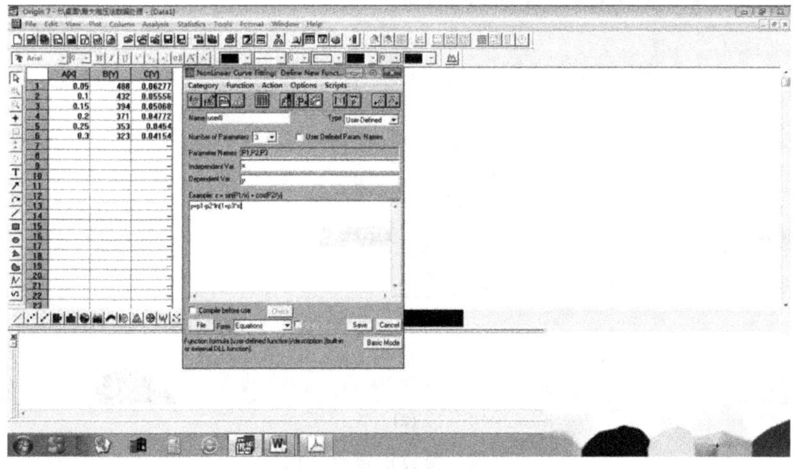

图 6 建立新的拟合函数

(7) 在“Example(样本)”框内输入你指定的拟合函数：“y=p1－p2＊ln(1＋p3＊x)”，并将“Number of Parameters(参数数量)”设为3，将“Form(形状)”设为“Equations(方程式)”，单击“Save(保存)”保存，这是我们的拟合函数(图7)。

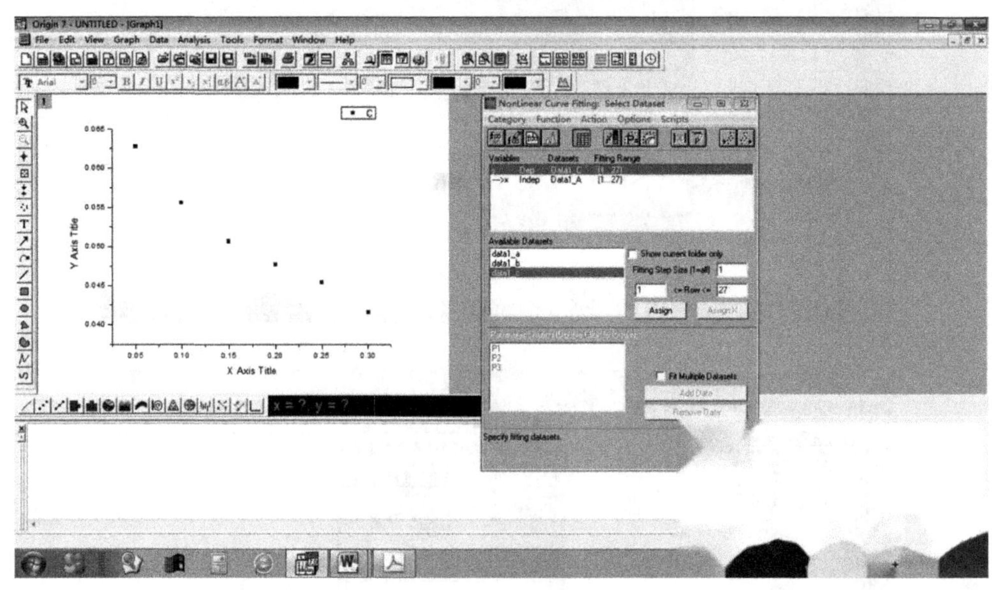


图7 拟合函数

(8) 单击“Action(执行)→Dataset(数据列)”，出现参数指定对话框。单击在对话框顶部的列表框内单击y变量，然后在“Available Datasets(可用数据列)”列表框中单击“Data1-C”；单击“Assign(赋值)”命令按钮。即y变量对应于Data1-C数列。同样可指定x变量对应于Data1-A数列(图8)。

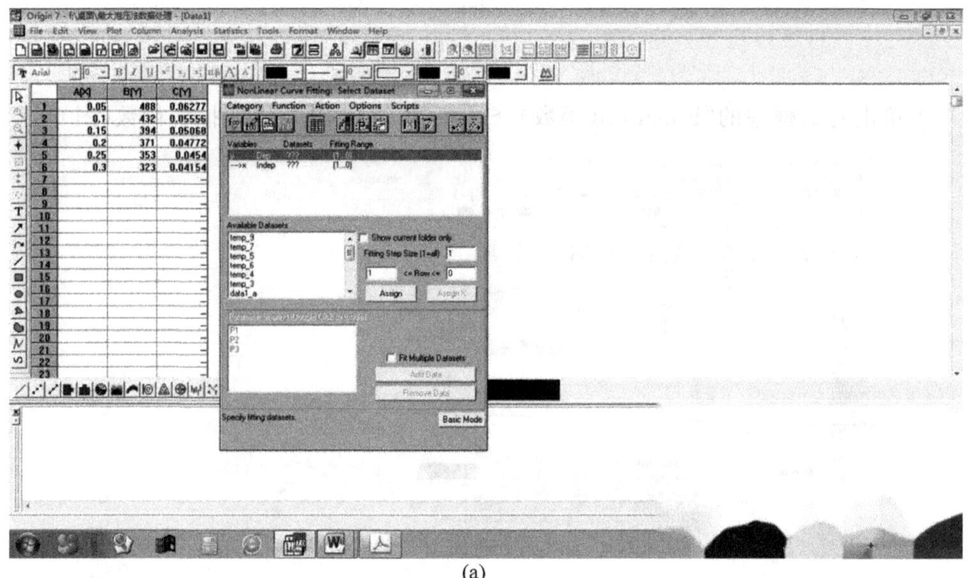


(a)

图8 参数指定对话框

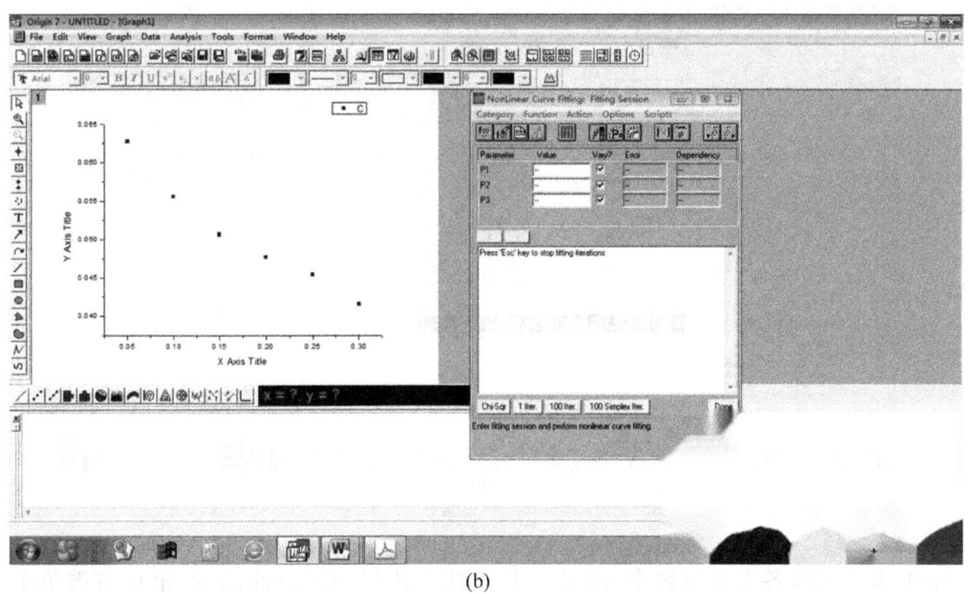

(b)

图 8 （续）

(9) 单击“Action(执行)→Fit(拟合)”，出现曲线拟合对话框。将“P1、P2、P3”初始值均设为“1”。单击“100 Iter”按钮 2 ～ 5 次，直至参数值不变即可。同时拟合出的曲线将出现在绘图框中。单击“Done(完成)”，在曲线对话框出现了拟合参数值(也可见曲线下面的数据框，给出了 P1、P2、P3 的数值，带入 y=p1−p2 * ln(1+p3 * x)，得到拟合的函数，其中 y 为表面张力，x 为浓度)，代入自定义的函数式中，即为由数据拟合的函数表达式，绘图框中的曲线即为拟合曲线(图 9)。

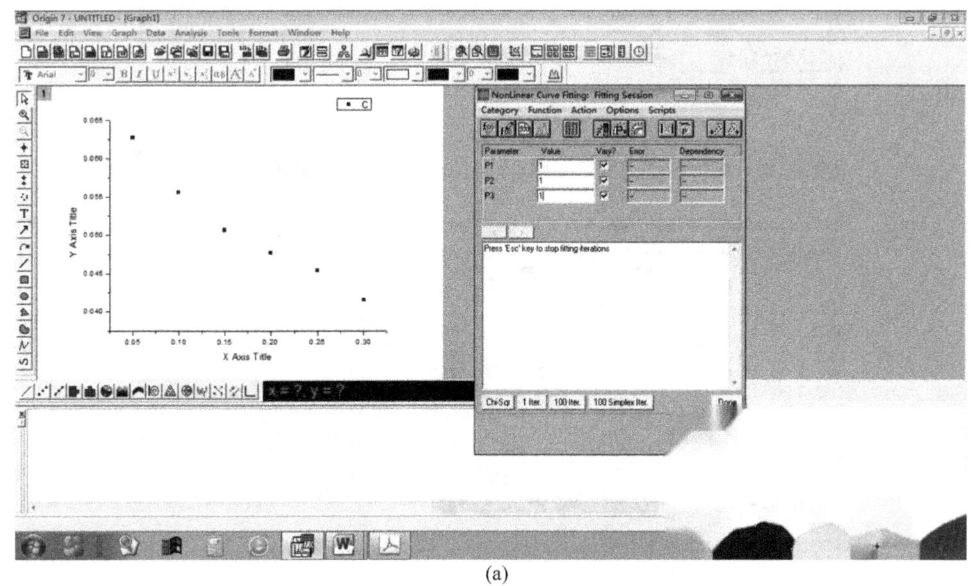

(a)

图 9　拟合曲线

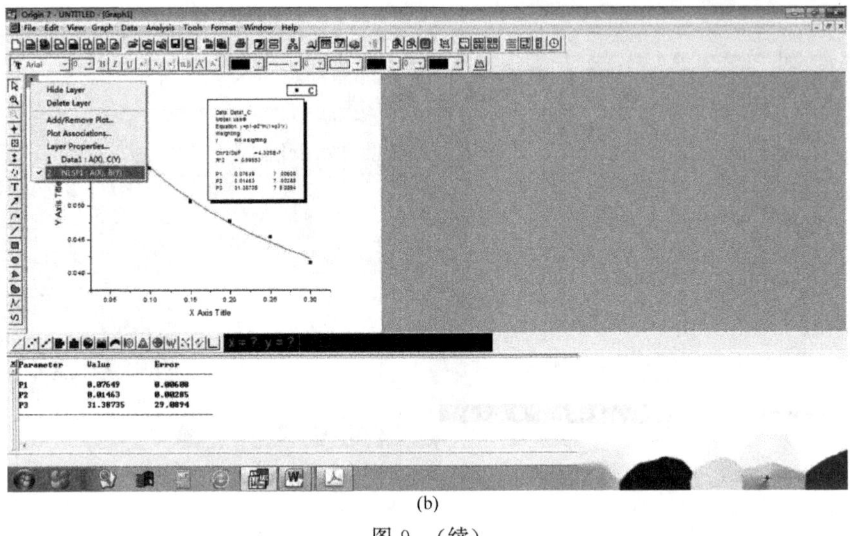

(b)

图 9 （续）

（10）求算曲线各点对应斜率 dγ/dc。按上述方法得到拟合曲线后，鼠标右键单击绘图框“1”，出现快捷菜单，单击最下方的“NLSF”数据。单击“Analysis”中的“Calculus”中的“Differentiate”，出现 dγ/dc 与 c 的关系曲线的绘图框“Deriv”（图 10）。

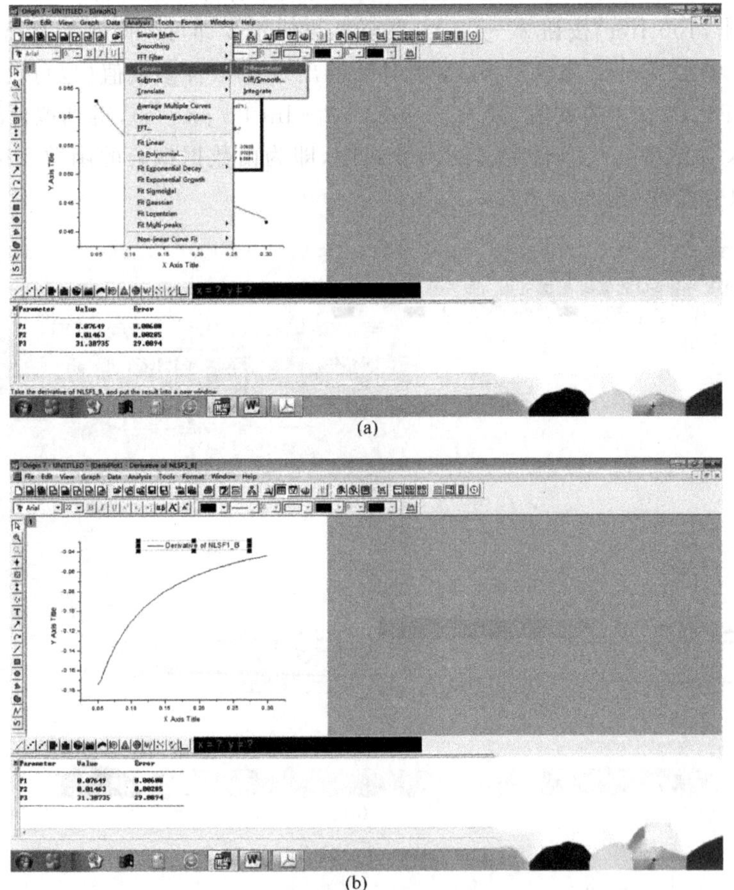

(a)

(b)

图 10 拟合曲线和绘图框

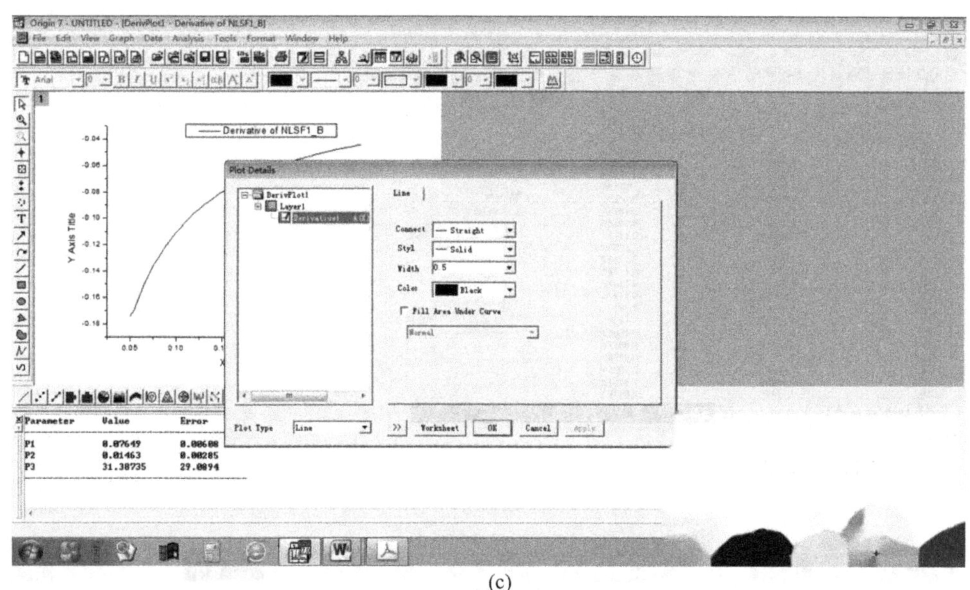


(c)

图 10　(续)

(11) 在绘图框"Deriv"上双击曲线，出现"Plot Details"对话框，单击"Plot Details"对话框中下方的"Worksheet"，出现关系曲线上的相关数据的对话框"Derivative 1-Derivative of NLSF1-B"，即拟合曲线上的"A(X)"-浓度、"NLSF1-B(Y) Derivative of NLSF1-B"-表面张力对浓度的微分值(图 11)。

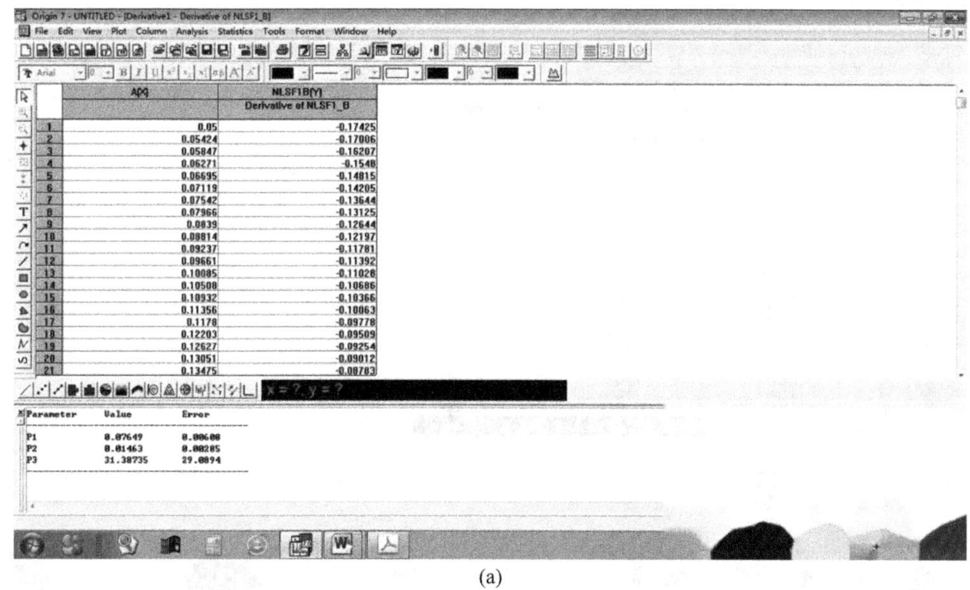

| | A(X) | NLSF1B(Y) Derivative of NLSF1_B |
|---|---|---|
| 1 | 0.05 | -0.17425 |
| 2 | 0.05424 | -0.17006 |
| 3 | 0.05847 | -0.16207 |
| 4 | 0.06271 | -0.1548 |
| 5 | 0.06695 | -0.14815 |
| 6 | 0.07119 | -0.14205 |
| 7 | 0.07542 | -0.13644 |
| 8 | 0.07966 | -0.13125 |
| 9 | 0.0839 | -0.12644 |
| 10 | 0.08814 | -0.12197 |
| 11 | 0.09237 | -0.11781 |
| 12 | 0.09661 | -0.11392 |
| 13 | 0.10085 | -0.11028 |
| 14 | 0.10508 | -0.10686 |
| 15 | 0.10932 | -0.10366 |
| 16 | 0.11356 | -0.10063 |
| 17 | 0.1178 | -0.09778 |
| 18 | 0.12203 | -0.09509 |
| 19 | 0.12627 | -0.09254 |
| 20 | 0.13051 | -0.09012 |
| 21 | 0.13475 | -0.08783 |



(a)

图 11　对浓度的微分值

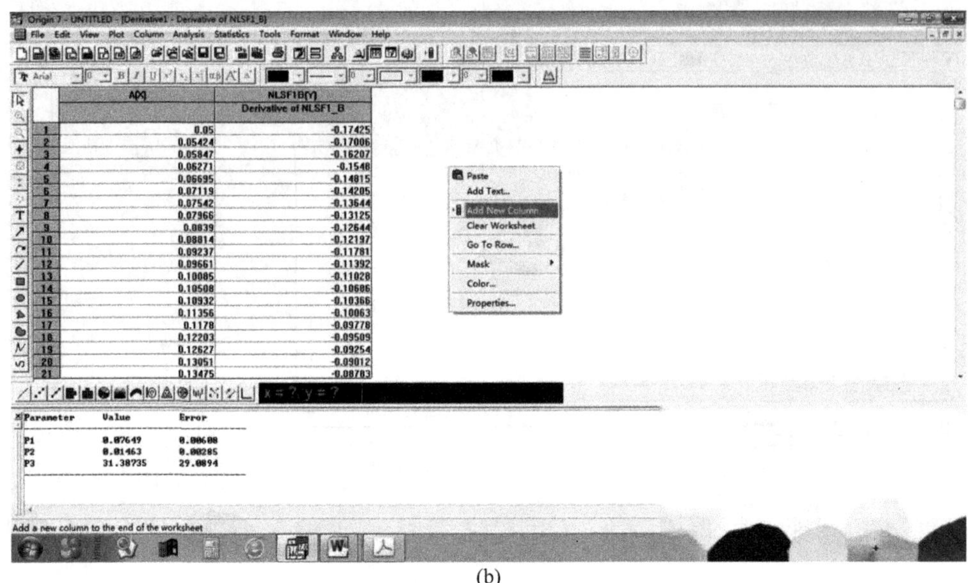


(b)

图 11 （续）

(12) 在“Derivative 1-Derivative of NLSF1-B”表格右边的空白处单击右键，出现快捷菜单，单击“Add New Column”，即出现新的一栏；在空白栏最上一栏中单击右键，出现快捷菜单，单击“Set Column Value”，出现“Set Column Value”对话框，在文本框中输入公式：−(col(A) * col(NLSF1-B))/(8.314 * 293.15)（20℃条件下）单击“OK”即可得到 C(Y) 的吸附量值（图 12）。

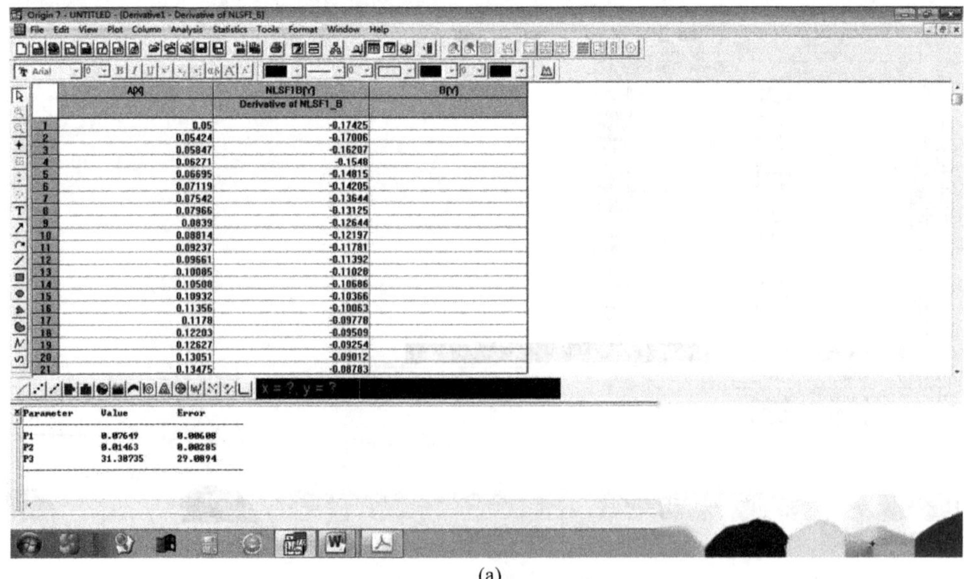


(a)

图 12 吸附量值

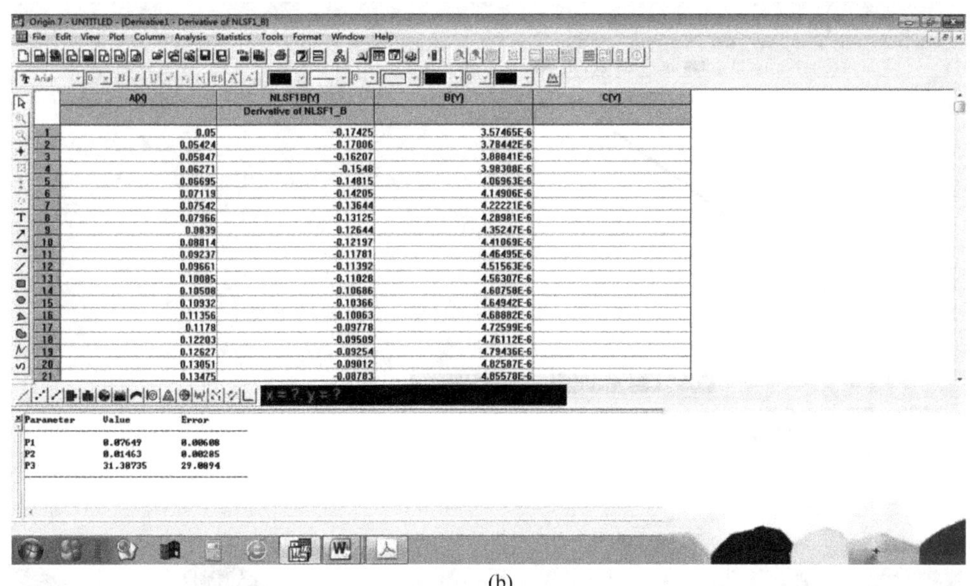


(b)

图 12 （续）

（13）再在“Derivative 1-Derivative of NLSF1-B”表格右边的空白处单击右键，出现快捷菜单，单击“Add New Column”，即出现新的一栏；在空白栏最上一栏中单击右键，出现快捷菜单，单击“Set Column Value”，出现“Set Column Value”对话框，在文本框中输入公式：col(A)/col(B)单击“OK”即可得到“浓度/吸附量”(图 13)。

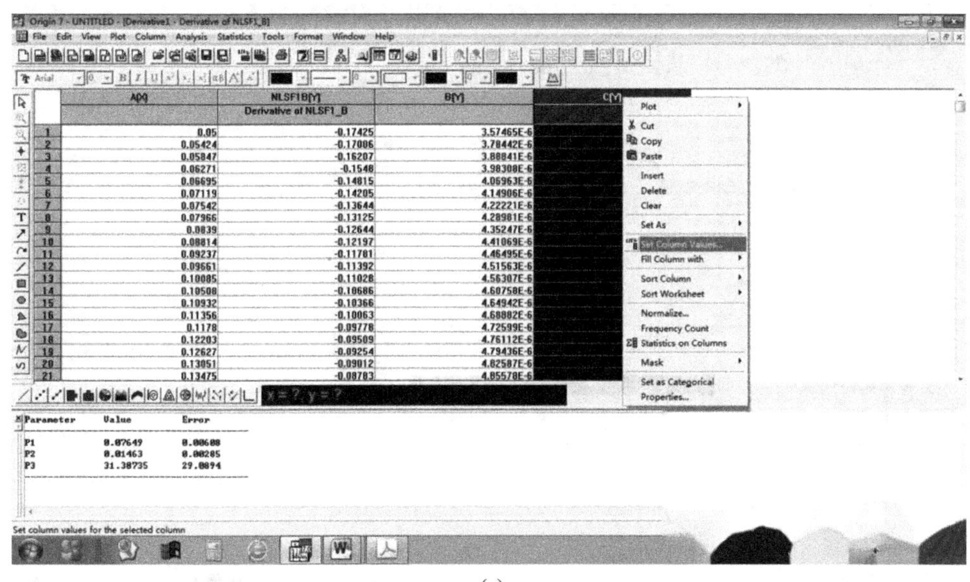


(a)

图 13 浓度/吸附量及其曲线

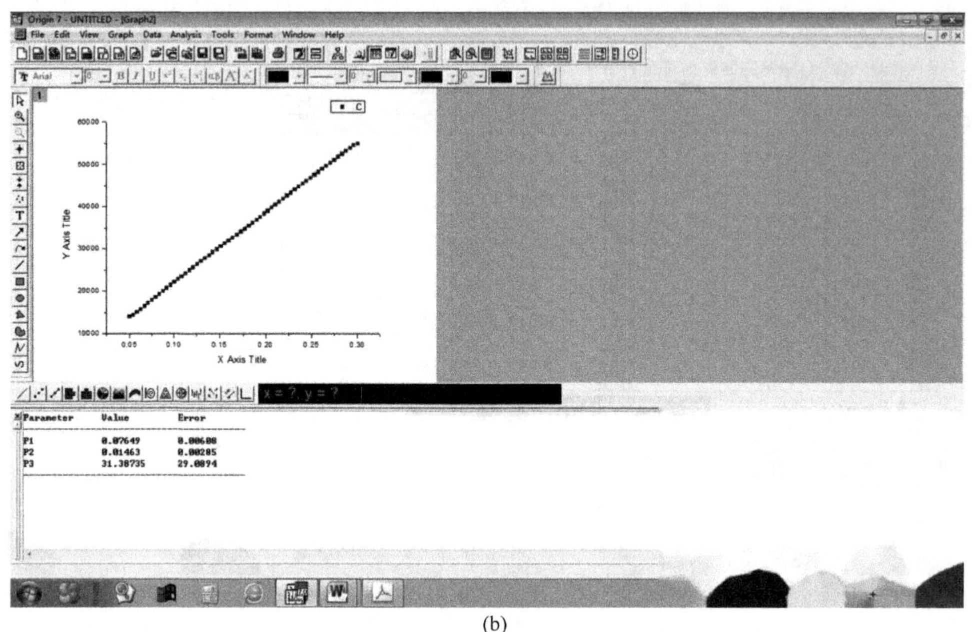


(b)

图 13 (续)

(14) 选中 C(Y),右键单击,然后单击"Plot→Scatter",出现浓度/吸附量对浓度的关系曲线;单击"Analysis→Fit-liner"进行线性拟合,拟合数据见曲线下方的数据框,最后由直线斜率求取饱和吸附量,即可算出乙醇分子截面面积。

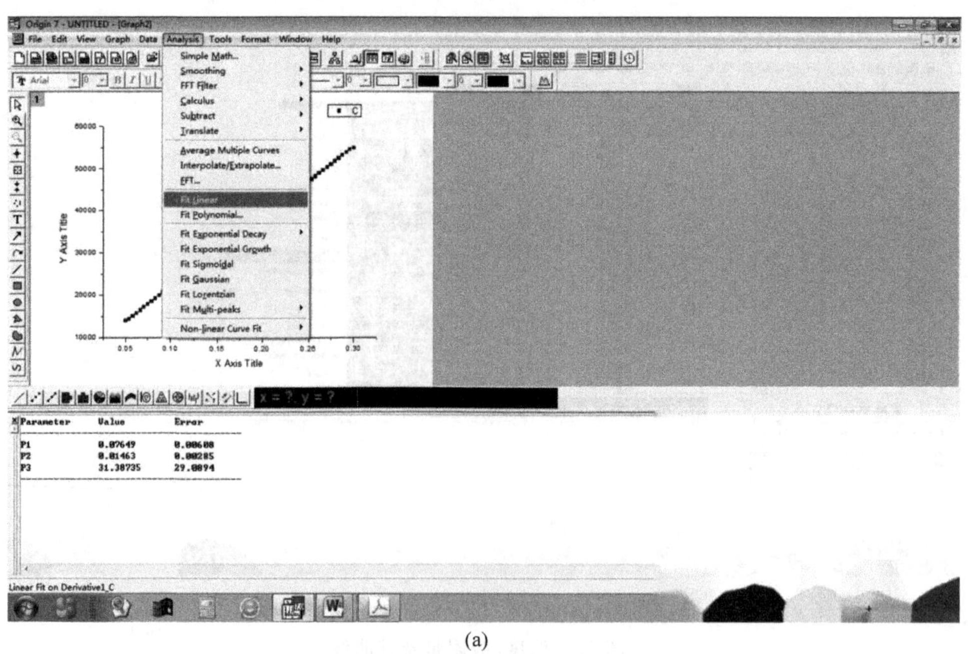


(a)

图 14 计算乙醇分子截面面积

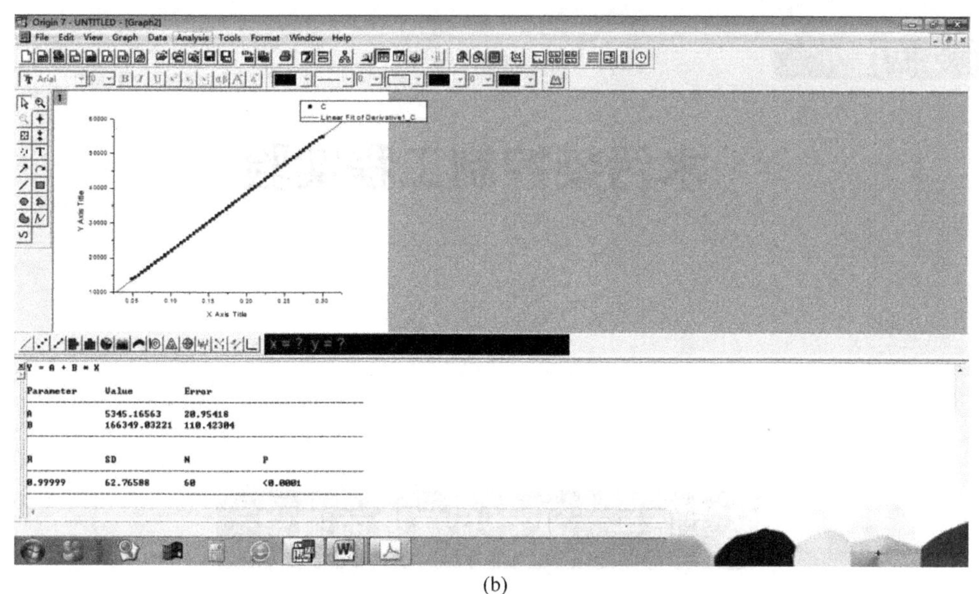


(b)

图 14 （续）

（15）数据拷贝。将窗口最小化，依次单击对话框可查看数据和曲线图，在拷贝曲线图时，单击“Edit→Copypage”，在 Word 文档中单击粘贴即可。注意，如果软件不兼容会造成图片为 JPG 格式，如果软件兼容，图片为软件给定的格式。

## 三、实验案例

1. Origin 软件数据处理与分析实验

利用 Origin 软件处理本书“混凝实验”的数据，绘出剩余浊度与 pH 关系曲线和浊度与速度梯度 G 的关系曲线，从曲线中求出混凝剂混凝的最佳 pH 和 G 的适宜范围。

2. Origin/Excel 软件综合数据处理与分析实验

依据自己的学习成绩，构建学习成绩分布函数 F(学习思想动力，行为动力，实践动力，教学动力……)，分析过去几年学习成绩差的主要因素，针对未来几年的学习趋势做出预测分析，并提出解决学习问题的措施。

## 四、注意事项

注意软件的安装与版本问题：选择合适的安装条件，注意不要在杀毒软件运行条件下安装；版本采用高版本，可选择非汉化版本。

## 五、思考题

作图解决了数据可视化问题，如何美化图片？

# 第四章

# 水污染控制工程实验

## 实验一　水中总硬度的测定

### 一、实验目的

(1) 掌握 EDTA 标准溶液的配制和标定方法。

(2) 了解 EDTA 滴定法测定水中总硬度的原理。

(3) 掌握水中总硬度测定的实验过程。

(4) 了解水的硬度测定的意义和常用硬度的表示方法。

### 二、实验原理

水中的二价和三价金属离子,比如钙离子、镁离子、铁和亚铁离子、铜离子、锰离子和铝离子等都可以和肥皂起反应,使肥皂失去去污能力,所以水的总硬度是表示水中二价和三价金属离子含量的指标。对于大多数天然水来说,绝大部分的硬度是由水中的钙离子和镁离子形成的。其他二价和三价离子含量相对于钙离子和镁离子的含量来说,都可以忽略不计。所以,水的总硬度可以近似地认为是由钙离子与镁离子的总量来决定的。

水的硬度可分为总硬度和钙镁硬度。水中总硬度(total hardness of water)指水中可溶性钙、镁离子的总含量,并以 $Ca^{2+}$ 进行计算,通常以每升水中所含 $Ca^{2+}$ 的毫摩尔数(mmol/L)表示,规定 1 L 水中含 1 mmol $Ca^{2+}$ 为 1 度。钙镁硬度是分别测定 $Ca^{2+}$ 和 $Mg^{2+}$ 的含量,分别称为钙硬度和镁硬度。水的硬度包括暂时硬度和永久硬度。暂时硬度主要是由钙、镁的碳酸氢盐所形成的硬度,还有少量碳酸盐硬度,通过加热分解形成碳酸盐沉淀可以从水中除去,反应式如下:

$$Ca(HCO_3)_2 \longrightarrow CaCO_3(\text{完全沉淀}) + H_2O + CO_2$$

$$Mg(HCO_3)_2 \longrightarrow MgCO_3(\text{不完全沉淀}) + H_2O + CO_2$$

$$MgCO_3 + H_2O \longrightarrow Mg(OH)_2 + CO_2$$

永久硬度主要由钙镁的硫酸盐、氯化物和硝酸盐等盐类所形成,其性质比较稳定,不能用加热分解的方法去除(但在锅炉运行温度下,溶解度低的可析出成锅垢)。

水中的硬度一般以 $Ca^{2+}$ 进行计算,表示方法有 3 种。第一种,用 $CaCO_3$ 的质量浓度毫克/升(mg/L)表示。有许多水质分析资料用 mg/L $CaCO_3$ 表示水中硬度离子的含量。因为1/2 $CaCO_3$ 的摩尔质量为 50 g,所以 1 mmol/L 相当于 50 mg/L $CaCO_3$。1 mmol/L (1/2 $Ca^{2+}$、1/2 $Mg^{2+}$)相当于 50 mg/L(以 $CaCO_3$ 计)。第二种,用 $CaCO_3$ 的物质的量浓度(mmol/L)表示。这是一种最常见的表示物质含量的方法,而且是法定计量的基本单位。硬度、碱度等水质指标均以此表示水中物质浓度的大小,而且是以一价离子作为基本单元。对于二价离子或分子均以其 1/2 作为基本单元。同样对于三价离子或分子均以其 1/3 作为基本单元。第三种,用“度”表示,如“德国度”“英国度”等他们都有不同的含义。我国在水质标准中经常采用“德国度”用符号$^0$DH 表示,它的定义是当 1 L 水中含有相当于 10 mg $CaCO_3$ 时称为 1 度。

按 $CaCO_3$ 质量浓度划分的硬度大致为:极软水(0～75 mg/L),软水(75～150 mg/L),中硬水(150～300 mg/L),硬水(300～450 mg/L),高硬水(450～700 mg/L),超高硬水(700～1000 mg/L),特硬水(>1000 mg/L)。国家标准《生活饮用水卫生标准》(GB 5749—2022)规定自来水总硬度(以 $CaCO_3$ 计)限值不超过 450 mg/L。水的硬度过大时对生活及工业用水影响较大,例如,可使肥皂效用降低;用于蒸汽锅炉,易生成沉淀结成锅垢,引起锅炉爆炸事故;人长期饮用高硬度水,会引起心血管、神经、泌尿、造血等系统病变。因此,水的硬度是水的质量控制的重要指标之一。

水的总硬度的分析测定方法很多,主要分为化学分析法和仪器分析法。目前测定总硬度的最好方法就是配位滴定分析法,最常用的配位剂是乙二胺四乙酸二钠盐,习惯上称为 EDTA 法。它在溶液中以 $Y^{4-}$ 的形式与 $Ca^{2+}$、$Mg^{2+}$ 配位,形成 1∶1 的无色配合物。即:

$$Ca^{2+} + Y^{4-} \longrightarrow CaY^{2-}$$

$$Mg^{2+} + Y^{4-} \longrightarrow MgY^{2-}$$

用 EDTA 二钠溶液滴定时,必须借助于金属指示剂确定滴定终点。常用的指示剂为铬黑 T,它在 pH=10 的缓冲液中,以纯蓝色游离的 $HIn^{2-}$ 形式存在,与 $Ca^{2+}$、$Mg^{2+}$ 形成酒红色的配合物,通式为

$$\underset{\text{(蓝色)}}{M^{2+} + HIn^{2-}} \longrightarrow \underset{\text{(酒红色)}}{MIn^{-} + H^{+}}$$

$Ca^{2+}$、$Mg^{2+}$ 与 EDTA 二钠溶液及铬黑 T 形成配合物的稳定性不同,其稳定性大小的顺序为:

$$CaY^{2-} > MgY^{2-} > MgIn^{-} > CaIn^{-}$$

测定时,先用 $NH_3 \cdot H_2O$-$NH_4Cl$ 缓冲溶液调节溶液的 pH 至 10。滴定前,当加入指示剂铬黑 T 时,它首先与水中少量的 $Mg^{2+}$ 配位形成酒红色的配合物,当用 EDTA 溶液滴定时,EDTA 便分别与水中游离的 $Ca^{2+}$、$Mg^{2+}$ 配位,接近终点时,因 $MgY^{2-}$ 的稳定性大于 $MgIn^{-}$,故 EDTA 夺取 $MgIn^{-}$ 中的 $Mg^{2+}$,使铬黑 T 游离出来,这时溶液由酒红色变为蓝色,指示终点到达。根据等物质的量反应规则,根据 EDTA 标准溶液的浓度和消耗的体积,可按下式计算从 $CaCO_3$ 计的水的总硬度:

$$\text{水的硬度} = \frac{c \times V_1}{V_0} \times M \tag{1}$$

式中:$c$ 为 EDTA 的物质的量浓度;$V_1$ 为 EDTA 的体积;$V_0$ 为水溶液体积;$M$ 为 $CaCO_3$ 的摩尔质量(100.09 g/mol)。

## 三、实验仪器和试剂

1. 仪器

50 mL 酸式滴定管(分刻度至 0.10 mL);250 mL 锥形瓶;25、50 mL 移液管;表面皿;250、500 mL 烧杯若干;滴管;10 mL、50～100 mL 量筒;吸耳球;玻璃棒;100、250、1000 mL 容量瓶。

2. 试剂

1) 缓冲溶液(pH=10)

称取 1.25 g EDTA 二钠和 16.9 g 氯化铵溶于 143 mL 浓氨水中,用水稀释至 250 mL,混匀。

2) EDTA 二钠标准溶液(10 mmol/L)

将 EDTA 二钠二水合物($C_{10}H_{14}N_2O_8Na_2 \cdot 2H_2O$)在 80℃下干燥 2 h 后置于干燥器中冷却至室温。准确称取 3.725 g 溶于去离子水中,在容量瓶中定容至 1000 mL,摇匀。

EDTA 标准溶液的标定:分别吸取 3 份 20 mL 10 mmol/L 的钙标准溶液于 250 mL 锥形瓶中,加 30 mL 去离子水稀释至 50 mL、4 mL 缓冲溶液和 50～100 mg(约半小药匙)铬黑 T 干粉指示剂,此时溶液应呈紫红或紫色。为防止产生沉淀,应立即在不断振摇下,自滴定管加入 EDTA 二钠标准溶液开始滴定,先快后慢,并充分振摇,溶液的颜色由紫红或紫色逐渐转为蓝色,直到最后一点紫色消失,刚出现天蓝色时即为滴定终点,整个滴定过程应在 5 min 内完成。根据消耗 EDTA 二钠溶液的体积,计算其准确浓度 $C_0$(mmol/L):

$$C_0 = CV_1/V_2 \tag{2}$$

式中:$C$ 为钙标准溶液的浓度,mmol/L;$V_1$ 为钙标准溶液的体积,mL;$V_2$ 为标定中 EDTA 二钠溶液的消耗量,mL。

3) 钙标准溶液(10 mmol/L)

将碳酸钙($CaCO_3$)在 150℃下干燥 2 h,在干燥器中冷却至室温。称取 1.001 g 置 500 mL 锥形瓶中,用水润湿,盖上表皿,逐滴加入 4 mol/L 盐酸溶液至碳酸钙完全溶解,避免滴入过量酸。加入 200 mL 水,煮沸数分钟后赶除 $CO_2$,冷却至室温,加入数滴甲基红指示剂溶液,逐滴加入 3 mol/L 氨水至变为橙色,在容量瓶中定容至 1000 mL。此溶液 1 mL 中含钙 0.4008 mg。

4) 铬黑 T 指示剂干粉(0.5%)

称取 0.5 g 铬黑 T 与 100 g 氯化钠充分混匀,研磨后通过 40～50 目筛,盛放在棕色瓶中,塞紧,可长期使用。

5) 甲基红指示剂溶液

0.1 g 溶于 100 mL 60%乙醇。

## 四、实验步骤

(1) 用硬质玻璃瓶或聚乙烯容器采集水样,应于 24 h 内完成测定。否则,每升水样中应加入 2 mL 浓硝酸作保存剂。

(2) 用移液管吸取 50 mL 水样于 250 mL 锥形瓶中(硬度过大,可取适量水样稀释;硬度过小,可改为 100 mL)。

(3) 加 4 mL 缓冲溶液和 50～100 mg(约半小药匙)铬黑 T 指示剂干粉,其他步骤同

"EDTA 标准溶液的标定"。

(4) 用 EDTA 二钠标准溶液滴定,充分振摇,至溶液由紫红色或紫色变为蓝色,即表示到达终点,记录消耗的 EDTA 二钠溶液体积。

(5) 做 3 份平行样,分别记录消耗的 EDTA 二钠溶液体积为 $V_i(i=1,2,3)$。

(6) 填写实验报告,并计算实验结果。

## 五、数据记录与处理

水样总硬度 $C$(mmol/L)可按照式(3)计算:

$$C = C_0 V_i / V \tag{3}$$

式中:$C_0$ 为 EDTA 二钠溶液浓度,mmol/L;$V_i$ 为滴定中 EDTA 二钠溶液消耗量,mL;$V$ 为水样体积,mL。

总硬度(mg/L,$CaCO_3$)也可以根据式(4)计算

$$C_{CaCO_3} = C_0 V_i \times 100.9 \times 1000 / V \tag{4}$$

式中:$C_0$ 为 EDTA 二钠溶液浓度,mmol/L;$V_i$ 为滴定中 EDTA 二钠溶液消耗量,mL;$V$ 为水样体积,mL。

## 六、注意事项

(1) 滴定过程中要不断振摇。开始滴定时速度宜稍快,接近终点滴定速度宜慢,接近终点时每滴可间隔 2~3 s。

(2) 滴定时,$Fe^{3+}$、$Al^{3+}$ 等干扰离子,用三乙醇胺掩蔽;$Cu^{2+}$、$Pb^{2+}$、$Zn^{2+}$ 等重金属离子则可用 KCN、$Na_2S$ 或硫基乙酸等掩蔽。

(3) 自来水水样较纯、杂质较少时,可以省去水样酸化、煮沸、加 $Na_2S$ 掩蔽剂等步骤。

(4) EDTA 固体含结晶水不稳定,故不能直接配制其标准溶液。

(5) 如果铬黑 T 指示剂在水样中变色缓慢,则可能是由于 $Mg^{2+}$ 含量低,这时应在滴定前加入少量 $Mg^{2+}$ 溶液(标定前加入 $Mg^{2+}$ 对终点没有影响)或者在缓冲溶液中加入一定量 $Mg^{2+}$-EDTA 盐。开始滴定时滴定速度宜稍快,接近终点滴定速度宜慢,每加 1 滴 EDTA 溶液后,都要充分摇匀。

(6) 若水样硬度大于 15 度时,可取 10~25 mL 水样,并用蒸馏水稀释至 50 mL。

(7) 指示剂的量过多显色就浓,少则淡。在这两种情况下,对于终点变色的判断都是困难的,因而添加指示剂的量,以能形成明显的红色为好。

(8) 水样的酸性或碱性太强,会影响加缓冲溶液而不能达到一定的 pH。这时要用 NaOH 或 HCl 中和到大致呈中性。

## 七、思考题

(1) 滴定时为什么要加入缓冲溶液?

(2) 如果碳酸盐硬度加重碳酸盐硬度大于非碳酸盐硬度,原因是什么?

(3) 若水样中含有金属干扰离子使得滴定终点延迟,该如何处理?

# 实验二　水中固体物质的测定

## 一、实验目的

（1）掌握水样中固体物质、溶解性固体、悬浮性固体的测定方法，以判断其污染程度。

（2）掌握固体物质不同成分的测定方法。

## 二、实验原理

几乎所有废水中都含有一定量的固体物质，这些固体物质以溶解的、悬浮的形式存在于水中，其中包含着有机化合物、无机化合物和各种生物体。故固体含量的多少，反映了杂质含量、污染程度的高低。废水中所含固体物质的种类很多，其大小从体积很大的杂物到胶体不等。在表征废水时，大颗粒的杂物一般在水样进行固体分析之前除去。下面分别介绍表征废水中固体物质的几个指标和测定方法。

1. 总固体（total solids，TS）

废水中的总固体是指其中所含的所有固体物质。测定方法是把一定体积的废水试样在103～105℃下蒸发干燥，所得到的残渣总量即为废水中的总固体量，单位为 mg/L。这种测定法称为重量分析法。

测定总固体，烘干时采用的温度对测定结果有较大影响。目前一般规定为105℃左右。但是，如当水样中含有较大量的钙盐及镁盐（如硫酸钙、硫酸镁）时，由于此种化合物含有结晶水，105℃时尚不能去除结晶水，因此需要更高的温度（可采用180℃）来干燥。还有一些盐类如氯化钙、氯化镁、硝酸钙、硝酸镁等，具有强烈的吸湿性，接触空气极易吸收水分，所以在测定时也不易得出满意的结果。因此，目前的总固体测定法，所得结果还不十分精确，在某种情况下，还是比较粗略的。

废水中的总固体包括了无机物和有机物，因为总固体含量还不足以说明污染物质的性质和组成，所以实际分析中需要把将其区分开，由于废水中成分的复杂性，逐个区分有机物和无机物很困难，所以采用特定的方法区分，最常用的是用挥发性固体和固定性固体来区分。

2. 总挥发性固体（total volatile solids，TVS）和总固定性固体（total fixed solids，TFS）

废水中的有机固体和无机固体通过总挥发性固体和总固定性固体来区分。因为一般的有机物在500℃左右可以挥发，而大多数无机物在该温度时不能挥发。所以把总固体在（500±50）℃时灼烧，可以挥发的部分固体称为总挥发性固体，不能挥发的部分固体称为总固定性固体。

3. 总悬浮性固体（total suspended solids，TSS）和总溶解性固体（total dissolved solids，TDS）

总悬浮性固体和总溶解性固体分别表示废水中的固体是呈颗粒状还是溶解态。区分方法是把废水试样经特定孔径的滤膜过滤，能被滤膜截留的部分固体称为总悬浮性固体，透过膜的固体称为总溶解性固体。最常用来区分 TSS 和 TDS 的滤膜是孔径为 0.45 μm 的玻璃纤维滤膜。

悬浮性固体和溶解性固体也可以再细分为挥发性和固定性两种，区分方法与总固体相同。总悬浮固体在(500±50)℃灼烧时能挥发的固体为挥发性悬浮固体(volatile suspended solids，VSS)，残留的为固定性悬浮固体(fixed suspended solids，FSS)。溶解性固体也可以用同样的方法分为挥发性溶解固体(volatile dissolved solids，VDS)和固定性溶解固体(fixed dissolved solids，FDS)。

溶解性固体，是废水的一个重要的物理特性指标。一般来说，溶解固体越多，水中所含溶解盐类也越多。过多的溶解固体，对某些废水处理过程带来不利的影响。为此，废水中溶解固体的测定，亦就有着相当的重要意义。如有效的生物处理过程的溶解固体浓度允许值约为 16 000 mg/L，氯化物则约为 10 000 mg/L(以 $Cl^-$ 计)。又如采用离子交换法处理废水时，水中所含溶解固体过多，将大大增加离子交换剂的再生次数，甚至可能不适宜采用该法。此外，过多的溶解固体排入水体，将使水体中的溶解无机盐增多，导致水体的使用价值降低。如当饮用水中含有过量的溶解固体时，将对人体产生不良的生理影响和具有涩口的矿物味道。饮用水中的溶解固体的允许浓度一般在 500 mg/L 左右，浓度过高可能引起腹泻。工业用水对溶解固体的要求亦是十分高的，如高压锅炉用水及某些工业部门需用的超纯水。过高的溶解固体浓度亦不适宜用作农业灌溉用水，一般认为该浓度不宜超过 1000 mg/L。

4. 可沉降固体(settleable solids)

废水中的悬浮固体的多少又可用可沉降固体表示，它是指经过一段特定时间后可以沉降的悬浮固体。测定方法是把废水试样放入容积为 1 L 的英霍夫锥形管(Imhoff cone)里，沉降一定时间后记录沉降固体的体积，结果用 mL 或 L 表示，常用的沉降时间为 1 h。通常情况下，城市废水中悬浮固体的 60%都是可沉降的。可沉降固体表示废水用沉降法处理时可以去除的固体量和污泥产生量。

除可沉降固体以外，其他固体的含量都用质量浓度(mg/L)表示。图 1 所示说明了废水中各种固体物质之间的相互关系。

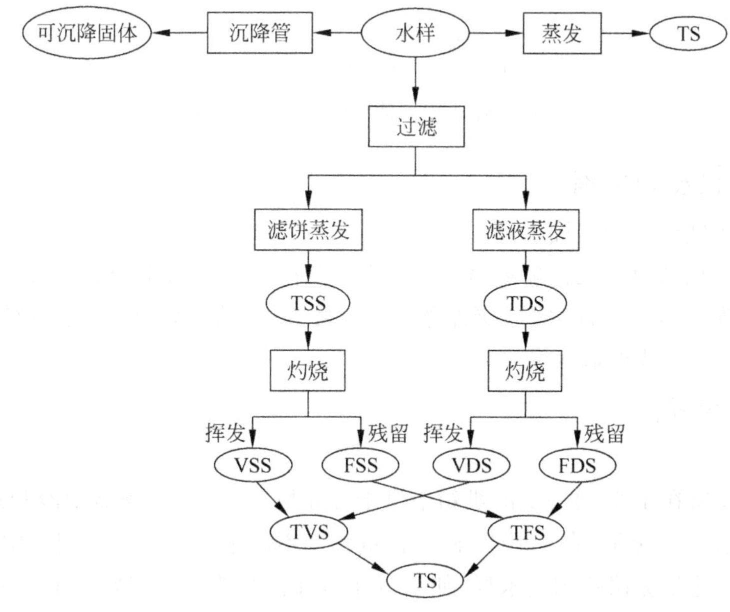


图 1 废水中各种固体的相互关系示意图

5. 固体测定中存在的问题

由于在区分 TSS 和 TDS 时需要过滤，所以 TSS 的测定结果带有某种程度的不确定性，主要原因如下：

(1) TSS 的测试数据依赖于测定过程采用滤膜的种类和孔径，同一废水采用不同孔径的滤膜过滤所得数据不同；取决于确定 TSS 所用水样体积的大小，原因是存在自过滤现象，即悬浮固体被滤网截留后其本身也可以起到滤膜的作用，自过滤可以使 TSS 的测定量在实际值的基础上有明显的增加；取决于颗粒物的性质，因为小的颗粒物可以通过已经截留在滤网上物质的吸附作用而去除。

(2) TSS 是一个综合参数。因为 TSS 中所包含的颗粒数目和粒度分布是未知的。

(3) 挥发性和固定性固体区分不严格。假定挥发性物质为有机物，但有些有机物在测定温度下不能燃烧，而有些无机固体在该温度下也会分解。

虽然废水中固体的测量和表征存在上述缺点，但是固体含量的测定对于污水分析相当重要，因为在判断污染程度上，具有指标的作用，同时悬浮物也是污水处理的一个重要方面。因为水中的胶体或者细小悬浮固体的存在会影响水体的透明度，增加水体的浑浊，降低水中藻类的光合作用，限制水生生物的正常运动，减缓水底活性，导致水体底部缺氧，使水体同化能力降低。同时，悬浮固体会成为各种污染物的吸附载体。由于污水处理固液分离方法与颗粒粒径大小及分布有关(图 2)，因此，水中悬浮固体的组成、性质、粒径大小和分布会对污水处理工艺选择、二沉池泥水分离方法、水的深度处理工艺以及处理出水的再利用产生影响。

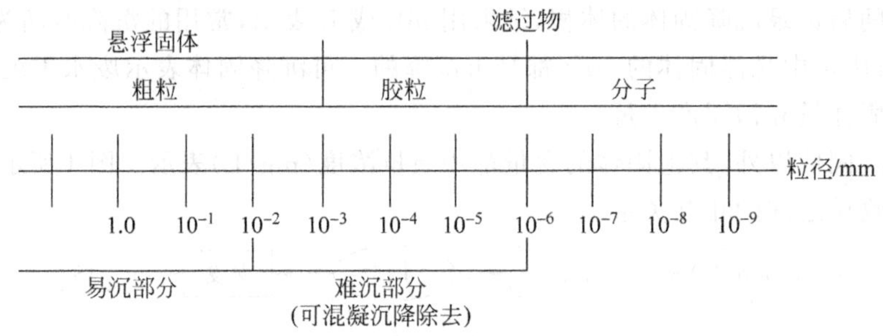


图 2　废水中固体按颗粒大小的分类

## 三、实验仪器和试剂

均使用分析纯试剂和蒸馏水。

常用实验室仪器以及无齿扁嘴镊子；全玻璃微孔滤膜过滤器；0.45 μm 的水性或水油混合型微孔滤膜(孔径)或者滤纸；吸滤瓶；真空泵；干燥器；瓷蒸发皿：直径 90 mm(也可用 150 mL 硬质烧杯或玻璃蒸发皿)。

## 四、实验步骤

1. 总固体

(1) 将蒸发皿在 103～105℃的烘箱中烘干 2 h 取出，放入干燥器中冷却后盖好瓶盖称量。反复烘干、冷却、称量，直至恒重(两次称量相差不超过 0.0005 g)，记录质量 $W_1$。

(2) 分别取适量振荡均匀的水样(如 50 mL)，计体积为 $V_1$，使残渣量大于 25 mg，置上述恒重的蒸发皿内，放在 103～105℃烘箱内烘至恒重，记录质量 $W_2$，增加的质量为总残渣。

2. 悬浮性固体

(1) 将滤纸放在称量瓶中,打开瓶盖,在 103～105℃的烘箱中烘干 2 h 取出,放入干燥器中冷却后盖好瓶盖称量。反复烘干、冷却、称量,直至恒重(两次称量相差不超过 0.0005 g),记录质量 $W_3$。

(2) 去除漂浮物后振荡水样,量取均匀适量水样(如 200 mL),记体积为 $V_2$,通过上面称量至恒重的滤膜抽吸过滤,使水分全部通过滤膜。再以每次 10 mL 蒸馏水连续洗涤残渣 3～5 次,继续吸滤以除去痕量水分。

(3) 停止吸滤后,小心取下滤膜放入原称量瓶内,移入 103～105℃的烘箱中,打开瓶盖烘 2 h 取出,放入干燥器中冷却后盖好瓶盖称重,反复烘干、冷却、称量,直至恒重(两次称量相差不超过 0.0005 g),记录质量 $W_4$,增加的质量为悬浮性固体残渣。

3. 溶解性固体

(1) 将蒸发皿在 103～105℃的烘箱中烘干 2 h 取出,放入干燥器中冷却后盖好瓶盖称重。反复烘干、冷却、称量,直至恒重(两次称量相差不超过 0.0005 g),记录质量 $W_5$。

(2) 将测定悬浮性固体过滤后水样放在称至恒重的蒸发皿内在 103～105℃的烘箱中烘干,取出放入干燥器中冷却后称重,反复烘干、冷却、称量,直至恒重(两次称量相差不超过 0.0005 g),记录质量 $W_6$,增加的质量为可滤残渣。

## 五、数据记录与处理

1. 总固体含量

$$\text{总固体含量} = \frac{(W_2 - W_1) \times 10^6}{V_1} \tag{1}$$

2. 悬浮物含量

$$\text{悬浮物含量} = \frac{(W_4 - W_3) \times 10^6}{V_2} \tag{2}$$

3. 溶解性固体含量

$$\text{溶解性固体含量} = \frac{(W_6 - W_5) \times 10^6}{V_2} \tag{3}$$

式中:$W_1$ 为蒸发皿的质量,g;$W_2$ 为蒸发皿+总固体的质量,g;$W_3$ 为滤膜+称量瓶质量,g;$W_4$ 为悬浮物+滤膜+称量瓶质量,g;$W_5$ 为蒸发皿的质量,g;$W_6$ 为蒸发皿+溶解性固体的质量,g;$V_1$ 为测定总固体的水样体积,mL;$V_2$ 为测定悬浮物水样的体积,mL。

## 六、注意事项

(1) 采集的水样应尽快分析测定。如需放置,应储存在 4℃冷藏箱中,但最长不得超过 7 d。也不能加入任何保护剂,以防破坏物质在固液间的分配平衡。

(2) 滤膜上截留过多的悬浮物可能夹带过多的水分,除延长干燥时间外,还可能造成过滤困难,遇此情况,可酌情少取试样。滤膜上悬浮物过少,则会加大称量误差,影响测定精度,必要时,可增加试样体积,一般以 5～10 $\mu$m 悬浮性固体作为量取试样体积的适用范围。

(3) 漂浮或浸没的不均匀固体物质不属于悬浮物质,应从水样中除去。比如,树叶、木棒、水草等杂质应从水样中除去。

(4) 废水黏度高时,可加 2～4 倍蒸馏水稀释,振荡均匀,待沉淀物下降后再过滤。

（5）所用聚乙烯瓶或硬质玻璃瓶要用洗涤剂洗净。再依次用自来水和蒸馏水冲洗干净。在采样之前，再用即将采集的水样清洗 3 次。水样使用按照实验要求所布设的采样点采集的具有代表性的水样 500～1000 mL，盖严瓶塞。

（6）上述方法适用于天然水、饮用水、生活污水和工业废水中质量浓度为 20 000 mg/L 以下的固体物质的测定。

（7）采用不同滤料所测得的结果会存在差异，必要时，应在分析结果报告上加以说明。

# 实验三　水中铁含量的测定

## 一、实验目的

(1) 掌握邻菲啰啉(邻二氮杂菲)分光光度法测定水中的铁的原理和基本操作。

(2) 了解分光光度计的构造、性能及使用方法。

## 二、实验原理

地壳中铁(Fe)含量约为5.6%,分布很广,但在天然水体中铁的含量并不高。实际水样中铁的存在形态是多种多样的,可以在真溶液中以简单的水合离子和复杂的无机、有机络合物形式存在,也可以存在于胶体、悬浮物的颗粒物中,可能是二价,也可能是三价的。而且水样暴露于空气中,二价铁易被迅速氧化为三价,样品 pH>3.5 时,易导致高价铁的水解沉淀。样品在保存和运输过程中,水中细菌的增殖也会改变铁的存在形态。样品的不稳定性和不均匀性对分析结果影响颇大,因此必须仔细进行样品的预处理。

铁及其化合物均为低毒性和微毒性,含铁量高的水往往带黄色,有铁腥味,对水的外观有影响。饮用水用铁盐净化时,若不能沉淀完全,会影响水的色度和味感。当其作为印染、纺织、造纸等工业用水时,则会在产品上形成黄斑,影响质量,因此这些工业用水的铁的质量浓度必须在0.1 mg/L以下。水中铁的污染源主要是选矿、冶炼、炼铁、机械加工、工业电镀、酸洗废水等。

水中铁的含量,在我国只作为感官性状指标存在,常以总铁量(mg/L)来表示。然而,水中铁的质量浓度为0.5 mg/L时,色度达到30度以上;铁的质量浓度达到1.0 mg/L时,不仅色度增加,而且有明显金属味。人体中铁过多对心脏有不利影响。

测定时可以用硫氰酸钾比色法、原子吸收分光光度法、电感耦合等离子体质谱法、铁离子测定仪、二氮杂菲分光光度法等。其中高含量的铁可采用磺基水杨酸法测定,低含量的铁常用邻菲啰啉分光光度法测定,所以该法适用于清洁环境水样和轻度污染水的分析。

邻二氮杂菲分光光度法测定水中铁时,$Fe^{2+}$和邻二氮杂菲在 pH 为3~9的溶液中反应,生成稳定的橙红色络合物,其反应式为

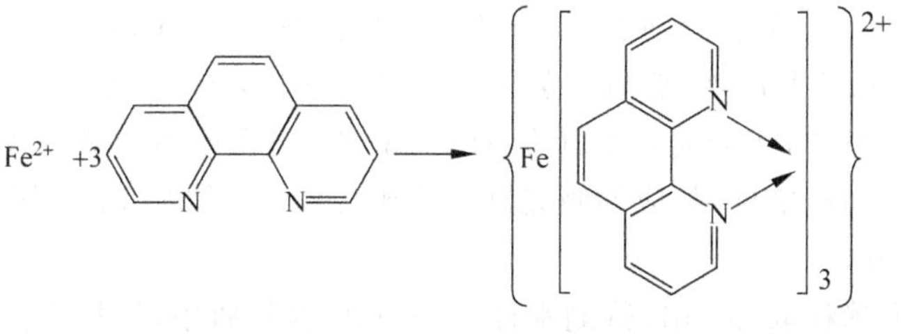

$$Fe^{2+} + 3\,(\text{N}\ \text{N}) \longrightarrow \left\{Fe\left[\text{N}\ \text{N}\right]_3\right\}^{2+}$$

此配合物在避光时可稳定半年,它的 $\lg K_{稳}=21.3$,摩尔吸光系数为 $1.1\times10^4\ L\cdot mol^{-1}\cdot cm^{-1}$,测量波长为510 nm。根据光的吸收定律,铁含量在一定范围内遵守朗伯-比尔定律 $A=\varepsilon bc$,即当一束平行单色光通过均匀、非散射的稀溶液时,溶液对光的吸收程度($A$)与溶

液浓度($c$)及液层厚度($b$)的乘积成正比。$\varepsilon$ 为物质的摩尔吸光系数。

测定过程中先用还原剂(如盐酸羟胺)将三价铁全部转化为二价铁,再由 $Fe^{2+}$ 和邻二氮杂菲反应,则可测高铁离子及总铁含量。

$$Fe^{3+} + 2NH_2OH \longrightarrow 4Fe^{2+} + N_2O + 4H^+ + H_2O$$

$$3phen + Fe^{2+} \longrightarrow Fe(phen)_3^{2+}$$

## 三、实验仪器和试剂

1. 仪器

可见分光光度计;100 mL 容量瓶;1000 mL 容量瓶;1 cm 比色皿;25 mL 刻度吸管;玻璃杯;烧杯若干。

2. 试剂

二氮杂菲($C_{12}H_8N_2 \cdot H_2O$)又名邻二氮杂菲(1,10-phenanthroline)或邻菲啰啉(分析纯),盐酸($\rho$=1.18 g/mL,优级纯),硫酸亚铁铵($(NH_4)_2Fe(SO_4)_2 \cdot 6H_2O$,优级纯)。

(1) 盐酸羟胺溶液(100 g/L)

称取 10 g 盐酸羟胺($NH_2OH \cdot HCl$)溶于纯水中,并稀释至 100 mL。

(2) 二氮杂菲溶液(1.0 g/L)

称取 0.1 g 二氮杂菲溶解于加有 2 滴浓盐酸的纯水中,并稀释至 100mL。

(3) 盐酸溶液(1∶1)

(4) 铁标准储备液(100.0 mg/L)

准确称取 0.7022 g 硫酸亚铁铵置于烧杯中,加入 20 mL 盐酸溶液(1∶1),移入 1000 mL 容量瓶中,用纯水稀至标线,摇匀。

(5) 铁标准使用液(10 mg/L)

移取 100.0 mg/L 铁标准储备液 10 mL 置于 100 mL 容量瓶中,并用纯水稀释至标线,摇匀。

(6) 缓冲溶液

将 68 g 乙酸钠溶于约 500 mL 纯水中,加入 29 mL 冰乙酸稀释至 1 L。

## 四、实验步骤

1. 标准曲线的绘制

序号为 1~6 号的 50mL 容量瓶中,用刻度吸管分别准确移取铁标准使用液 0、1.0、3.0、5.0、7.0、9.0、10.0 mL,依次分别加入 1 mL(1∶1)盐酸、1.0 mL 盐酸羟胺溶液、5 mL 缓冲溶液和 2 mL 邻二氮杂菲溶液,然后用蒸馏水稀释至刻度,摇匀,放置 10 min。以试剂空白为参比,用 1 cm 比色皿,用分光光度计在 510 nm 波长处分别测定其吸光度值。

以溶液的浓度为横坐标,相应的吸光度为纵坐标作图,绘制标准曲线。

2. 未知液的测定

用刻度吸管准确移取 20 mL 待测水样于 50 mL 容量瓶中,按标准溶液的实验步骤,加入试剂,测量吸光度 $A$。利用标准曲线查出浓度,并计算水样中铁含量。

3. 测定平行样

根据上述方法测定水样平行样 3 次,并计算平均值。

## 五、数据记录与处理

1. 标准曲线的绘制

将实验数据记录在表1中。

**表1 实验数据表**

| 实验次数 | 1 | 2 | 3 | 4 | 5 | 6 | 平行样1 | 平行样2 | 平行样3 |
|---|---|---|---|---|---|---|---|---|---|
| 铁标准使用液体积/mL | | | | | | | | | |
| 稀释后铁标准使用液浓度/(mg/L) | | | | | | | | | |
| 吸光度 $A$ | | | | | | | | | |

2. 未知液的测定

根据水样测得的吸光度，根据标准曲线查出对应的浓度值 $C_{未}$，根据式(1)计算铁的含量

$$铁(Fe,mg/L)=\frac{100}{V}\times C_{未} \tag{1}$$

式中：$C_{未}$为根据标准曲线查出的水样浓度，mg/L；$V$ 为取水样体积，mL。

## 六、注意事项

(1) 本方法适用于地表水、地下水及废水中铁的测定。方法最低检出浓度为0.03 mg/L，测定下限为0.12 mg/L，测定上限为5.00 mg/L。浓度过大时需稀释后再测定。浓度低时可换用30 mm或50 mm的比色皿。

(2) 本法测定总铁为酸溶性铁，包括 $Fe^{2+}$、$Fe^{3+}$ 铁络合物及悬浮物。

(3) 要保证全部铁的溶解和还原。水样含有 $NO_2^-$ 等强氧化剂时，应加大盐酸羟胺的用量。

(4) 二氮杂菲溶液须于暗处保存，变暗后不能再用。

(5) 显色时溶液的pH应为2～9，若pH过低，显色缓慢而色浅。

(6) 强氧化剂、氰化物、亚硝酸盐、焦磷酸盐、偏聚磷酸盐及某些重金属离子会干扰测定。经过加酸煮沸可将氰化物及亚硝酸盐除去，并使焦磷酸盐、偏聚磷酸盐转化为正磷酸盐以减轻干扰。加入盐酸羟胺则可消除强氧化剂的影响。

(7) 邻菲啰啉能与某些金属离子形成有色络合物而干扰测定。但在乙酸-乙酸铵的缓冲溶液中，不大于铁浓度10倍的铜、锌、钴、铬及小于2 mg/L的镍，不干扰测定，当浓度再高时，可加入过量显色剂予以消除。汞、镉、银等能与邻菲啰啉形成沉淀，若浓度低时，可加邻菲啰啉来消除；浓度高时，可将沉淀过滤除去。水样有底色，可用不加邻菲啰啉的试液作参比，对水样的底色进行校正。

(8) 各批试剂的铁含量如不同，每新配一次试液，都需要重新绘制校准曲线。

(9) 对含有 $CN^-$ 或 $S^{2-}$ 的水样进行酸化时，必须小心进行，因为会产生有毒气体。

## 七、思考题

(1) 邻二氮杂菲分光光度法测定微量铁时为何要加入盐酸羟胺溶液？

(2) 为什么测定时需要保持pH在一定范围？

(3) 乙酸钠溶液的作用是什么？

(4) 用邻二氮杂菲测定铁时，会受到哪些元素的干扰，如何消除干扰？

# 实验四　水中磷的测定

## 一、实验目的

(1) 掌握钼锑抗分光光度法测定总磷的原理和方法。

(2) 了解影响总磷测定的因素。

## 二、实验原理

在天然水和废水中，磷几乎都以各种磷酸盐的形式存在，包括正磷酸盐、缩合磷酸盐(焦磷酸盐、偏磷酸盐和多磷酸盐)和有机结合的磷(如磷脂等)，它们存在于溶液中，腐殖质粒子中或水生生物中。

一般天然水中磷酸盐含量不高。化肥、冶炼、合成洗涤剂等行业的工业废水及生活污水中常含有较大量的磷。磷是生物生长必需的元素之一。但水体中磷含量过高(如超过0.2 mg/L)，可造成藻类的过度繁殖，导致藻类水华的爆发和水质的恶化，直至数量上达到有害的程度(称为富营养化)，造成湖泊、河水透明度降低，水质变坏。磷是评价水质的重要指标，因此水中磷的测定，对于正确评价水质有着重要意义。

水中磷的测定，通常按其存在的形式而分别测定总磷、可溶性正磷酸盐和可溶性总磷酸盐，如图1所示。

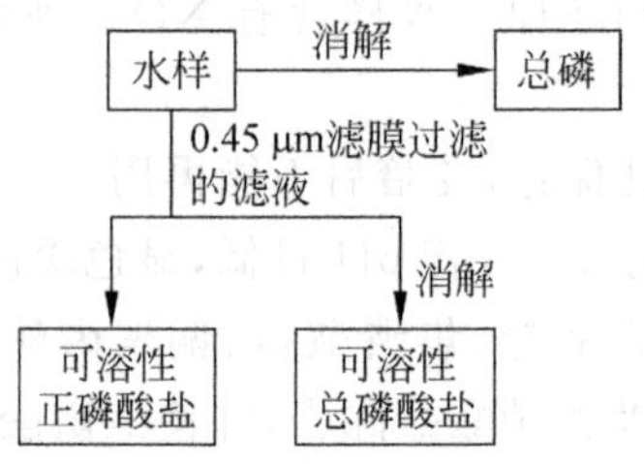


图1　测定水中各种磷的流程图

正磷酸盐的测定可采用的方法有：离子色谱法、钼锑抗分光光度法、氯化亚锡还原钼蓝法(灵敏度较低，干扰也较多)；孔雀绿-磷钼杂多酸法灵敏度较高，且容易普及；罗丹明6G(Rh6G)荧光分光光度法灵敏度最高。

在中性条件下用过硫酸钾(或硝酸-高氯酸，或硝酸-硫酸)溶液经加热对水样进行消解，产生下列反应：

$$K_2S_2O_8 + H_2O \longrightarrow 2KHSO_4 + [O]$$

从而将水中的有机磷、无机磷、悬浮物内的磷氧化成正磷酸盐。在酸性介质中，正磷酸盐与钼酸铵发生反应，生成淡黄色磷钼酸铵：

$$PO_4^{3-} + 3NH_4^+ + 12MoO_4^{2-} + 24H^+ = (NH_4)_3PO_4 \cdot 12MoO_3 + 12H_2O$$

磷钼酸铵在一定酸度下，可被还原剂(如氯化亚锡、抗坏血酸或称维生素C、亚硫酸钠等)还原成蓝色化合物——“钼蓝”：

$$(NH_4)_3PO_4 \cdot 12MoO_3 + H^+ \xrightarrow{\text{还原剂}} (MoO_2 \cdot 4MoO_3)_2 \cdot H_3PO_4\text{(钼蓝大致成分)}$$

钼蓝在 880 nm 和 700 nm 波长下均有最大吸收度。钼酸铵浓度过高、溶液酸度又太低时，则过量钼酸铵也能还原生成“钼蓝”。反之，溶液酸度过高、钼酸铵浓度过低时，则磷钼酸铵还原的蓝色就会大大降低。

显色速度和颜色强度与溶液的温度有关，温度每升高 1℃颜色强度约增加 1%，故比色溶液间的温差不能超过 2℃。显色温度最好在 20～30℃。本方法在 1 cm 的比色皿中，磷的最低检出浓度为 0.2 mg/L。

过硫酸钾消解法消解样品彻底，重复性好，精密度和准确度高，且易操作，是总磷测定的首选消解方法。水体中的总磷包括溶解态的及颗粒状的有机磷和无机磷。

## 三、实验仪器和试剂

操作所用的玻璃器皿，可在盐酸(1∶5)中浸泡 2 h，且用不含磷酸盐的洗涤剂刷洗。

1. 水样

地表水、生活污水或工业废水。水样采集后加入硫酸将水样酸化至 pH≤2，24 h 内测定。

2. 仪器

可见光分光光度计；高压蒸汽灭菌锅：0.11～0.14 MPa；比色管：具塞，磨口，50 mL。

3. 试剂

(1) 过硫酸钾溶液(50 g/L)：将 5 g 过硫酸钾溶解于水中，并稀释至 100 mL。

(2) 硫酸溶液(1∶1)：浓硫酸加等体积水进行稀释。

(3) 抗坏血酸溶液(100 g/L)：将 10 g 抗坏血酸溶解于水中，并稀释至 100 mL。储存在棕色玻璃瓶中，冷藏可稳定几周。如颜色变黄，则应弃去重配。

(4) 钼酸盐溶液：溶解 13 g 钼酸铵于 100 mL 水中。另溶解 0.35 g 酒石酸锑钾于 100 mL 水中。在不断地搅拌下，将钼酸铵溶液缓慢加入到 300 mL 硫酸溶液(1∶1)中，再加酒石酸锑钾溶液并混合均匀。试剂储存在棕色玻璃瓶中冷藏，至少可稳定 2 个月。

(5) 浊度-色度补偿液：混合两份体积的硫酸(1∶1)和一份体积的抗坏血酸溶液(100 g/L)。此溶液应在当天配制。

(6) 磷酸盐储备液：将磷酸二氢钾于 110℃干燥 2 h，在干燥器中放冷。称取 0.2197 g 磷酸二氢钾溶于水中，移入 1000 mL 容量瓶中加入大约 800 mL 水、加入 5 mL 硫酸(1∶1)，用水稀释至标线并混匀。此溶液每毫升含 50.0 μg 磷。本溶液在玻璃瓶中可保存 6 个月。

(7) 磷酸盐标准溶液：吸取 10 mL 磷酸盐储备液于 250 mL 容量瓶中，用水稀释至标线并混匀。此溶液每毫升含 2.0 μg 磷。现用现配。

## 四、实验步骤

(1) 取样。准确移取 25 mL 水样于具塞比色管中。仔细摇匀，以得到溶解部分和悬浮部分均具有代表性的试样。如样品中含磷浓度较高，可以适量减少试样体积。

(2) 消解。向试样中加 4 mL 过硫酸钾溶液，塞紧具塞刻度管后。用纱布和线将玻璃塞扎紧(或用其他方法固定)，放在大烧杯中，置于高压蒸汽灭菌锅中加热。待压力达到 0.11 MPa、相应温度为 120℃时，保持 30 min 后停止加热。待压力表读数降至零后，取出放冷，用水稀释至标线。如用硫酸保存水样，应先调节 pH 至中性，再进行消解。如水样中的有机物用过硫酸钾氧化不能完全破坏，应当改用硝酸-高氯酸法消解。

(3) 显色。分别向各份消解液中加入 1 mL 抗坏血酸溶液，混匀。30 s 后加 2 mL 钼酸盐溶液充分混匀。室温下放置 15 min。室温低于 13℃时，可在 20～30℃水浴中显色 15 min。

(4) 分光光度测量。以水作参比，在 700 nm 波长下，使用光程长度为 30 mm 的比色皿，测定吸光度。扣除空白试验的吸光度后，从标准曲线上求得磷的含量。

(5) 标准曲线的参数测定。取 7 支具塞刻度管，分别加入 0、0.5、1、3、5、10、15 mL 磷酸盐标准溶液，加水至 25 mL。然后按测定步骤(2)～步骤(4)进行消解、显色和分光光度测量。以水作参比测定吸光度，扣除空白试验的吸光度后，与对应的磷的含量绘制标准曲线。

(6) 空白试验。空白试样用水代替试样，并加入与测定时相同体积的试剂，进行空白试验。

## 五、数据记录与处理

1. 标准曲线与线性回归方程

用 Excel 绘制吸光度 $A$ 与含磷量标准曲线，获得线性回归方程，记录于表 1。

**表 1　标准曲线数据记录表**

| 磷酸盐标准溶液体积/mL | 含磷量/μg | 吸光度 $A$ | 备　注 |
|---|---|---|---|
| 0 | | | |
| 0.5 | | | |
| 1 | | | |
| 3 | | | |
| 5 | | | |
| 10 | | | |
| 15 | | | |
| 线性回归方程 | | | |
| 相关系数 $R^2$ | | | |

2. 总磷含量的计算

根据所测试样品的吸光度，由标准曲线的线性回归方程计算含磷量，按式(1)计算总磷浓度，结果记录于表 2。

$$C = m/V \tag{1}$$

式中：$C$ 为试样总磷浓度，mg/L；$m$ 为试样含磷量，μg；$V$ 为测定用试样体积，mL。

**表 2　总磷浓度记录表**

| 样　　号 | 吸光度 $A$ | $C$/(mg/L) | 备　注 |
|---|---|---|---|
| 1 | | | |
| 2 | | | |
| 3 | | | |
| 4 | | | |

## 六、注意事项

(1) 本方法适用于地表水、生活污水和工业废水中总磷的测定。取 25 mL 水样时，最低检出浓度为 0.01 mg/L，检测上限为 0.6 mg/L。

(2) 如果试样中浊度或色度影响吸光度的测定时，需要做补偿校正。需要配制一个空白试样(消解后用水稀释至标线)，再向试样中加入 3 mL 浊度-色度补偿液，但是不加抗坏血酸溶液和钼酸盐溶液。然后从试样的吸光度中扣除空白试样的吸光度。

(3) 砷浓度大于 2 mg/L 时会干扰测定，可用硫代硫酸钠去除。硫化物浓度大于 2 mg/L 时会干扰测定，在酸性条件下可通氮气去除。六价铬浓度大于 50 mg/L 会干扰测定，可用亚硫酸钠去除。

(4) 比色皿用后应以稀硝酸或铬酸洗液浸泡片刻，以除去吸附的磷钼酸蓝显色物。

(5) 总磷的测定，于水样采集后，加硫酸酸化至 pH≤1 保存。溶解性正磷酸盐的测定，不加任何保存剂，于 2～5℃冷处保存，在 24 h 内进行分析。

(6) 如采样时水样用酸固定，则用过硫酸钾消解前将水样调至中性。

(7) 亚硝酸盐质量浓度大于 1 mg/L 时会干扰测定，通过氧化消解或加氨磺酸均可以除去亚硝酸盐。铁浓度为 20 mg/L，使结果偏低 5%；铜浓度达 10 mg/L 不干扰；氟化物浓度小于 70 mg/L 时也无干扰。水中大多数常见离子对显色的影响可以忽略。

(8) 室温低于 13℃时，可在 20～30℃水浴中显色 15 min。

(9) 操作所用的玻璃器皿，可用盐酸(1∶5)浸泡 2 h，或用不含磷酸盐的洗涤剂刷洗。

## 七、思考题

(1) 如何测定溶解性总磷和溶解性正磷酸盐？

(2) 影响总磷测定结果准确度的因素有哪些？

(3) 对于含色度的水样，如何进行总磷的测定？

# 实验五　水中叶绿素的测定

## 一、实验目的

(1) 掌握叶绿素 a 的测定原理及方法。

(2) 学会评价水体的富营养化状况。

## 二、实验原理

随着工业生产和生活活动产生的废水排入水环境，大量的氮、磷等营养物质进入湖泊、河流、水库等地表水体。氮、磷等营养物质正是水生生物生长代谢所需，但会引发藻类及其他浮游生物迅速大量繁殖，从而导致水体中的溶解氧急剧下降，因此，鱼类及其他需氧型生物大量死亡。这种水质恶化的现象被称之为水体富营养化。水体出现富营养化现象时，浮游藻类大量繁殖，因占优势的浮游藻类不同，水面往往呈现蓝色、红色、棕色、乳白色等。这种现象在淡水中称为水华、海洋中则叫作赤潮。

生活污水、化肥、食品等工业废水以及农田排水中含有大量的氮、磷等无机盐类。一旦排入天然水体，自养型生物会旺盛生长，尤其是蓝藻和红藻急剧增长。蓝藻的大量出现是水体富营养化的征兆。藻类繁殖迅速，生长周期短；藻类及其他浮游生物死亡后不断被好氧微生物分解，因而消耗水中的溶解氧；或被厌氧微生物分解，不断产生硫化氢等气体。以上两个方面均使水质恶化，同时富营养化现象还会造成水体透明度降低，影响水生植物的光合作用，可能造成溶解氧的过饱和状态。无论是溶解氧的减少还是溶解氧的过饱和，都对水生动物有害，造成鱼类大量死亡。富营养化水体中含有较多的硝酸盐和亚硝酸盐，人畜长期饮用会中毒致病。绝大多数水体富营养化是由于外界输入的营养物质在水体中富集造成的。因此，减少或者截断外部输入的营养物质，就能降低水体富营养化的可能性。要控制外源性营养物质的输入，应从控制人为污染源着手。另外，减少内源性营养物负荷，亦能有效控制湖泊内部氮、磷等的富集。

通常，叶绿素的含量是植物生长状态的一个反映指标，在一定范围内，植物的光合速率会随叶绿素含量的增加而升高。利用湖泊中叶绿素 a 的含量可以评价水体的富营养化程度，评价标准为：贫营养型湖泊叶绿素 a$<$4 μg/L，中营养型湖泊叶绿素 a 为 4～10 μg/L，富营养型湖泊叶绿素 a$>$10 μg/L。通过测定水体中叶绿素 a 的含量，即可获知该水体的富营养化程度，从而有针对性地解决水环境问题。利用 90%丙酮作为提取液研磨提取水样中的叶绿素，根据叶绿素对可见光谱的吸收，利用分光光度计在特定波长下(750、664、647、630 nm)测定其吸光度，即可用公式计算出提取液中叶绿素 a 的含量。

## 三、实验仪器和试剂

1. 仪器

可见分光光度计；玻璃抽滤器；0.45 μm 滤膜；真空泵；天平；台式冷冻离心机；具塞离心管(15 mL)；采样瓶；黑色塑料薄膜；药匙；剪刀；研钵；移液管；烧杯；量筒；培养皿；镊子；比色皿；冰箱等。

2. 试剂

不同污染程度的湖泊水样；1% 的 $MgCO_3$ 悬液(1 g 粉末悬浮于 100 mL 的蒸馏水中，使用前充分摇匀)；90%的丙酮溶液。

## 四、实验步骤

(1) 清洗仪器：用洗涤剂清洗实验用玻璃仪器，避免酸性条件引起叶绿素 a 分解。

(2) 采集样品：根据需要进行分层采样或者混合采样 1 L，如果水样中含有泥沙等沉降性固体，将水样摇匀后倒入量筒，避光静置 30 min，然后取上层水样至棕色玻璃瓶中。

(3) 过滤湖泊水样：将 0.45 μm 滤膜放置于玻璃抽滤器上，准确量取待测水样 500 mL 进行减压过滤，贫营养型水体适当增加过滤量至 1000 mL。待水样剩余若干毫升之前加入 0.2 mL $MgCO_3$ 悬液，摇匀直至抽干水样。抽滤结束后，用镊子将滤膜取出，将有样品的一面对折，用滤纸吸干水分。加入 $MgCO_3$ 可增进藻细胞滞留在滤膜上，同时还可防止提取过程中叶绿素 a 被分解。如果过滤后的载藻滤膜不能马上进行提取处理，则应将其置于干燥器内，放冷暗处 4℃保存，放置时间最多不超过 48 h。

(4) 研磨：将抽滤后的样品滤膜放于研钵内，加 3～4 mL 95%的乙醇溶液，充分研磨至糊状，以破碎藻细胞。重复 1～2 次，保证研磨时间 5～10 min。

(5) 提取叶绿素：将完全破碎后的细胞提取液转移入具塞离心管中，用 90%的丙酮冲洗研磨装置，使管内总体积为 10 mL。盖紧塞子，充分震荡摇匀后在管子外部罩上黑色塑料薄膜，放入 4℃冰箱内浸泡提取 2 h 以上，不超过 24 h。在浸泡提取过程中颠倒摇匀 2～3 次。

(6) 离心：提取完毕后，将离心管放入离心机中，以 4000 r/min 的速度离心 10 min。

(7) 测定样品：将提取的上清液移入 1 cm 比色杯中，以 90%的丙酮溶液作为参比，分别在 750、663、645、630 nm 波长下测定吸光度值。

## 五、数据记录与处理

样品提取液中叶绿素 a 的质量浓度计算公式如式(1)：

$$C=11.85\times(A_{664}-A_{750})-1.54\times(A_{645}-A_{750})-0.08\times(A_{630}-A_{750}) \tag{1}$$

式中：$C$ 为试样中叶绿素 a 的质量浓度，mg/L；$A_{750}$、$A_{664}$、$A_{645}$、$A_{630}$ 分别为提取液在 750、664、645、630 nm 波长下的吸光度值。$A_{750}$ 为非选择性本底物光吸收校正值，应小于 0.01，否则需要重新进行离心。

水样中叶绿素 a 的质量浓度计算公式如式(2)：

$$\rho=C\times V_{提取液}/V_{水样} \tag{2}$$

式中：$\rho$ 为样品中叶绿素 a 的质量浓度，μg/L；$C$ 为试样中叶绿素 a 的质量浓度，mg/L；$V_{提取液}$ 为提取液的定容体积，mL；$V_{水样}$ 为水样体积。

## 六、思考题

(1) 评价不同水样的富营养化程度，分析其污染来源。

(2) 应从哪几个方面提高叶绿素 a 浓度测定的准确性？

# 实验六　水中凯氏氮的测定

## 一、实验目的

(1) 掌握凯氏氮的测定原理和方法。

(2) 掌握凯氏氮测定的意义。

## 二、实验原理

凯氏氮是指以凯氏(Kjeldahl,TKN)法测得的含氮量。它包括了氨氮和在此条件下能被转化为铵盐而测定的有机氮化合物。此类有机含氮化合物主要是指蛋白质、胨、氨基酸、核酸、尿素以及大量合成的、以氮为负三价态的有机氮化合物。它不包括叠氮化合物、连氮、偶氮、腙、硝酸盐、亚硝酸盐、腈、硝基、亚硝基、肟和半卡巴腙类的含氮化合物。由于一般水中存在的有机含氮化合物多为氨氮,因此,在测定凯氏氮和氨氮后,其差值即为有机氮。

测定凯氏氮或有机氮的含量,主要是为了了解水体受污染状况,尤其是在评价湖泊和水库的富营养化时,凯氏氮的含量是一个有意义的指标。

水样中加入硫酸并加热消解,使有机物中的胺基氮转变为硫酸氢铵,游离氨和铵盐也转变为硫酸氢铵。消解时加入适量硫酸钾以提高沸腾温度(沸点 315～370℃),增加消解速率,并加硫酸铜(或硫酸汞)作为催化剂,以缩短消解时间。消解后液体,加入 NaOH 溶液使之成碱性,再用蒸馏使氨释放出来并用硼酸溶液吸收,最后用硫酸滴定硼酸铵,或者用分光光度法测定氨含量。

此法测得的总氮包括了有机氮和原来即以氨态存在的氮,但不包括以硝酸盐或亚硝酸盐形式存在的氮,有机氮中的某些化合物如含氮的杂环化合物、吡啶、叠氮化合物、偶氮化合物、硝基和亚硝基化合物等也未包括在内。当凯氏氮含量较低时,可取较多量的水样,并用光度法测定氨量。含量较高时,则减少取样量,并用酸滴定法测定氨。

总凯氏氮的测定不同于总氮的测定之处,就在于硝态氮不予还原处理。当水样在浓硫酸消解过程中,硝态氮仍保持稳定,致使在蒸馏出氨过程中亦就不可能包括这部分硝态氮了。一般废水(如生活污水)中大多只有有机氮和氨氮,故测总凯氏氮基本上亦就代表了总氮。而且有机氮、氨氮都是微生物的重要营养物质,故通过总凯氏氮的测定,就可了解废水中可提供的氮营养源,以及能否满足生物处理过程的正常运行。生活污水中的总凯氏氮一般为 30～50 mg/L。

## 三、实验仪器和试剂

1. 仪器

凯氏定氮蒸馏装置:500 mL 凯氏瓶、氮球、直形冷凝管和导管。或配有 100 mL 凯氏定氮烧瓶的半微量水蒸气蒸馏定氮装置。

2. 试剂

硫酸($\rho$=1.84 g/mL);硫酸钾($K_2SO_4$);硫酸铜溶液:称取 5 g 硫酸铜($CuSO_4 \cdot 5H_2O$)溶于水,稀释至 100 mL;氢氧化钠溶液:称取 500 g 氢氧化钠溶于水,稀择至 1 L;

硼酸溶液：称取 20 g 硼酸溶于水，稀释至 1 L；硫酸标准溶液（1/2 $H_2SO_4$）：0.01 mol/L。

## 四、实验步骤

1. 常量法

（1）取样体积的确定：按表 1 取适量水样，移入 500 mL 凯氏瓶中。

表 1　常量法凯氏氮含量与相应取样量

| 水样中凯氏氮含量/(mg/L) | 水样体积/mL | 水样中凯氏氮含量/(mg/L) | 水样体积/mL |
| --- | --- | --- | --- |
| ≤10 | 250 | 20～50 | 50 |
| 10～20 | 100 | 50～100 | 25 |

（2）消解：加 10.0 mL 硫酸，2 mL 硫酸铜溶液，6 g 硫酸钾和数粒玻璃珠于凯氏瓶中，混匀。置通风柜内加热煮沸，至冒三氧化硫白烟，并使溶液变清（无色或淡黄色），调节热源继续保持煮沸腾 30 min，放冷，加 250 mL 水，混匀。

（3）蒸馏：将凯氏瓶使呈 45°斜置，缓缓沿壁加入 40 mL 氢氧化钠溶液，使其在瓶底形成碱液层。迅速连接氮球和冷凝管，以 50 mL 硼酸溶液为吸收液，导管管尖伸入吸收液液面下约 1.5 cm。摇动凯氏瓶使溶液充分混合，加热蒸馏，至收集馏出液达 200 mL 时，停止蒸馏。

（4）氨校准曲线的绘制

吸取 0、0.5、1.0、3.0、5.0、7.0、10.0 mL 氨标准使用液于 50 mL 比色管中，加水至标线，加 1.0 mL 酒石酸钾钠溶液，混匀。加 1.5 mL 纳氏试剂，混匀。放置 10 min 后，在波长 420 nm 处，用光程 20 mm 比色血，以水为参比，测量吸光度。

由测得的吸光度，减去零浓度空白管的吸光度后，得到校正吸光度，绘制以氨氮含量（mg）对校正吸光度的校准曲线。

（5）水样的测定：①取适量经絮凝沉淀预处理后的水样（使氨氮含量不超过 0.1 mg）。加入 50 mL 比色管中，稀释至标线，加 10 mL 酒石酸钾钠溶液。②取适量经蒸馏预处理后的馏出液，加入 50 mL 比色管中，加一定量 1 mol/ L 氢氧化钠溶液以中和硼酸，稀释至标线，加 1.5 mL 纳氏试剂，混匀。放置 10 min 后，同校准曲线步骤测吸光度。

（6）空白试验：用水代替水样，与水样测定相同步骤操作，进行空白测定。

2. 半微量法

（1）取样体积的确定：参见表 2，移入 100 mL 凯氏瓶中。

表 2　半微量法凯氏氮含量与相应取样量

| 水样中凯氏氮含量/(mg/L) | 水样体积/mL | 水样中凯氏氮含量/(mg/L) | 水样体积/mL |
| --- | --- | --- | --- |
| ≤40 | 50 | 80～200 | 10 |
| 40～80 | 25 | 200～400 | 5 |

（2）消解：加 2.5 mL 硫酸，0.4 mL 硫酸铜溶液，1.2 g 硫酸钾和数粒玻璃珠于凯氏瓶中，混匀。置通风柜内，加热煮沸至冒三氧化硫白烟，并使溶液变清，调节热源继续保持微沸 30 min，放冷。用少量水使消解后溶液定量移入半微量定氮蒸馏装置，其总量不超过 30 mL。

（3）蒸馏：加入 10 mL 氢氧化钠溶液，通入水蒸气蒸馏，用 20 mL 硼酸溶液吸收蒸出的氨，接取馏出液至 50 mL。

(4) 氨校准曲线的绘制

吸取 0、0.5、1.0、3.0、5.0、7.0、10.0 mL 氨标准使用液于 50 mL 比色管中,加水至标线,加 1.0 mL 酒石酸钾钠溶液,混匀。加 1.5 mL 纳氏试剂,混匀。放置 10 min 后,在波长 420 nm 处,用光程 20 mm 的比色皿,以水为参比,测量吸光度。

由测得的吸光度,减去零浓度空白管的吸光度后,得到校正吸光度,绘制以氨氮含量(mg)对校正吸光度的校准曲线。

(5) 水样的测定:①取适量经絮凝沉淀预处理后的水样(使氨氮含量不超过 0.1 mg),加入 50 mL 比色管中,稀释至标线,加 1.0 mL 酒石酸钾钠溶液。②取适量经蒸馏预处理后的馏出液,加入 50 mL 比色管中,加一定量 1 mol/L 氢氧化钠溶液以中和硼酸,稀释至标线,加 15 mL 纳氏试剂,混匀,放置 10 min 后同校准曲线步骤测量吸光度。

(6) 空白试验:用水代替水样,与水样测定相同步骤操作进行空白测定。

## 五、数据记录与处理

由水样测得的吸光度减去空白试验吸光度后,从校准曲线上查得氨氮含量,利用式(1)计算水样中的氨氮量。

$$\text{氨氮(N,mg/L)} = \frac{m}{V \times \frac{10}{100} \times \frac{2}{50}} \tag{1}$$

式中:$m$ 为由校准曲线查得氨氮量,mg;$V$ 为水样体积,mL。

所求得的氨氮量,即为凯氏氮量。

## 六、注意事项

(1) 如采用酚盐法(或水杨酸法)测氨时则应改用 0.01 mol/L 硫酸标准溶液为吸收液。

(2) 蒸馏装置应注意使连接处不漏气,并防止倒吸。

(3) 蒸馏时应避免暴沸,否则,可致使吸收液温度增高,造成吸收不完全而使测定结果偏低。

(4) 蒸馏时必须保持蒸馏瓶内溶液呈碱性,如在蒸馏期间,瓶内液体仍为清澈透明,则在蒸馏结束后,滴加酚酞指示液测试。必要时,添加适量水和氢氧化钠溶液,重新蒸馏。

(5) 对难消解的有机氮化合物,可增加消解时间,亦可改用硫酸汞为催化剂。硫酸汞溶液的制备如下:

称取 2 g 氧化汞(HgO)溶于 40 mL(1∶5)硫酸溶液中。常量法加入量为 2 mL,半微量法加入 0.4 mL。以硫酸汞为催化剂,则消解时形成汞铵络合物。因此,在蒸馏时应同时加入适量硫代硫酸钠,使络合物分解。蒸馏时改用每毫升含 0.5 g 氢氧化钠和 25 mg 硫代硫酸钠的混合碱液代替单一的氢氧化钠溶液。

(6) 实验用水均为无氨水。

(7) 水样体积为 50 mL 时,使用光程长度为 10 mm 的比色皿,最低检出浓度为 0.2 mg/L。

(8) 水样如不能及时测定时,应加入足够量的硫酸,使 pH<2,并在 4℃保存。

## 七、思考题

(1) 凯氏氮测定的原理是什么?

(2) 影响凯氏氮测定的因素有哪些?

(3) 凯氏氮包括哪些含氮物质?不包括哪些含氮物质?

# 实验七　水中总有机碳的测定

## 一、实验目的

(1) 掌握总有机碳分析仪的使用方法。

(2) 理解总有机碳分析仪的工作原理。

(3) 学会利用标准曲线法测定水样的总有机碳。

## 二、实验原理

废水中有机物含量,除了以有机物氧化过程的耗氧量指标[如生化需氧量(BOD),化学需氧量(COD),总需氧量(TOD)]反映外,还有以有机物中某一主要元素的含量来反映的指标。总有机碳(total organic carbon,TOC)就是其中的一个,它是以碳元素(C)含量来反映废水中有机物总量的一种水质指标。TOC是指溶解或悬浮在水中有机物的含碳量(以质量浓度表示),是以含碳量表示水体中有机物总量的综合指标。与测定COD、BOD相比,测定TOC能够直接地测量水中有机污染物,更加明确地反映有机物对水体的污染程度。TOC除了在废水水质控制中广泛应用以外,亦应用于饮用水质量控制、食品制药行业、废物腐殖质化程度分析、水生生态系统的碳通量分析、土壤环境的碳含量测定等领域。

根据有机污染物氧化方式的不同,TOC测定方法可以分为:加热氧化法、紫外线照射-过硫酸盐氧化法和OH·自由基氧化法。加热氧化法是指在高温、催化剂的作用下燃烧水样,使其中的有机物转化为$CO_2$,该方法氧化效率高,是实验室常用方法。紫外线照射-过硫酸盐氧化法是指向水样中加入$K_2S_2O_8$并混合均匀后,用紫外线照射使水样中的有机物氧化,但无法完全氧化水样中较大的颗粒物,氧化效率受有机污染物形态的影响。OH·自由基氧化法是指利用反应生成的OH·氧化水样中的有机污染物,测量结果不受水样中悬浮物及颗粒物的影响,水样不经过滤可直接测定。该方法适合于TOC自动在线监测仪,但对流路系统要求较高。

燃烧氧化-非分散红外吸收法属于加热氧化法,只需一次性转化,流程简单,重现性好,灵敏度低,可以实现地表水、地下水、生活污水、工业废水中TOC的测定,测定下限为0.5 mg/L,高浓度样品可在稀释后测定。当水样中苯、甲苯、环己烷和三氯甲烷等挥发性有机物含量较高时,采用差减法测定。本实验采用680℃催化燃烧氧化法,将试样连同净化气体分别导入高温燃烧管和低温反应管中,经高温燃烧管的试样被高温催化氧化,其中的有机碳和无机碳均转化为二氧化碳;经低温反应管的试样被酸化后,其中的无机碳分解成二氧化碳。两种反应管中生成的二氧化碳经载气输送依次被导入非分散红外气体检测器中,在特定波长下,一定质量浓度范围内二氧化碳的红外线吸收强度与其质量浓度成正比,由此可对待测试样的总碳(TC)和无机碳(IC)进行定量测定。总碳与无机碳的差值即为总有机碳,即:

$$TOC = TC - IC$$

当水中挥发性有机物含量较少而无机碳含量相对较高时,采用直接法测定。将待测试样经酸化曝气，其中的无机碳转化为二氧化碳被去除，再将试样注入高温燃烧管中，直接测定总有机碳。由于曝气过程中会造成水样中挥发性有机物的损失，因此该方法测定结果只是不可吹扫有机碳(NPOC)。

碳是一切有机物的共同成分，是组成有机物的主要元素。废水中的TOC值越高，说明废水中含有机物亦越多。因此，以TOC值来反映废水的有机污染量，相对说明有机物含量的高低，作为评价水质有机污染的指标，是可以采用的。当然，由于它排除了其他元素，仍不能直接反映出废水中有机物的真正含量。但是，由于近年来的TOC分析仪测定简便、快速，且精度亦较高(±2%)。同时由于TOC的测定，不像BOD与COD的测定易受许多因素影响，干扰较少。因此，总的来说，TOC数据的可靠性较好。故现在采用TOC值作为废水有机污染指标亦较广泛，尤其适合对工业废水的测定。

## 三、实验仪器和试剂

1. 仪器

HTY-CT 1000 M型TOC分析仪(图1)；分析天平；微量注射器；刻度移液管；烧杯；容量瓶；量筒；棕色玻璃瓶。

2. 试剂

硫酸；邻苯二甲酸氢钾；无水碳酸钠；碳酸氢钠；氢氧化钠；无二氧化碳蒸馏水；载气：氮气或氧气，纯度大于99.99%。

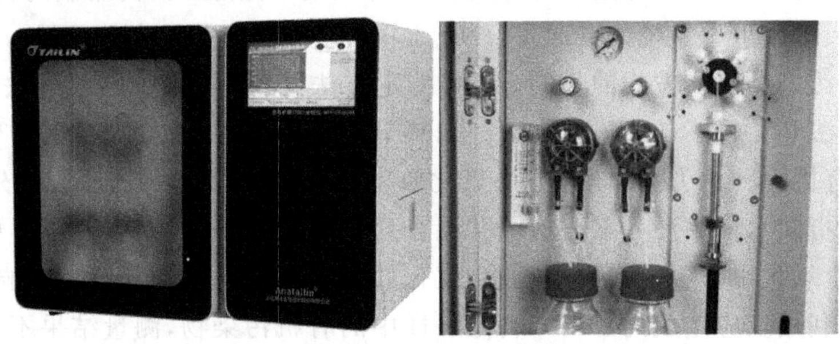


图1 HTY-CT 1000M型TOC分析仪

## 四、实验步骤

(1) 准备TOC分析仪：开机后根据操作说明设置各项参数，包括燃烧炉温度(680℃)、冷凝器温度(5℃)、调节稳压阀至0.2 MPa、调节载气流速使流量稳定在(100.0±1.0)mL/min；在燃烧炉显示“温度正常”时可以进行检测，保证检测的准确性。

(2) 配制有机碳标准贮备液(400 mg/L)：准确称取邻苯二甲酸氢钾(预先在120℃下干燥至恒重)0.8502 g，置于烧杯中，加水溶解后，转移此溶液于1000 mL的容量瓶中，用水稀释至标线，混匀。在4℃条件下可保存2个月。

(3) 配制有机碳标准使用液(100 mg/L)：准确量取50.0 mL有机碳标准贮备液于200 mL容量瓶中，用水稀释至标线，混匀。在4℃条件下储存可保存1周。

(4) 绘制标准曲线：分别加入0、2.0、5.0、10.0、20.0、40.0、100.0 mL有机碳标准使用液至100 mL容量瓶中，用水稀释至标线，混匀。配制成有机碳质量浓度为0.0、2.0、5.0、10.0、20.0、40.0、100.0 mg/L的标准系列溶液。用微量注射器吸取一定体积的标准系列溶液，将针头小心插入进样口，并垂直插至底部。若遇到较大阻力不易插入，可能未对准中心，请重新插入。单击“进样”，匀速注入水样，进入检测阶段。此时先不要将注射器拔出，以免水样汽化后逸出造成损失。检测结束后，结果界面显示检测结果，并自动进入下次检测的准备，一个水样的检测时间一般在 4 min 内。进样前应排除注射器内的气泡。注射器插入后应等待片刻，观察二氧化碳浓度的变化，若明显上升，需在浓度回至正常再进样。以质量浓度为横坐标，以测定结果为纵坐标，绘制有机碳标准曲线。

(5) 采集水样：利用棕色玻璃瓶采集校园湖泊中不同位置的水样，确保水样充满采样瓶，且不留顶空；采集水样后进行真空抽滤，并在 24 h 内完成测定；每次实验需重新取水样。

(6) 测定水样：将用硫酸已酸化至 pH≤2 的约 50 mL 水样移入 100 mL 烧杯中(加酸量为每 100 mL 水样中加 0.04 mL 硫酸，已酸化的水样可不再加)，在磁力搅拌器上剧烈搅拌几分钟，以除去无机碳。按照 TOC 分析仪的使用步骤测定结果，根据所测试样结果，由标准曲线计算出待测试样 TOC 的质量浓度。

(7) 测定空白：用无二氧化碳水代替水样，按照步骤 5 测定 TOC，每次试验前均应先检测无二氧化碳水的 TOC 含量，保证测定值不超过 0.5 mg/L，否则重新准备无二氧化碳水。

(8) 关闭仪器：全部样品测定完成后，单击屏幕右上角“停止加热”，关闭燃烧炉；关闭气源；关闭仪器后，可关闭仪器电源开关，但勿切断仪器电源，直至仪器完全冷却。

## 五、数据记录与处理

将标准系列溶液和两个待测水样的测定结果记录于表 1 中，并绘制标准曲线，通过标准曲线计算水样中 TOC 含量。

**表 1　标准系列溶液和待测试样实验数据**

| 标准系列溶液 | 有机碳溶液质量浓度/(mg/L) | TOC 测定结果/(mg/L) |
| --- | --- | --- |
| 1 | 0.0 | |
| 2 | 2.0 | |
| 3 | 5.0 | |
| 4 | 10.0 | |
| 5 | 20.0 | |
| 6 | 40.0 | |
| 7 | 100.0 | |
| 水样 | | |

## 六、注意事项

(1) 注意废液瓶的储液情况，及时倾倒，防止逸出，避免接触仪器和人体。

(2) 在实验过程中做好个人防护工作，使用硫酸时注意个人安全。

## 七、思考题

(1) 影响 TOC 测定的因素有哪些？

(2) 燃烧氧化-非分散红外吸收法测定 TOC 的局限性在哪里？

## 实验八 颗粒自由沉淀实验

污水中含有的悬浮物实际上是大小、形状及密度都不相同的颗粒群，而且其性质、特性也因废水性质不同而有差异。因此，通常要通过沉降试验来判定其沉降性能，并根据所要求的沉降效率来取得沉降时间和沉降速度这两个基本的设计参数。根据污水沉降试验的结果，绘制各种参数间的关系曲线，这些曲线统称为沉降曲线。沉降曲线是沉淀处理单元设计的基础。各种类型沉降的试验方法基本相同，但沉降曲线的绘制方法是不同的。

### 一、实验目的

(1) 了解污水的沉降特性，加深对污水中非絮凝性颗粒的沉降理论、特点及规律的论识；

(2) 掌握沉降曲线的绘制。

### 二、实验原理

沉淀是指从液体中借助重力作用而除去固体颗粒的一种过程，因为废水中悬浮物的颗粒大小、物理和物理化学性质不同，因此在沉降过程中表现出的现象也不同。此外，不同颗粒之间还会有相互作用，这种作用的程度又与颗粒的性质、含量等有关系，所以颗粒在废水中的沉降是一个非常复杂的过程，到目前为止还没有一种理论可以准确地描述所有沉降过程。根据废水中可沉降物质颗粒的大小、凝聚性能的强弱及其含量的高低，可把沉降过程分为自由沉降、絮凝沉降、成层沉降和压缩沉降四种类型。

自由沉淀是指在沉淀过程中，颗粒之间互不干扰、碰撞、呈单颗粒状态、等速下沉，各自独立完成的沉淀过程。自由沉淀有两个含义：

一是颗粒沉淀过程中不受器壁干扰影响；二是颗粒沉降时，不受其他颗粒的影响。

当颗粒与器壁的距离大于 50 $d$($d$ 为颗粒的直径)时就不受器壁的干扰。当污泥浓度小于 5000 mg/L 时就可假设颗粒之间不会产生干扰。颗粒在沉砂池中的沉淀以及低浓度污水在初沉池中的沉降过程均是自由沉淀，自由沉淀过程在层流区可用斯托克斯(Stokes)公式进行描述，即

$$u_s = \frac{1}{18} \cdot \frac{\rho_s - \rho_L}{\mu} \cdot g \cdot d^2 \tag{1}$$

式中：$u_s$ 为颗粒沉速；$\rho_s$ 为颗粒密度；$\rho_L$ 为水的密度；$\mu$ 为水的黏度；$d$ 为颗粒直径。

但是由于水中颗粒的复杂性，颗粒粒径、颗粒比重很难或无法准确的测定，因此沉淀效果、特性无法通过公式求得而是通过静沉实验确定。

自由沉淀示意图如图 1 所示，实验在沉降柱中进行，其直径应足够大，一般应使 $D \geqslant 100$ mm，以免颗粒沉淀受柱壁干扰。在含有分散性颗粒的废水静置沉淀过程中，设实验筒内有效水深为 $H$，通过不同的沉淀时间 $t$ 可求得不同的颗粒沉淀速度 $u$，$u = H/t$。根据给定的沉降时间，可由 $u = H/t$ 求得沉淀 $u_0$。凡是沉淀速度大于或等于 $u_0$ 的颗粒在时间 $t$ 内可全部除去，在悬浮物总量中，这部分颗粒可占的比率为$(1-x_0)$，$x_0$ 代表沉速 $u \leqslant u_0$ 的

颗粒物与悬浮物的总量之比，在沉速 $u < u_0$ 的颗粒中，具有某种粒径的颗粒占悬浮物的总量的百分数为 $dx$，而其中能被除去的比率为$(u/u_0)dx$。考虑到各种不同的粒径后，这类颗粒的去除率应为

$$\int_0^{x_0} \frac{u}{u_0} dx \tag{2}$$

总去除率

$$E = (1 - x_0) + \frac{1}{u_0}\int_0^{x_0} u\,dx \tag{3}$$

工程中常用式(4)计算总去除率

$$E = (1 - x_0) + \frac{\sum \Delta P u}{u_0} \tag{4}$$

则上述式(3)中右侧第二项中的 $u\,dx$ 是一块微小面积，由图 2 可看出，为图 2 中阴影部分，可用图解法解出。

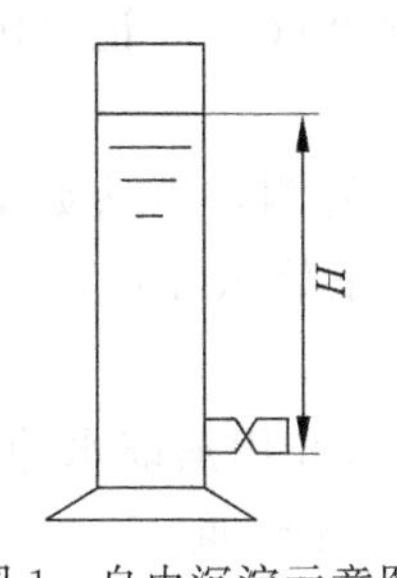


图 1　自由沉淀示意图

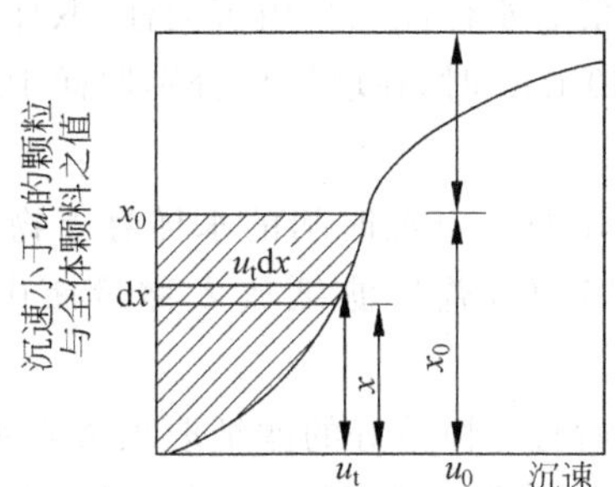


图 2　颗粒的沉降曲线

设原水中悬浮物浓度为 $c_0$(mg/L)，则与沉淀历时 $t_i$ 相对应的悬浮物沉淀效率百分率为

$$E = \frac{c_0 - c_t}{c_0} \times 100\% \tag{5}$$

其中，不同沉淀时间 $t_i$ 时，沉淀柱未被去除的悬浮物百分比为

$$P_i = \frac{c_i}{c_0} \times 100\% \tag{6}$$

沉淀实验时，可算出 $H$ 对应的时间 $t$ 的颗粒沉速为

$$u_i = \frac{H_i}{t_i} \tag{7}$$

从而可绘出 $u$-$E$、$t$-$E$ 及 $u$-$P$ 的曲线，其形式见图 3。

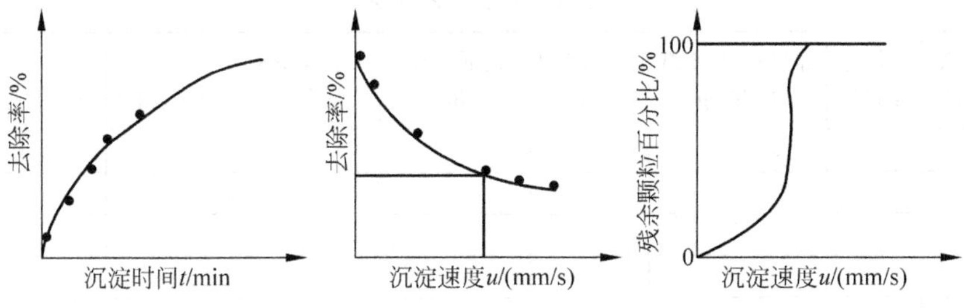


图 3　$t$-$E$、$u$-$E$ 及 $u$-$P$ 的曲线

对于絮凝性悬浮物静置沉淀时的去除率,不仅与沉淀速度有关,而且与深度有关。因此,实验筒的水深应与池深相同。实验筒的不同深度设有取样口,在不同的选定时段,自不同深度取出水样,测定这部分水样中的颗粒浓度,并用以计算沉淀物质的百分数。在横坐标为沉淀时间、纵坐标为深度的图上绘出等浓度曲线,为了确定一特定池中悬浮物的总去除率,可以采用与分散性颗粒相近似法求得。

## 三、实验仪器和试剂

自由沉淀实验装置(含 PVC 配水箱 1 个、不锈钢潜水泵 1 台、搅拌混合器 1 套等);沉淀柱(尺寸:$\phi$100 mm×1500 mm);测定悬浮物的器材:分析天平、具塞称量瓶、烘箱、滤纸、漏斗、量筒、烧杯、干燥器等;自配水样。

## 四、实验步骤

(1) 打开 PVC 配水箱的阀门和进气阀门,曝气搅拌使配水混合均匀,取混合水样 100 mL,测定其悬浮物浓度 $C_0$。

(2) 将混合水样注入自由沉淀柱,取样口设在 $H/2$ 处,立即计时,当时间为 1、3、5、10、15、20、40、60 min 时,在取样口分别取样 100 mL,测其悬浮物浓度($C_i$)。记录沉淀柱内液面高度。

(3) 测定每一沉淀时间的水样悬浮物固体量。悬浮性固体的测定方法如下:先调烘箱至(105±1)℃,叠好滤纸放入称量瓶中,打开盖子,将称量瓶放入 105℃ 的烘箱烘至恒重。

(4) 然后将已恒重好的滤纸取出放在玻璃漏斗中,过滤水样,并用蒸馏水冲净,使滤纸上得到全部悬浮性固体,最后将带有滤渣的滤纸移入称量瓶,烘干至恒重。

悬浮性固体含量

$$c=\frac{(w_2-w_1)\times 1000\times 10}{V} \tag{8}$$

式中:$w_1$ 为称量瓶+滤纸质量,g;$w_2$ 为称量瓶+滤纸+悬浮性固体的质量,g;$V$ 为水样体积,100 mL。

## 五、数据记录与处理

(1) 实验基本参数及实验数据记录(表 1,表 2)。

实验日期______年______月______日　　水样性质及来源:________

沉淀柱直径 $D$=______　　柱高 $H$=______

水温/℃________　　原水 SS 浓度 ______(mg/L)

**表 1 实验基本参数**

| 沉淀时间/min | 滤纸编号 | 称量瓶编号 | 称量瓶+滤纸质量/g | 取样体积/mL | 瓶纸+SS 质量/g | 水样 SS 质量/g | $C_0$/(mg/L) | $C_i$/(mg/L) | 沉淀高度 $H$/cm |
|---|---|---|---|---|---|---|---|---|---|
| 0 | | | | | | | | | |
| 1 | | | | | | | | | |
| 3 | | | | | | | | | |
| 5 | | | | | | | | | |
| 10 | | | | | | | | | |

续表

| 沉淀时间/min | 滤纸编号 | 称量瓶编号 | 称量瓶+滤纸质量/g | 取样体积/mL | 瓶纸+SS质量/g | 水样SS质量/g | $C_0$ /(mg/L) | $C_i$ /(mg/L) | 沉淀高度 $H$/cm |
|---|---|---|---|---|---|---|---|---|---|
| 15 | | | | | | | | | |
| 20 | | | | | | | | | |
| 40 | | | | | | | | | |
| 60 | | | | | | | | | |

**表 2 原始数据整理表**

| 沉淀高度/m | 沉淀时间 $t_i$/min | 水样SS/(mg/L) | SS去除率/% | 未被去除颗粒百分比 $P_i$/% | 颗粒沉速 $u_i$/(mm/s) |
|---|---|---|---|---|---|
| 0 | | | | | |
| 1 | | | | | |
| 3 | | | | | |
| 5 | | | | | |
| 10 | | | | | |
| 15 | | | | | |
| 20 | | | | | |
| 40 | | | | | |
| 60 | | | | | |

表中不同沉淀时间 $t_i$ 时，沉淀柱内未被去除的悬浮物的百分比及颗粒沉速分别按式(9)计算：

$$P_i = \frac{c_i}{c_0} \times 100\%, \quad u_i = \frac{H_i}{t_i} \tag{9}$$

式中：$C_0$ 为原水中SS浓度值，mg/L；$C_i$ 为某沉淀时间的水样中SS浓度值，mg/L。

(2) 以颗粒沉淀速度 $u$ 为横坐标，$P$ 为纵坐标，绘制 $u$-$P$ 的关系曲线。

(3) 利用图解法列表(表3)计算不同沉速时悬浮物的去除率。

**表 3 悬浮物去除率 $E$ 的计算**

| 沉淀时间/min | $u_i$ | $P_0$ | $1-P_0$ | $\Delta P$ | $u$ | $u\times\Delta P$ | $\sum u\times\Delta P$ | $(\sum u\times\Delta P)/u_0$ | $E=(1-x_0)+\frac{1}{u_0}\int_0^{x_0} u\mathrm{d}x$ |
|---|---|---|---|---|---|---|---|---|---|
| 0 | | | | | | | | | |
| 1 | | | | | | | | | |
| 3 | | | | | | | | | |
| 5 | | | | | | | | | |
| 10 | | | | | | | | | |
| 15 | | | | | | | | | |
| 20 | | | | | | | | | |
| 40 | | | | | | | | | |
| 60 | | | | | | | | | |

(4) 根据上述结果，分别以 $u$ 及 $t$ 为横坐标，以 $E$ 为纵坐标，绘制 $u$-$E$、$t$-$E$ 的关系图

## 六、注意事项

(1) 向沉淀柱内进水时，进水速度要适中。既要较快完成进水，以防进水中一些较重颗粒沉淀，又要防止速度过快造成柱内水体紊动，影响实验效果。

(2) 取样前，一定要记录管中水面至取样口距离 $H$。因为每从管中取一次水样，管中水面就要下降一定高度，所以在求沉淀速度时要按实际的取样口上水深来计算。为了尽量减小由此产生的误差，同时为了数据可靠应尽量选用较大断面面积的沉淀柱。

(3) 取样前，先排除管中积水而后取样，每次约取 100 mL。

(4) 测定悬浮物时，因颗粒较重，从烧杯取样要边搅边吸，以保证水样均匀。贴于移液管壁上的细小颗粒一定要用蒸馏水洗净。

(5) 实际上，在经过实际 $t_i$ 后，取样口上 $h$ 高水深内颗粒沉到取样口下，应由两个部分组成，既：$u \geqslant u_0 = h/t_i$ 的这部分颗粒，经时间 $t_i$ 后将全部被去除。除此之外，$u < u_0 = h/t_i$ 的这一部分颗粒也会有一部分颗粒经时间 $t_i$ 后沉淀到取样口以下，这是因为，沉速 $u < u_0$ 的这部分颗粒并不都在水面以下，而是均匀地分布在整个沉淀柱的高度内，因此，只要在水面下，它们下沉至池底所用的时间能少于或等于具有沉速 $u_0$ 的颗粒由水面降至池底所用的时间 $t_i$，那么这部分颗粒也能从水中被除去。但是以上实验方法并未包括这一部分，所以存在一定误差。

(6) 从取样口取出水样测得的悬浮固体浓度 $C_i$ 只表示取样口断面处原水经沉淀时间 $t_i$ 后的悬浮固体浓度，而不代表整个水深 $H$ 中经相应沉淀时间后的悬浮固体浓度。

(7) 实验要注意的是每一次取样应先排出取样口中的积水，以减少误差，在取样前和取样后必须测量沉淀管中液面至取样口的高度，计算时采用二者的平均值。同时称滤纸的质量与滤纸与悬浮物的总质量必须迅速，不要令滤纸暴露在空气中，否则吸入空气中的水分影响实验准确度。

## 七、思考题

(1) 比较取样口高分别为 1.00 m 和 1.35 m 两组实验结果是否一样，为什么？

(2) 简述活性污泥处理系统中初沉池、二沉池、污泥浓缩池的作用和停留时间。

(3) 若将不同工作水深的沉淀曲线应用到设计沉淀池，需注意什么问题？

(4) 绘制自由沉降静沉曲线的方法与意义是什么？

# 实验九　絮凝沉淀实验

## 一、实验目的

(1) 了解絮凝沉淀的特点和规律。

(2) 掌握絮凝沉淀的实验方法和实验数据的整理方法。

## 二、实验原理

悬浮物的浓度不太高，一般在600～700 mg/L以下的絮状颗粒的沉淀属于絮凝沉淀，如给水工程中混凝沉淀、污水处理中初沉池内的悬浮物沉淀均属于此类。在絮凝沉淀的过程中，悬浮固体会发生絮凝，所以特点是颗粒在沉淀过程中其尺寸、质量会随深度增大而增大，因而沉速也随深度而增大。悬浮物的去除不仅取决于沉降速度，而且也和悬浮固体的浓度、颗粒粒径大小及其分布、沉降的深度、沉淀池污泥负荷等因素密切有关。絮凝颗粒的沉淀轨迹是一条曲线，但难以用数学方法表达，因此要用实验室的沉淀分析来确定必要的设计参数。

如图1所示，絮凝颗粒A、B在沉淀过程中互相碰撞后形成了新的颗粒AB，由于其尺寸增大，故沉速$v_{ab}$明显大于A、B颗粒各自的沉速$v_a$和$v_b$，并沿着新的轨迹下沉。由于生产性沉淀池中水力特性的影响，实际的絮凝沉淀工程远比图1所示现象复杂。颗粒碰撞时可能有互相阻碍作用，故在絮凝期间，颗粒向下运动的同时也可能向上运动。此外，颗粒到达池底以前还可能因液流的作用被破碎。目前尚无理论公式可用以描述沉淀池中的这一复杂现象，一般是通过沉淀柱中的静态试验来确定某一指定时间的悬浮物去除率。将此实验结果用于生产性沉淀池设计时，为了补偿紊流、短流和进出口损失的影响，埃肯费尔德(Eckenfelder)建议，根据实验选定的溢流率应除以1.25～1.75的系数，停留时间应乘以1.5～2.0的系数。

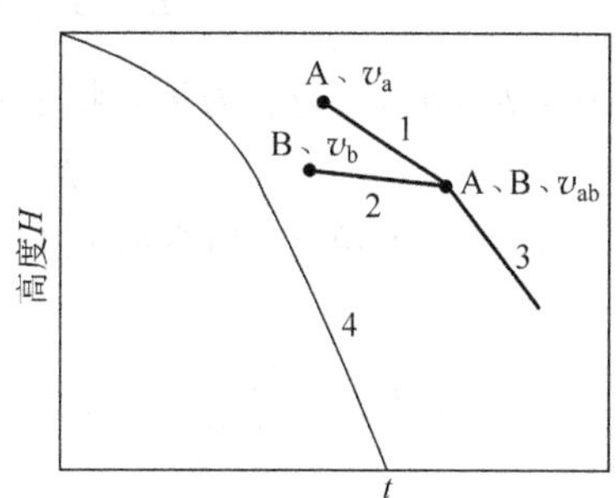


图1　絮凝颗粒的沉淀轨迹示意图

1、2—颗粒A和颗粒B的沉淀轨迹，其沉速分别为$v_a$和$v_b$；3—A、B颗粒碰撞聚成较大颗粒AB后的轨迹，其沉速为$v_{ab}$；4—絮凝颗粒沉速轨迹

沉淀柱的不同深度设有取样口。试验时，在不同的沉淀时间，从取样口取出水样，测定悬浮物的浓度，并计算出悬浮物的去除百分率。然后将这些去除百分率点绘于相应的深度与时间的坐标上，并绘出等效率曲线(图2)，最后借助于这些等效率曲线计算对应于某一停留时间的悬浮物去除率。计算方法如下：

1. 计算$u_0$

$u_0$是指某一指定沉淀时间$t_0$时，在沉淀柱底部(深度为$H$)取样口处能全部被去除的最小颗粒的沉速。即沉速大于和等于$u_0$的颗粒全部被去除。其相应的去除百分率为$E_0$，$u_0 = H/t_0$。例如图2中相应于沉淀时间为23 min的$E_0=40\%$，沉淀速度为$u_0=\frac{1.8\ \text{m}}{23\ \text{min}}\times$

$\frac{60\ \text{min}}{\text{h}}=4.7\ \text{m/h}$。

2. 计算沉速小于 $u_0$ 的颗粒的去除百分率

沉淀速度小于 $u_0$ 的颗粒在沉淀时间 $t_0$ 时，只有一部分沉到底部，而且按 $u_i/u_0$ 的比例去除。去除率在 $p_n \sim p_{n-1}$ 的各种颗粒具有各自的沉淀速度，但不可能一一进行计算，而是以一平均速度来表示，其值等于平均高度除以时间 $t_0$，平均高度等于去除百分率为 $\frac{p_n+p_{n-1}}{2}$ 曲线在时间 $t_0$ 处的高度。例如图 2 中去除率为 40%～50% 的颗粒，在时间 $t_0=23$ min 时的沉速为 $1.28\times\frac{60}{23}=3.34$ m/h。这部分颗粒的去除百分率为 $\frac{3.34}{4.7}\times(50-40)=7.1\%$。

3. 计算总去除百分率 $E$

$$E=E_0+\frac{u_1}{u_0}(p_2-p_1)+\frac{u_2}{u_0}(p_3-p_2)+\cdots+\frac{u_{n-1}}{u_0}(p_n-p_{n-1}) \tag{1}$$

由于 $u_1/u_0=h_1/H$，$u_2/u_0=h_2/H$，所以在实际应用中总去除百分率的计算可以简化为

$$E=E_0+\frac{h_1}{H}\Delta p+\frac{h_2}{H}\Delta p+\cdots+\frac{h_{n-1}}{u_0}\Delta p \tag{2}$$

式中：$p_1,p_2,\cdots,p_n$ 为悬浮物去除百分数。

$$\Delta p=p_2-p_1=p_3-p_2=\cdots=p_n-p_{n-1} \tag{3}$$

$h_1,h_2,\cdots,h_n$ 是由水面向下量测的深度。例如图 2 中沉淀时间为 23 min 的总去除百分率为

$$E=\left(40+\frac{1.28}{1.8}\times 10+\frac{0.7}{1.8}\times 10+\frac{0.4}{1.8}\times 10+\frac{0.15}{1.8}\times 10\right)\times 100\%=54\% \tag{4}$$

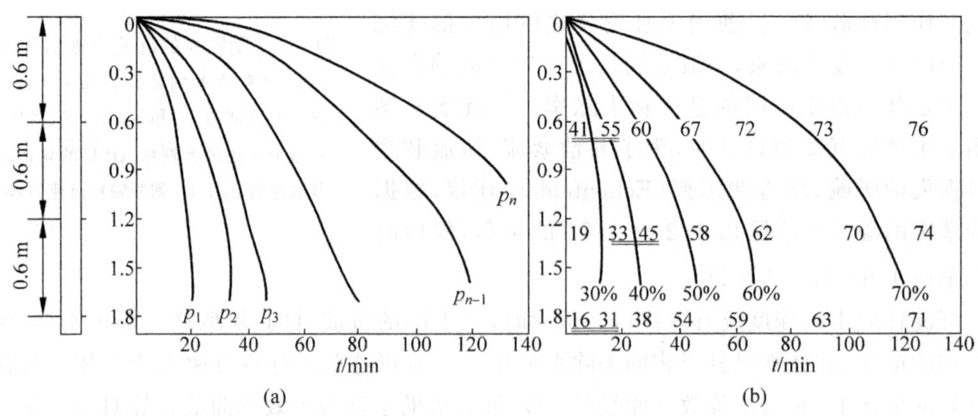


图 2 絮凝沉淀的等效率曲线(a)等效率曲线，(b)等效率曲线计算对应于某一停留时间的悬浮去除率

## 三、实验仪器和试剂

实验装置：由高位水箱和沉淀柱组成。用人工配制实验水样时，可考虑在高位水箱内装搅拌设备。分析天平、烘箱、定时钟、絮凝剂、滤纸、漏斗、漏斗架、量筒或烧杯、称量瓶。

## 四、实验步骤

(1) 检查整套设备是否完整，清扫配水箱及 $D_N$100 柱内的杂物，先用清水放满试漏，接通电源。

(2) PVC 配水箱先放满自来水，计算水箱体积，投加 100 mg/L 高岭土。

(3) 向高位水箱内注入 50 L 自来水；开启高位水箱搅拌机。

(4) 在高位水箱内按 500～700 mg/L 的絮凝剂浓度配制实验水样(例如，称取 25～35 g 硫酸铝用烧杯先溶解后倒入高位水箱)。

(5) 迅速搅拌 1～2 min，然后缓缓搅拌。

(6) 矾花形成后取 200 mL 测定 SS。

(7) 水样注入到 1.8 m 处时，关闭旋塞。

(8) 用定时钟定时，10 min 后在四个取样口同时取 100 mL 水样，并测定各样品的 SS。

(9) 在第 20、30、40、50、60 min 各取一次水样，每次都是 4 个取样口同时取 100 mL 水样，并测定各样品的 SS。

## 五、数据记录与处理

(1) 记录实验设备基本参数。

实验日期____年____月 ____日

沉淀柱高度 $H=$____m　　沉淀柱直径 $D=$____m

用简图表示取样口位置。

(2) 实验数据记录于表 1 中。

**表 1　絮凝沉淀实验数据记录**

| 原水样悬浮固体浓度＝　　　mg/L | | | | |
|---|---|---|---|---|
| 时间/min | 取样口深度/m | | | |
| | $H_1$ | $H_2$ | $H_3$ | $H_4$ |
| 10 | | | | |
| 20 | | | | |
| 30 | | | | |
| 40 | | | | |
| 50 | | | | |
| 60 | | | | |

注：表中数据为悬浮固体去除百分率。

(3) 将表 1 实验数据点绘于相应的代表深度和时间的坐标上，并绘出等效率曲线。

(4) 根据等效率曲线算出 5～6 个不同沉淀时间的悬浮固体总去除百分率，并计算相应的沉淀速度和溢流率。计算结果列于表 2。

(5) 可取实验时间范围内的任意 5～6 个值。

(6) 沉淀速度等于沉淀柱底部的深度除以上述选定的时间。

(7) 溢流率是由沉淀速度换算而得(溢流率＝沉淀速度×24)。

(8) 用表 2 数据，作悬浮固体总去除百分率与沉淀时间 $t$ 的关系曲线(图 3(a))，及作悬浮固体总去除百分率与溢流率的关系曲线(图 3(b))。

表 2 实验数据整理

| 时间/min | 沉淀速度/(m/h) | 悬浮固体总去除百分率/% | 溢流率/$(m^3/m^2)\cdot d$ |
|---|---|---|---|
| | | | |

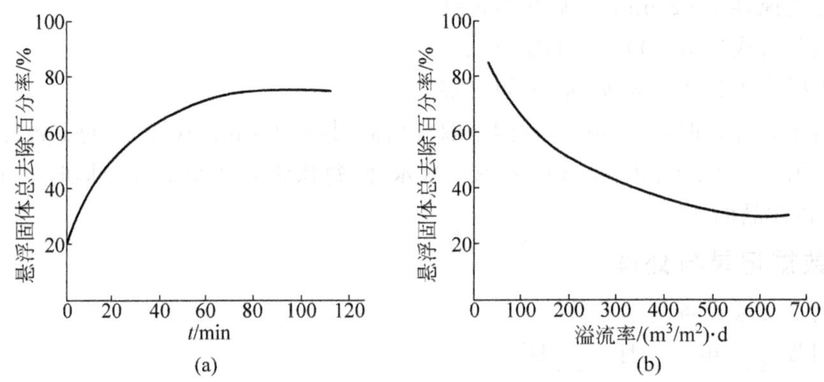


图 3 悬浮固体去除百分率与时间(a)、溢流率(b)的关系

## 六、注意事项

(1) 由于絮凝沉淀的悬浮物去除率与池子深度有关，所以试验用的沉淀柱的高度，应与拟采用的实际的沉淀池的高度相同。

(2) 水样注入沉淀柱速度不能太快，要避免矾花搅动影响测定结果的正确性。也不能太慢，以免实验开始前发生沉淀。

(3) 由于水样中悬浮固体浓度较低，测定时易产生误差，最好每个水样都能做两个平行样品，但取样太多会影响水深，因此可 2～3 组同学做同样浓度的实验，然后取平均值以减少误差。

(4) 以上有关数据是参考数据。

## 七、思考题

(1) 有资料介绍可以用仅在沉淀柱中部(1/2 柱高度)取样分析的实验方法近似的求絮凝沉淀去除率，试用实验结果比较两种方法的误差，并讨论其优缺点。

(2) 简述絮凝沉淀、自由沉淀的沉淀特性对沉淀设备的影响。

(3) 观察絮凝沉淀现象，并叙述与自由沉淀现象有何不同，实验方法有何区别。

(4) 两种不同性质之污水经絮凝实验后，所得同一去除率的曲线之曲率不同，试分析其原因，并加以讨论。

(5) 实际工程中，哪些沉淀属于絮凝沉淀？

# 实验十　成层沉淀实验

## 一、实验目的

（1）加深对成层沉淀的特点、基本概念以及沉淀规律的理解。

（2）加深理解静沉实验在沉淀单元操作中的重要性。

（3）了解静沉曲线为设计澄清浓缩池提供的必要设计参数。

## 二、实验原理

悬浮物浓度大于某值的高浓度污水（大于 500 mg/L，否则不会形成成层沉淀），如活性污泥法曝气池混合液、浓集的化学污泥，不论其颗粒性质如何，颗粒的下沉均表现为浑浊液面的整体下沉。这与自由沉淀、絮凝沉淀完全不同。后两者研究的都是一个颗粒沉淀时的运动变化特点（考虑的是悬浮物个体），而对成层沉淀的研究都是悬浮物整体，即整个浑液面的沉淀变化过程。成层沉淀时颗粒间的相互位置保持不变，颗粒下沉速度即为浑液面等速下沉速度。该速度与原水浓度、悬浮物性质等有关而与沉淀深度无关。但沉淀有效水深影响变浓区沉速和压缩区压实程度。

为了研究浓缩，提供从浓缩角度设计澄清池所必需的参数，应考虑沉降柱的有效水深。此外，高浓度水沉淀过程中，器壁效应更为突出，为了能真实地反映客观实际状态，沉淀柱直径一般要大于 200 mm，而且柱内还应装有慢速搅拌装置，以消除器壁效应和模拟沉淀池内刮泥机的作用。

澄清浓缩池在连续稳定运行中，池内可分为 4 个区，如图 1 所示。池内污泥浓度沿池高分布如图 2 所示。进入沉淀池的混合液，在重力作用下进行泥水分离，污泥下沉，清水上升，最终经过等浓区后进人清水区和出流。因此为了满足澄清的要求，出流水不带走悬浮物，则水流上升速度 $v$ 一定要小于或等于等浓区污泥沉降速度 $u$，即 $v=Q/A\leqslant u$，工程中

$$A=(Q/u)\times a \tag{1}$$

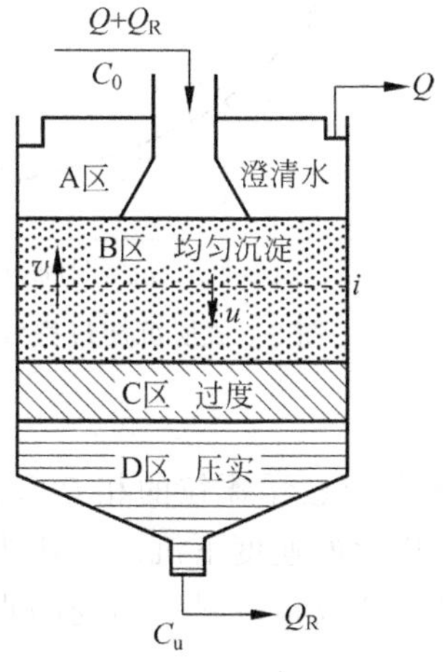

图 1　稳定运行沉淀池内状况

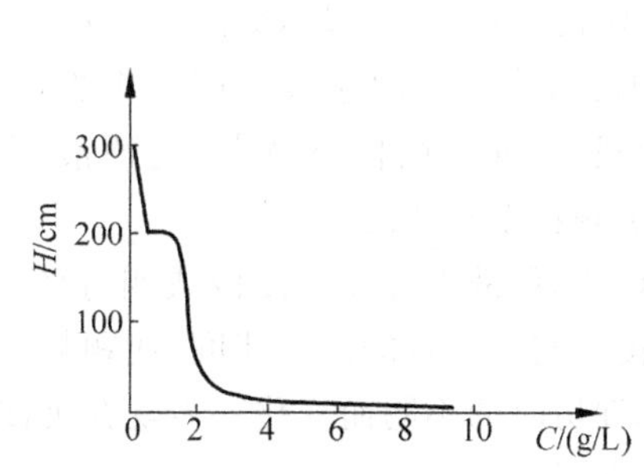

图 2　污泥浓度沿池高分布

式中：$Q$ 为处理水量，$m^3/h$；$u$ 为等浓区污泥沉速，m/h；$A$ 为沉淀池按澄清要求所需平面面积，$m^2$；$a$ 为修正系数，一般取 $a=1.05\sim1.2$。

进入沉淀池后分离出来的污泥，从上至下逐渐浓缩，最后由池底排除。这一过程是在两个作用下完成的。其一是重力作用下形成静沉固体通量 $G_s$，其值取决于每一断面处污泥浓度 $C_i$，及污泥沉速 $u_i$，$G_s=u_i\cdot C_i$。其二是连续排泥造成污泥下降，形成排泥固体通量 $G_B$，其值取决于每一断面处污泥浓度和由于排泥而造成的泥面下沉速度，$G_B=v\cdot C_i$。

$$V=Q_R/A \tag{2}$$

式中：$Q_R$ 为回流污泥量。

因而，污泥在沉淀池内单位时间，通过单位面积下沉的污泥量，取决于污泥性能 $u$ 和运行条件 $v\cdot C$，即固体通量 $G=G_s+G_B=uC_i+vC_i$。由该关系可看出，对于某一特定运行或设计条件下，沉淀池某一断面处存在一个最小的固体通量 $G_L$，称为极限固体通量，当进入沉淀池的进泥通量 $G_0$ 大于极限固体通量时，污泥在下沉到该断面时，多余污泥量将于此断面处积累。长此下去，回流污泥不仅得不到应有的浓度，池内泥面反而上升，最后随水流出。因此按浓缩要求，沉淀池的设计应满足 $G_0\leqslant G_L$，从而保证二沉池中的污泥通过各断面达到池底。

$$G_0=\frac{Q(1+R)C_0}{A}\cdot a \tag{3}$$

式中：$G_0$ 为进泥通量，$kg/(m^2\cdot h)$；$Q$ 为处理水量，$m^3/h$；$R$ 为回流比；$C_0$ 为曝气池混合液污泥浓度，$kg/m^3$；$A$ 为沉淀池按浓缩要求所需平面面积，$m^2$。

工程中

$$A\geqslant\frac{Q(1+R)C_0}{G_L}\cdot a \tag{4}$$

式中：$G_L$ 为极限固体通量，$kg/(m^2\cdot h)$；$A$ 为沉淀池按浓缩要求所需平面面积，$m^2$。

设计参数 $u$，$G_L$ 值，均应通过成层沉淀实验求得。成层沉淀实验，是在静止状态下，研究浑液面高度随沉淀时间的变化规律。以浑液面为纵轴，以沉淀时间为横轴，所绘得的 $H$-$t$ 曲线，称为成层沉淀过程线，它是求二次沉淀池断面面积设计参数的基础资料。

成层沉淀过程分为四段，如图 3 所示。

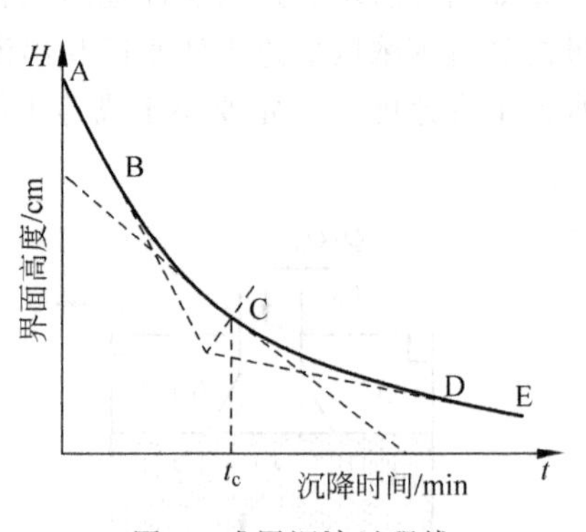

图 3 成层沉淀过程线

A—B 段，称之为加速段或叫污泥絮凝段。此段所用时间很短，曲线略向下弯曲，这浑液面形成的过程，反映了颗粒絮凝性能。

B—C 段，浑液面等速沉淀段或叫等浓沉淀区。此区由于悬浮颗粒的相互牵连和强烈干扰，均衡了它们各自的沉淀速度，使颗粒群体以共同干扰后的速度下沉。沉速为一常量，它不因沉淀历时的不同而变化。表现在沉淀过程线上，B—C 段是一斜率不变的直线段，称为等速沉淀段。

C—D 段，过渡段又叫变浓区。此段为污泥等浓区向压缩区的过渡段，其中既有悬浮物的干扰沉淀，也有悬浮物的挤压脱水作用。沉淀过程线上，C—D段所表现的弯曲，是沉淀和压缩双重作用的结果，此时等浓沉淀区消失，故C点又叫成层沉淀临界点。

D—E段，压缩段。此区内颗粒间相互直接接触，机械支托，形成松散的网状结构，在压力作用下颗粒重心排列组合，它所夹带的水分也逐渐从网中脱出，这就是压缩过程。此过程也是等速沉淀过程。只是沉速相当小，沉淀极缓慢。

利用成层沉淀求二沉池设计参数、$u$ 及 $G_L$ 的一般方法如下。

肯奇单筒测定法是取曝气池的混合液进行一次较长时间的成层沉淀，得到一条浑液面沉淀过程线，如图3所示，并利用肯奇式

$$C_i=\frac{C_0H_0}{H_i} \tag{5}$$

式中：$C_0$ 为实验时的试样浓度，g/L；$H_0$ 为实验时的沉初始高度，m；$C_i$ 为某沉淀断面 $i$ 处的污泥浓度，g/L；$H_i$ 为某沉淀断面之处的高度，m。

$$u_i=\frac{\Delta H_i}{t_i}\Delta H_i=H'_i-H_i \tag{6}$$

式中：$u_i$ 为某沉淀断面 $i$ 处泥面沉速，m/h。

求出各断面处的污泥浓度 $C_i$ 及泥面沉速 $u_i$，如图3所示，从而得出关系线。根据 $C$ 与 $u$ 关系线，利用式 $G_s=u_i\cdot C_i$ 可以求出 $G_s$、$C_i$ 一组数据绘制出静沉固体通量 $G_s$ 与 $C$ 曲线，根据回流比利用式 $G_B=v\cdot C_i$ 求出 $G_B$ 与 $C$ 线，采用叠加法后，可求得 $G_L$ 值。

## 三、实验仪器和试剂

沉淀柱：直径为100 mm，高度为1500 mm的有机玻璃沉淀柱；搅拌装置转速 $n=1$ r/min，底部有进水、放空孔；配水及投配系统；100 mL量筒；玻璃漏斗；滤纸；秒表；米尺；生物处理厂曝气混合液。

## 四、实验步骤

（1）将取自处理厂活性污泥曝气池内正常运行的混合液，放入水池，搅拌均匀，同时取样测定其浓度MLSS值。

（2）打开放空管。

（3）关闭放空管，打开进水闸门5与沉淀柱3进水，当水位上升到溢流管处时，关闭进水闸门，同时分别记录沉降时间为1、3、5、8、10、15、20、30、35、40、45、50、60、70、80、90、100、110、130、150、160、180、200 min所对应的界面沉降高度，将实验结果记录在表1中。

**表1　成层沉淀实验记录表界面高度水样浓度 MLSS=____ SV/%=____**

| 沉淀时间/min | 界面高度 $H$/mm | 界面沉速/(mm/min) | 沉淀时间/min | 界面高度 $H$/mm | 界面沉速/(mm/min) |
|---|---|---|---|---|---|
| 0 | | | 8 | | |
| 1 | | | 10 | | |
| 3 | | | 15 | | |
| 5 | | | 20 | | |

续表

| 沉淀时间 /min | 界面高度 $H$/mm | 界面沉速 /(mm/min) | 沉淀时间 /min | 界面高度 $H$/mm | 界面沉速 /(mm/min) |
|---|---|---|---|---|---|
| 25 | | | 90 | | |
| 30 | | | 100 | | |
| 35 | | | 110 | | |
| 40 | | | 120 | | |
| 45 | | | 130 | | |
| 50 | | | 150 | | |
| 60 | | | 160 | | |
| 70 | | | 180 | | |
| 80 | | | 200 | | |

## 五、数据记录与处理

(1) 以界面高度为纵坐标，沉淀时间为横坐标，作界面高度与沉淀时间关系图。

(2) 以混合液浓度 $C$ 为横坐标，以浑液面等速沉淀速度 $u$ 为纵坐标，绘制 $C$ 与 $u$ 曲线。

(3) 根据 $C$ 与 $u$ 曲线，计算沉淀固体通量 $G_s$。并以固体通量 $G_s$ 为纵坐标，污泥浓度为横坐标，绘图得沉淀固体通量曲线，并根据需要可求得排泥固体通量线，进而可求出极限固体通量。

## 六、注意事项

(1) 混合液取回后，稍加曝气，即应开始实验，至实验完毕时间不超过 24 h，以保证污泥沉淀性能不变。

(2) 向沉淀柱进水时，速度要适中。既要较快进完水，以防进水过程柱内以形成浑液面，又要防止速度过快造成柱内水体紊动，影响实验结果。

(3) 第一次成层沉淀实验，污泥浓度要与设计曝气池混合液浓度一致，且沉淀时间要尽可能长一些，最好在 1.5 h 以上。

## 七、思考题

(1) 观察实验现象，注意成层沉淀不同于自由沉淀、絮凝沉淀的地方何在，原因是什么？

(2) 沉淀水深对界面沉降速度是否有影响？

(3) 成层沉淀实验的重要性，如何应用到二沉池的设计中？

# 实验十一　平流式气浮实验

## 一、实验目的

（1）了解和掌握气浮净水方法的原理及工艺流程。

（2）掌握气浮法设计参数“气-固比”及“释气量”的测定方法。

## 二、实验原理

气浮净水方法是广泛应用的一种物理处理方法，是固液分离的方法之一。该法主要用于处理水中比重小于或接近于1的悬浮杂质，如乳化油、羊毛脂、纤维以及其他各种有机或无机的悬浮絮体等，这些杂质难以用重力自然沉降法去除。因此气浮法在自来水厂、城市污水处理厂以及炼油厂、食品加工厂、造纸厂、毛纺厂、印染厂、化工厂等的水处理中都有应用。气浮法具有处理效果好、周期短、占地面积小以及处理后的浮渣中固体物质含量较高等优点，但也存在设备多、操作复杂、动力消耗大的缺点。

气浮法常在以下几方面被运用：

（1）固-液分离：污水中固体颗粒粒度很细小，颗粒本身及其形成的絮体密度接近或低于水，很难利用沉淀法实现固液分离的各种污水可用气浮法处理。

（2）在给水方面，气浮法应用于高含藻水源、低温低浊水源、受污染水源和工业原料盐水等的净化。

（3）液-液分离：从污水中分离回收石油、有机溶剂的微细油滴、表面活性剂及各种金属离子等。

（4）用于要求获得比重力沉淀更高的水力负荷和固体负荷或用地受到限制的场合。

（5）可有效地用于活性污泥浓缩。

（6）由于悬浮颗粒的性质和浓度、微气泡的数量和直径等多种因素都对气浮效率有影响，因此，气浮处理系统的设计运行参数常要通过试验确定。

气浮法就是使空气以微小气泡的形式出现于水中并慢慢自下而上的上升，在上升过程中，气泡与水中污染物质接触，并把污染物质黏附于气泡上（或气泡附于污染物上）从而形成比重小于水的气-固结合物浮升到水面，使污染物质从水中分离出去。

产生比重小于水的气-固结合物的主要条件是：

（1）水中污染物质具有足够的憎水性。

（2）加入水中的空气所形成气泡的平均直径不宜大于70 $\mu$m。

（3）气泡与水中污染物质应有足够的接触时间。

气浮法按气泡产生的方法可分为分散空气气浮、溶气气浮和电解气浮几种。由于分散空气气浮一般气泡直径较大，气浮效果较差，而电解气浮气泡直径虽不大但耗电较多，因此在目前应用气浮法的工程中，以加压溶气气浮法最多。

加压溶气气浮法就是使空气在一定压力作用下溶解于水，并达到饱和状态，然后使加压水表面压力减到常压，此时溶解于水中的空气便以微小气泡的形式从水中逸出来。这样就产生了供气浮用的合格的小气泡。

加压溶气气浮法根据进入溶气罐的水的来源，又分为无回流系统与有回流系统加压溶气气浮法，目前生产中广泛采用后者。其流程如图1所示。

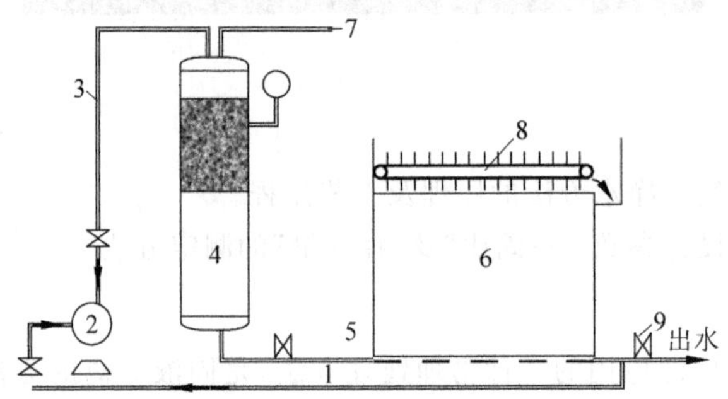


图1 回流加压溶气方式流程

1—废水进入；2—加压泵；3—空气进入；4—压力溶气罐(含填料层)；5—减压阀；6—气浮池；7—放气阀；8—刮渣机；9—集水管及回流清水管

影响加压溶气气浮的因素很多，如空气在水中的溶解量、气泡直径的大小、气浮时间、水质、药剂种类与加药量、表面活性物质种类、数量等。因此，采用气浮法进行水质处理时，常需要通过实验测定一些有关的设计运行参数。

本实验主要介绍加压溶气气浮法求设计参数“气-固比”以及测定加压水中空气溶解效率的“释气量”的实验方法。

1. 气-固比实验

气-固比 $A/S$ 是设计气浮系统时经常使用的一个基本参数，是空气量与固体物数量的比值，无量纲。定义为

$$\frac{A}{S}=\frac{\text{减压释放的气体量(kg/d)}}{\text{进水的固体物量(kg/d)}} \tag{1}$$

对于上述的有回流系统的加压溶气气浮法，其气-固比可表示如下：

(1) 以重量浓度 $C$(mg/L)表示时：

$$\frac{A}{S}=R\left(\frac{C_1-C_2}{S_0}\right) \tag{2}$$

(2) 以体积浓度 $S_a$(mg/L)表示时：

$$\frac{A}{S}=R\ \frac{1.2S_a(fp-1)}{S_0} \tag{3}$$

式中：$C_1$、$C_2$ 分别为图1中4、9处气体于水中浓度，mg/L；$S_0$ 为进水悬浮物浓，mg/L；$S_a$ 为水中空气溶解量(以 $cm^3/L$，$C=S_a\rho_a$)，$\rho_a$ 为空气密度，当20℃、1个大气压时，$\rho_a=1.2(mg/cm^3)$；$f$ 为比值因素，在溶气罐内压力 $P=(0.2\sim0.4)$MPa，温度为20℃时，$f\approx0.5$；$R$ 为回流水量(L/d)。

气-固比不同，水中空气量不同，不仅影响出水水质(SS值)，而且也影响成本费用。本实验是改变不同的气-固比 $A/S$ 测出水SS值，并绘制 $A/S\sim$SS关系曲线。由此可根据出水SS值确定气浮系统的 $A/S$ 值，如图2、图3所示。

2. 释气量实验

影响加压溶气气浮的因素很多，其中溶解空气量的多少与释放的气泡直径大小是重要的影响因素。空气的加压溶解过程虽然服从亨利定律，但是由于溶气罐形式的不同，溶解时间、污水性质的不同，其过程也有所不同。此外，由于减压装置的不同，溶解气体释放的数量、气泡直径的大小也不同。因此进行释气实验对溶气系统、运行均具有重要意义。

图 2 $A/S$～SS 曲线　　　图 3 $A/S$～浮渣 $\eta$ 曲线

## 三、实验仪器和试剂

气固比实验装置如图 4 所示。

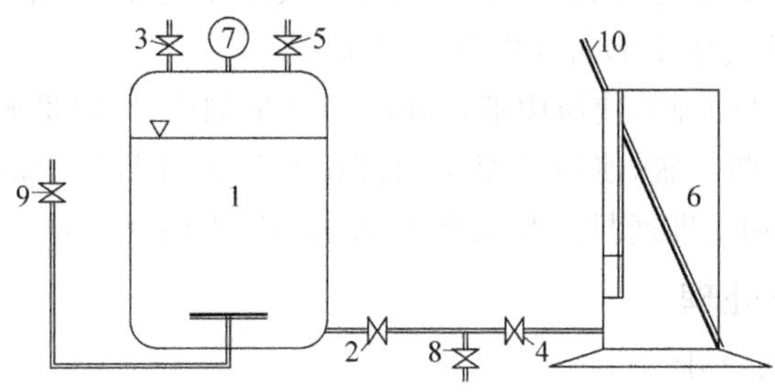

图 4 气固比实验装置图

1—压力溶气罐；2—加压阀或释放器；3—加压水进水口；4—入流阀；5—排气口；6—反应量筒(1000～1500 mL)；7—压力表(1.5 级，0.6 MPa)；8—排放阀；9—压缩空气进气阀；10—搅拌棒

释气量实验装置如图 5 所示。

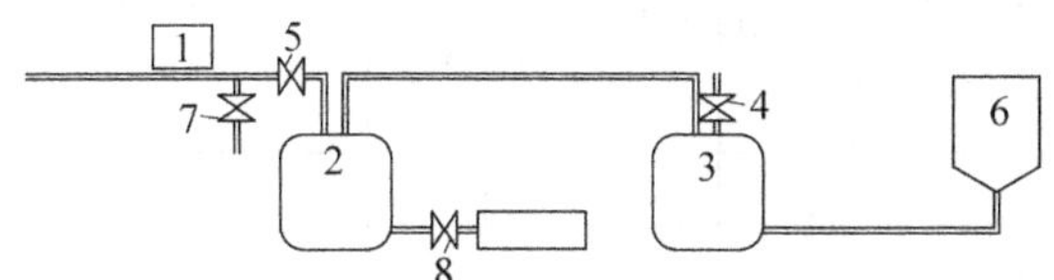

图 5 释气量实验装置图

1—减压阀或释放器；2—释气瓶；3—气体流量计；4—排气阀；5—入流阀；6—水位调节器；7—分流阀；8—排放阀

## 四、实验步骤

1. 气-固比实验

(1) 将某污水加药混凝沉淀，然后取压力容器罐 2/3 体积的上清液加入压力容器罐。

(2) 打开进气阀门使压缩空气进入加压溶气罐，待罐内压力达到预订压力时(一般为 0.3～0.4 MPa)关闭进气阀门并静置 10 min，使罐内水中溶解空气达到饱和。

(3) 测定加压溶气水的释气量以确定加压溶气水是否合格(一般释气量与理论饱和值

之比为 0.9 以上即可)。

(4) 将 500 mL 已加药并混合好的某污水倒入反应量筒(加药量按混凝实验定),并测原污水中的悬浮物浓度。

(5) 当反应量筒内已见微小絮体时,开减压阀(或释放器)按预订流量往反应量筒内加溶气(其流量可根据所需回流比而定),同时用搅拌棒搅动半分钟,使气泡分布均匀。

(6) 观察并记录反应筒中随时间而上升的浮渣界面高度并求其分离速度。

(7) 静止分离 10~30 min 后分别记录清液与浮渣的体积。

(8) 打开排放阀门分别排出清液和浮渣,并测定清液和浮渣的悬浮物浓度。

(9) 按几个不同回流比重复上述实验,即可得出不同的气-固比与出水水质 SS 值。

2. 释气量实验

(1) 打开气体计量瓶的排气阀,将释气瓶注入清水至计量刻度,上下移动水位调节瓶,将气体计量瓶内液位调至零刻度,然后关闭排气阀。

(2) 当加压溶气罐运行正常后,打开减压阀和分流阀,使加压溶气水从分流口流出,在确认流出的加压溶气水正常后,开入流阀,关分流阀,使加压溶气水进入释气瓶内。

(3) 释气瓶内增加的水达到 100~200 mL 后,关加压阀和入流阀并轻轻摇晃释气瓶,使加压溶气水中能释放的气体全部从水中分离出来。

(4) 打开释气瓶的排放阀,使瓶中液位降回到计量刻度,同时准确计算排出液的体积。

(5) 上下移动水位调节瓶,使调节瓶中的液位与气体计量瓶中的液位处于同一水平线上,此时记录的气体增加量即所排入释放瓶中加压溶气水的释气量。

## 五、数据记录及处理

数据记录于表 1、表 2 中。

**表 1 气固比与出水水质记录表**

| 实验号 | 原污水 | | | | | | 压力溶气水 | | | | | 出水 | | | 浮渣 | |
|---|---|---|---|---|---|---|---|---|---|---|---|---|---|---|---|---|
| | 水温/℃ | pH | 体积 $V_e$/mL | 加药名称 | 加药量/% | 悬浮物/(mg/L) | 体积/mL | 压力/MPa | 释气量/mL | 气固比 $A/S$ | 回流比 $R$ | 悬浮物/(mg/L) | 去除率/% | 体积 $V_1$/mL | 体积 $V_2$/mL | 悬浮物/(mg/L) |
| | | | | | | | | | | | | | | | | |
| | | | | | | | | | | | | | | | | |
| | | | | | | | | | | | | | | | | |

**表 2 浮渣高度与分离时间记录表**

| $t$/min | | | | | | | |
|---|---|---|---|---|---|---|---|
| $h$/cm | | | | | | | |
| $H-h$/cm | | | | | | | |
| $V_2$/L | | | | | | | |
| $V_2/V_1\times100\%$ | | | | | | | |

表中气-固比[g(气体)/g(固体)]即每去除 1 g 固体所需的气量。一般为了简化计算也可用 L(气体)/g(悬浮物),计算公式如下

$$\frac{A}{S}=\frac{W \cdot a}{SS \cdot Q} \tag{4}$$

式中：$A$ 为总释气量，L；$S$ 为总悬浮物量，g；$a$ 为单位溶气水的释气量，mL/L(水)；$W$ 为溶气水的体积，L；SS 为原水中的悬浮物浓度，mg/L；$Q$ 为原水体积，L。

(1) 绘制气-固比与出水水质关系曲线，并进行回归分析。

(2) 绘制气-固比与浮渣中固体浓度关系曲线。

实验记录如表 3 所示。

$$溶气效率\ \eta=\frac{释气量}{理论释气量}\times 100\% \tag{5}$$

**表 3 释气量实验记录**

| 实验号 | 加压溶气水 | | | | 释　气 | |
|---|---|---|---|---|---|---|
| | 压力/MPa | 体积/L | 水温/℃ | 理论释气量/(mL/L) | 释气量/mL | 溶气效率/% |
| | | | | | | |

表 3 中理论释气量 $V=K_r p$，释气量 $V_1=K_r pW$。

式中：$p$ 为空气所受的绝对压力，以 MPa 计；$W$ 为加压溶气水的体积，L；$K_r$ 为温度溶解常数，如表 4 所示。

**表 4 不同温度时的 $K_r$ 值**

| 温度/℃ | 0 | 10 | 20 | 30 | 40 | 50 |
|---|---|---|---|---|---|---|
| $K_r$ 值 | 0.038 | 0.029 | 0.024 | 0.021 | 0.018 | 0.016 |

完成释气量实验，并计算溶气效率。如有条件，可利用正交实验法组织安排释气量实验，并进行方差分析，指出影响容器效率的主要因素。

## 六、思考题

(1) 气-固比数据分析中的两条曲线各有什么意义？

(2) 气浮法与沉淀法有什么相同之处？有什么不同之处？

(3) 当选定了气-固比和工作压力以及溶气效率时，试求回流比 $R$ 的公式。

# 实验十二　活性污泥性质测定实验

## 一、实验目的

(1) 了解评价活性污泥性能的四项指标及其相互关系。

(2) 掌握 SV、SVI、MLSS、MLVSS 的测定和计算方法。

(3) 加深对活性污泥性能的理解。

## 二、实验原理

活性污泥的评价指标一般有生物相、混合液悬浮固体浓度(MLSS)、混合液挥发性悬浮固体浓度(MLVSS)、污泥沉降比(SV)、污泥体积指数(SVI)和污泥龄等。

MLSS 又称混合液污泥浓度，它表示曝气池单位容积混合液内所含活性污泥固体物的总质量，单位为 mg/L，它是计量曝气池中活性污泥数量多少的指标。由活性细胞(Ma)，内源呼吸残留物(Me)、吸附在活性污泥中未被微生物降解的有机物(Mi)和无机悬浮物(Mii)4 部分组成。活性污泥法中，MLSS 一般为 2～4 mg/L。MLVSS 表示混合液活性污泥中有机性固体物质部分的浓度，即由 MLSS 中的三项组成(包括 Ma、Me、Mi)，单位为 mg/L。

活性污泥净化废水靠的是活性细胞(Ma)，当 MLSS 一定时，Ma 越高，表明污泥的活性越好，反之越差。MLVSS 不包括无机部分(Mii)，所以用其来表示活性污泥的活性数量比 MLSS 为好，但它还不能真正代表活性污泥微生物(Ma)的量。但测定方法简单易行，也能够在一定程度上表示相对的生物量，因此广泛用于活性污泥处理系统的设计、运行。在一般情况下，MLVSS/MLSS 的比值较固定，对于生活污水和以生活污水为主体的城市污水，MLVSS 与 MLSS 的比值在 0.75 左右。对于工业废水，其比值视水质不同而异。

性能良好的活性污泥，除了具有去除有机物的能力以外，还应有好的絮凝沉降性能。这是发育正常的活性污泥所具有的特性之一，也是二沉池正常工作的前提和出水达标的保证。活性污泥的絮凝沉降性能，可用污泥沉降比(SV)和污泥体积指数(SVI)这两项指标来加以评价。

SV 是指曝气池 100 mL 混合液在 100 mL 量筒中沉淀 30 min，污泥体积和混合液体积之比，用百分数(%)表示。活性污泥混合液经 30 min 沉淀后，沉淀污泥可接近最大密度，因此可用 30 min 作为测定污泥沉降性能的依据。故污泥沉降比可以反映曝气池正常运行时的污泥量，可用于控制剩余污泥的排放。它还能及时反映出污泥膨胀等异常情况，便于及早查明原因，采取措施。污泥沉降比测定比较简单，并能说明一定问题，因此它已成为评价活性污泥的重要指标之一。一般生活污水和城市污水的 SV 为 15%～30%。

SVI 是指曝气池混合液经过 30 min 沉淀后，每单位质量干污泥所形成的湿污泥的体积，以 mL 计，单位为 mL/g。

$$\text{SVI}=\frac{\text{混合液 30 min 静沉后污泥容积(mL/L)}}{\text{污泥干重(g/L)}}=\frac{\text{SV}\times 10}{\text{MLSS}} \tag{1}$$

例如曝气池混合液污泥沉降比为20%，污泥浓度为2.5 g/L，则 $\text{SVI}=\frac{20\times 10}{2.5}=80$。

SVI值能较好地反映出活性污泥的松散程度（活性）和凝聚、沉淀性能。若SVI值较低，说明泥粒细小紧密，矿化程度高，无机物多，缺乏活性，吸附性能差，污泥老化，但沉降性能较好；若SVI值过高，说明污泥难于沉淀分离，并使回流污泥的浓度降低，甚至出现"污泥膨胀"，导致污泥流失等后果。一般来说，当生活污水的SVI＜100时，污泥沉降性能良好；当SVI＝100～200时，沉降性能一般；而当SVI＞200时，沉降性能较差，污泥易膨胀。一般城市污水的SVI在100左右。

## 三、实验仪器和试剂

电子分析天平；烘箱；马弗炉；100 mL量筒数个；250 mL锥形瓶；短颈漏斗；称量瓶；50 mL瓷坩埚数个；干燥器；真空过滤装置；秒表；定量滤纸数张；500 mL烧杯数个；玻璃棒。

## 四、实验步骤

1. 准备工作

(1) 将定量滤纸折好并放入已编号的称量瓶中，在103～105℃的烘箱中烘2 h，取出称量瓶，放入干燥器中冷却30 min，在电子天平上称量，记下滤纸质量 $W_1$(g)于表1中。

(2) 将已编号的瓷坩埚放入马弗炉中，在600℃温度下灼烧30 min，取出瓷坩埚，放入干燥器冷却30 min，在电子天平上称重，记下坩埚编号和质量 $W_2$(g)于表1中。

2. 污泥沉降比(SV%)

用100 mL量筒量取曝气池混合液100 mL($V_1$)，静置沉淀30 min，观察活性污泥在量筒中的沉降现象，记录下沉淀污泥的体积 $V_2$(mL)于表1中。

3. 混合液悬浮固体(MLSS)

(1) 从已知编号和称量的称量瓶中取出滤纸，将该滤纸剪好平铺到布什漏斗中（剪掉的滤纸不要丢掉），将测定过沉降比的100 mL量筒内的泥水全部倒入漏斗中抽滤（用水冲净量筒，水也倒入漏斗中抽滤）。

(2) 将抽滤后的污泥连滤纸放入原称量瓶中，在烘箱103～105℃烘2 h左右至恒重，取出称量瓶，放入干燥器中冷却30 min后，在电子天平上称量，记下滤纸和干泥质量 $W_3$(g)于表1中（剪掉的滤纸也要一块称量）。

4. 污泥指数(SVI)

将得到的SV和MLSS值按照公式 $\text{SVI}=\frac{\text{SV}\times 10}{\text{MLSS}}$ 计算出来。

5. 混合液挥发性悬浮固体(MLVSS)

取出称量瓶中已烘干的污泥和滤纸，放入已编号和称量的坩埚中，先在普通电炉上加热碳化后，置于马弗炉中，于600℃下灼烧40 min至恒重。取出瓷坩埚，放入干燥器中冷却30 min，在电子天平上称量，记下坩埚编号和质量 $W_4$(g)。

## 五、数据记录与处理

1. 实验数据记录

表 1 活性污泥性质测定数据

| | 干泥 | | | 挥发份 | | | | |
|---|---|---|---|---|---|---|---|---|
| 平行样 | $W_1$/g | $W_3$/g | $(W_3-W_1)$/g | $W_2$/g | $W_4$/g | $(W_4-W_2)$/g | $V_1$/mL | $V_2$/mL |
| 1 | | | | | | | | |
| 2 | | | | | | | | |
| 平均 | | | | | | | | |

2. 污泥沉降比计算

$$SV=\frac{V_2}{V_1}\times 100\% \tag{2}$$

3. 混合液悬浮固体浓度计算

$$MLSS=\frac{W_3-W_1}{V} \tag{3}$$

4. 污泥体积指数计算

$$SVI=\frac{SV\%\times 10}{MLSS} \tag{4}$$

5. 混合液挥发性悬浮固体浓度计算

$$\text{污泥灰分}=\frac{W_4-W_2}{V} \tag{5}$$

$$MLVSS=\frac{\text{干污泥质量}-\text{灰分质量}}{100}\times 1000=\frac{(W_3-W_1)-(W_4-W_2)}{100}\times 1000$$

表 2 活性污泥性质测定结果

| 平行样 | SV/% | MLSS/(mg/L) | MLVSS/(mg/L) | SVI/(mL/g) |
|---|---|---|---|---|
| 1 | | | | |
| 2 | | | | |
| 平均 | | | | |

## 六、思考题

(1) 污泥体积指数 SVI 的倒数表示什么？

(2) 当曝气池中 MLSS 一定时，若 SVI 大于 200，应采用什么措施？为什么？

(3) 对于城市污水来说，SVI 大于 200 或小于 50 各说明什么问题？

# 实验十三　废水可生化性实验

## 一、实验目的

(1) 了解废水可生化性判别的原理、方法和应用。

(2) 掌握废水可生化性生化呼吸线法测定过程。

## 二、实验原理

废水生化处理主要是通过活性污泥微生物的新陈代谢作用实现的。活性污泥中微生物是由细菌、真菌、原生动物、后生动物等组成的生态系。细菌是这个生态系中最主要的组成部分。利用微生物对废水中有机、有毒物质进行吸附和氧化分解。其过程有物理化学作用和生物化学作用。由于活性污泥为松软的絮状体,表面积大,有较强的吸附力,所以活性污泥能对有机物或有毒物质进行吸附,其中可溶性有机物直接被细菌吸附,而不溶性有机物通过细菌分泌的酸作用,将其降解为可溶性有机物后,再被细菌吸收,吸收到细菌体内的有机物,在有氧的条件下,将其中一部分有机物进行分解代谢,即氧化分解,以获得合成新细胞所需要的能量,并最终形成 $CO_2$ 和 $H_2O$ 等稳定物质,再通过凝聚沉淀分离,使污水净化无害。

生化处理过程中保证微生物生命的基本要素:

(1) 水温保持 20～30℃最为适宜;

(2) pH 7～9:活性污泥中微生物适宜中性或偏碱性环境中;

(3) 营养物质与活性污泥的结构、处理废水中的有机杂质等密切相关。除以生化需氧量 BOD 表示的碳源外,还需要 N、P 和其他微量元素。

微生物降解有机污染物的物质代谢过程中消耗的氧包括两部分:①氧化分解有机污染物,使其分解为 $CO_2$、$H_2O$、$NH_3$(存在含氮有机物时)等,为合成新细胞提供能量;②供微生物进行内源呼吸,使细胞物质分解。

合成:

$$8CH_2O + 3O_2 + NH_3 \longrightarrow C_5H_7NO_2 + 3CO_2 + 6H_2O$$

$$3CH_2O + 3O_2 \longrightarrow 3CO_2 + 3H_2O + \text{能量}$$

$$5CH_2O + NH_3 \longrightarrow C_5H_7NO_2 + 3H_2O$$

从以上反应式可以看到约 1/3 的 $CH_2O$ 被微生物氧化分解为 $CO_2$ 和 $H_2O$,同时产生能量供微生物合成新细胞,这个过程要耗氧。

内源呼吸:

$$C_5H_7NO_2 + 5O_2 \longrightarrow NH_3 + 5CO_2 + 2H_2O$$

微生物进行物质代谢过程的需氧速率可以用式(1)表示:

$$\left(\frac{dO}{dt}\right)D = \left(\frac{dO}{dt}\right)F + \left(\frac{dO}{dt}\right)T \tag{1}$$

式中:$(dO/dt)D$ 为总的需氧速度;$(dO/dt)F$ 为降解有机物,合成新细胞的耗氧速率;$(dO/dt)T$ 为微生物内源呼吸速率。

活性污泥的耗氧速率(specific oxygen uptake rate,SOUR)是评价污泥微生物代谢活性的一个重要指标,它是指单位质量的活性污泥在单位时间内的耗氧量,其单位为 $mg(O_2)/g(MLVSS)\cdot h$。

$$SOUR=\frac{(DO_0-DO_t)}{t\times MLVSS} \tag{2}$$

式中:SOUR 为单位时间内单位活性污泥的耗氧量,$mg(O_2)/g(MLVSS)\cdot h$;$DO_0$ 为初始时 DO 值,mg/L;$DO_t$ 为 $t$ 时刻的 DO 值,mg/L;$t$ 为测定经历的时间,h。

活性污泥的耗氧速率是评价污泥微生物代谢活性的一个重要指标。在活性污泥系统运行中,污泥耗氧速率的大小及其变化趋势可指示处理系统负荷的变化情况,以此来控制剩余污泥的排放。污泥耗氧速率值若大大高于正常值,往往提示污泥负荷过高,这时出水水质较差,残留有机物较多,处理效果亦差。污泥耗氧速率值长期低于正常值,这种情况往往在活性污泥负荷低下的延时曝气处理系统中可见,这时出水中残存有机物数量较少,处理完全,但若长期运行,也会使污泥因缺乏营养而解絮。

如果污水的组分对微生物生长无毒害作用,微生物与污水混合后立即大量摄取有机物合成新细胞,同时消耗水中的溶解氧。溶解氧的吸收量(即消耗量)与水中的有机物浓度有关,实验开始时,间歇进料生物反应器内有机物浓度较高,微生物吸收氧的速率较快,以后随着有机物的逐步去除,氧吸收速率也逐渐减慢,最后等于内源呼吸速率。如果污水中的某一种或几种组分对微生物的生长有毒害抑制作用,微生物与污水混合后,其降解利用有机物的速率便会减慢或停止,利用氧的速度也将减慢或停止。因此,我们可以通过实验测定活性污泥的呼吸速率,用氧吸收量累计值与时间的关系曲线、呼吸速率与时间的关系曲线来判断某种污水生物处理的可能性,或某种有毒物质进入生物处理设备的最大允许浓度。

污水中有毒有害成分对微生物的影响除了直接杀死微生物,使细胞壁变性或破裂以外,主要表现为抑制、损害酶的作用,使酶变性、失活。如重金属能与酶和其他代谢产物结合,使酶失去活性,改变原生质膜的渗透性,影响营养物质的吸收。再如氢离子浓度会改变原生质膜和酶的荷电,影响原生质的生化过程和酶的作用,阻碍微生物的能量代谢。

工业废水中含有的有机物,有的不容易被微生物降解,有的则对微生物有毒害作用。为了合理地选择废水处理方法,或是为了确定进入生化处理构筑物的有毒物质容许浓度,都要进行废水可生化性实验。

由于有毒物质对微生物的抑制作用不仅与毒物的浓度有关,还与微生物的浓度有关,因此,实验时选用的污泥浓度应与曝气池的污泥浓度相同,并用有毒物质对微生物进行驯化,逐渐适应这种有毒物质。

通过测定活性污泥的呼吸速度来考察工业废水生物处理的可能性。生物对氧的消耗称之为呼吸,通过连续测定活性污泥微生物的呼吸,即连续测定水样中溶解氧的变化,来研究活性污泥进行生化反应的可能性。活性污泥的耗氧速率的实验测定方法有瓦勃呼吸仪法、排气分析法、极谱法以及溶解氧仪测定法。测定污泥的耗氧速率即测污泥的呼吸线,即测定基质的耗氧曲线,并把活性污泥微生物对基质的生化呼吸线与其内源呼吸线相比较而作为基质可生物降解性的评价。当活性污泥处于内呼吸阶段(微生物取得生命活动的能量,仅仅利用体内贮藏的物质),呼吸速度是恒定的,即耗氧量相对稳定,所以耗氧量与时间成一直线关系,此直线称为内源呼吸线。当活性污泥接触含有有机物或污水后,由于分解水中有机物的作用,其耗氧速度会加快,耗氧量随时间的变化是一条特征曲线,称之为生化呼吸曲线。其呼吸耗氧的特性反映了有机物被氧化分解的规律,一般来说,耗氧量大,耗氧速率高,即说明该有机物易被微生物降解,反之亦然。测定不同时间的内源呼吸耗氧量及与有机物接触后的生化呼吸耗氧量,可得内源呼吸线及生化呼吸线,通过比较即可判定废水的可生化性。

当生化呼吸线位于内源呼吸线之上时,说明废水中的有机物一般是可被微生物氧化分解得。两条呼吸线之间的距离越大,该有机物或废水的生物降解性越好;当生化呼吸线与内源呼吸线基本重合时,则说明有机物可能是不能被微生物降解的,但它对微生物的生命活动尚无抑制作用;当生化呼吸线位于内源呼吸线之下,说明废水中的物质对微生物的生命活动产生了明显的抑制作用,该废水不可生化处理,生化呼吸线越接近横坐标,则抑制作用越大(图 1)。

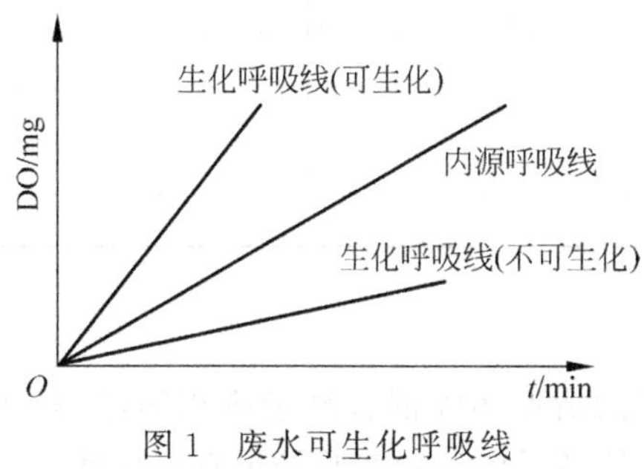


图 1　废水可生化呼吸线

## 三、实验仪器和试剂

超级恒温水浴;磁力搅拌器;溶解氧测定仪;秒表;烧杯;锥形瓶;实验装置见图 2。

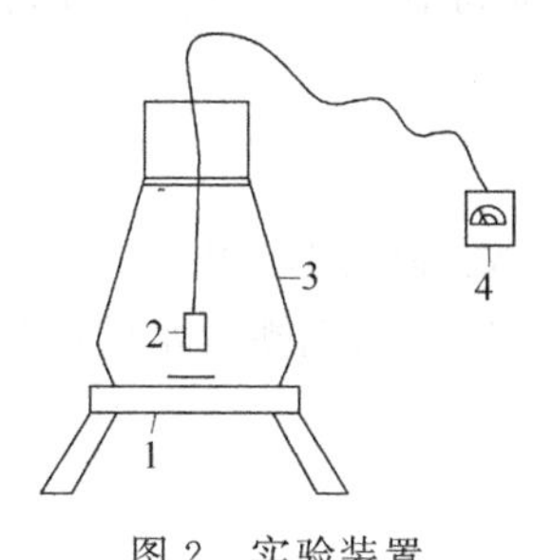


图 2　实验装置

1—磁力搅拌器;2—溶解氧探头;3—三角瓶;4—溶解氧测定仪

## 四、实验步骤

(1) 从城市污水处理厂取曝气池活性污泥曝气培养。

(2) 分别取 250 mL 曝气后的活性污泥于两个锥形瓶中。

(a) 甲瓶做内呼吸测定,用自来水加满,在 20～30℃的恒温水浴并用磁力搅拌的条件下,用溶解氧仪测定其中溶解氧的变化值,每隔 30 s 读数一次。以时间做横坐标,耗氧量做纵坐标做出内源呼吸线。

(b) 乙瓶做生化呼吸线测定,加入 10 mL 待测废水,再用自来水加满锥形瓶,在同样的条件下用溶解仪测定,其中溶解氧的变化值,同样每隔 30 s 读数一次。以时间做横坐标,耗氧量做纵坐标,在同一坐标系中做出生化呼吸曲线。

(c) 比较两条呼吸线得出可生化性结论。

## 五、数据记录与处理

乙醛废水的可生化性测定数据见表 1。

**表 1　废水可生化性实验数据**

| 时间/min | 内源呼吸耗氧速率（累积）/(mg/L) | 生化呼吸耗氧速率（累积）/(mg/L) | 时间/min | 内源呼吸耗氧速率（累积）/(mg/L) | 生化呼吸耗氧速率（累积）/(mg/L) |
|---|---|---|---|---|---|
| | | | | | |
| | | | | | |
| | | | | | |
| | | | | | |
| | | | | | |
| | | | | | |
| | | | | | |
| | | | | | |
| | | | | | |

## 六、注意事项

(1) 加入各生化反应器的活性污泥混合液量应相等，这样使反应器内的活性污泥的呼吸率相同(即 MLSS 相同)，使各反应器的实验结果有可比性。

(2) 取样测定呼吸率时，应充分搅拌使反应器内活性污泥浓度保持均匀，以避免由于实验带来误差。

(3) 反应器内的溶解氧建议维持在 6～7 mg/L，以保证测定呼吸速率时有足够的溶解氧。

## 七、思考题

(1) 测定废水可生化性在废水处理中的作用。

(2) 如何利用 $BOD_5/COD_6$ 的比值来判断废水的可生化性？

# 实验十四　活性污泥脱氢酶活性的测定

## 一、实验目的

(1) 了解测定活性污泥中脱氢酶活性的基本原理及其应用。

(2) 掌握活性污泥中脱氢酶活性测定的基本操作方法。

## 二、实验原理

有机物在生物处理构筑物中的分解，是在酶的参与下实现的，在这些酶中脱氢酶占有重要的地位，因为有机物在生物体内的氧化往往是通过脱氢来进行的。活性污泥中脱氢酶的活性与水中营养物浓度成正比，在处理污水过程中，活性污泥脱氢酶活性的降低，直接说明了污水中可利用物质营养浓度的降低。因此脱氢酶活性经常作为评价污泥活性的指标，很大程度上反映了活性污泥中微生物对有机物的代谢能力。此外，由于酶是一类蛋白质，对毒物的作用非常敏感，当污水中有毒物存在时，酶会失活，造成污泥活性下降。在生产实践中，我们常常在设置对照组、消除营养物浓度变化影响因素的条件下，通过测定活性污泥在不同工业废水中脱氢酶活性的变化情况来评价工业废水成分的毒性，评价对不同工业废水的生物可降解性。

脱氢酶是一类氧化还原酶，它的作用是催化氢从被氧化的物体(基质 AH)中转移到另一个物体(受氢体 B)上：

$$AH + B \rightleftharpoons A + BH$$

为了定量地测定脱氢酶的活性，常通过指示剂的还原变色速度来确定脱氢过程的强度。常用的指示剂有 2,3,5-三苯基四氮唑氯化物(TTC)或亚甲蓝，它们在从氧化状态接受脱氢酶活化的氢而被还原时具有稳定的颜色，即可通过比色的方法，测量反应后颜色深度，来推测脱氢酶的活性。

## 三、实验仪器和试剂

1. 仪器

分光光度计；超级恒温器；离心机；15 mL 离心管；移液管；黑布罩等。

2. 材料

采集的活性污泥。

3. 试剂

(1) Tris-HCl 缓冲液(0.05 mmol/L)：称取三羟甲基氨基甲烷 6.037 g，加 1.0 mmol/L HCl 20 mL，溶于 1 L 蒸馏水中，pH 为 8.4。

(2) 氯化三苯基四氮唑(TTC)(0.2%～0.4%)：称取 0.2 g 或 0.4 g TTC 溶于 100 mL 蒸馏水中，即成 0.2%～0.4%的 TTC 溶液。

(3) 亚硫酸钠(0.36%)：称 0.3657 g 亚硫酸钠溶于 100 mL 蒸馏水中。

(4) 丙酮(或正丁醇及甲醇)(分析纯)。

(5) 连二亚硫酸钠、浓硫酸。

(6) 生理盐水(0.85%)：称取 0.85 g NaCl，溶于 100 mL 蒸馏水中。

## 四、实验步骤

1. 标准曲线的制备

(1) 配制 1 mg/mL TTC 溶液：称取 50.0 mg TTC，置于 50 mL 容量瓶中，以蒸馏水定容至刻度。

(2) 配制不同浓度 TTC 液：从 1 mg/mL TTC 液中分别吸取 1、2、3、4、5、6、7 mL 放入每个容积为 50 mL 的一组容量瓶中，以蒸馏水定容至 50 mL，各瓶中 TTC 浓度分别为 20、40、60、80、100、120、140 μg/mL。

(3) 每只带塞离心管内加入 Tris-HCl 缓冲液 2 mL+2 mL 蒸馏水+1 mL TTC 液(从低到高浓度依次加入)；对照管加入 2 mL Tris-HCl 缓冲液+3 mL 蒸馏水，不加入 TTC，所得每只离心管 TTC 含量分别为 20、40、60、80、100、120、140 μg。

(a) 每管各加入连二亚硫酸钠 10 g，混合，使 TTC 全部还原，生成红色的 TF。

(b) 在各管加入 5 mL 丙酮(或正丁醇和甲醇)，抽提 TF。

(c) 在分光光度计上，于 485 nm 波长下测光密度。

(d) 测绘标准曲线。

2. 活性污泥脱氢酶活性的测定

活性污泥悬浮液的制备：

(1) 取活性污泥混合液 50 mL，离心后弃去上清液，再用 0.85%NaCl 溶液(或磷酸盐缓冲液)补足，充分搅拌洗涤后，再次离心弃去上清液；如此反复洗涤 3 次后再以 NaCl 溶液稀释至原来体积备用。以上步骤有条件时可在低温(4℃)下进行，NaCl 溶液亦预先冷至 4℃。

(2) 在 3 组(每组 3 支)带有塞的离心管内分别加入以下材料与试剂(表 1)。

(3) 样品试管摇匀后置于黑布袋内，立即放入 37℃恒温水浴锅内，并轻轻摇动，记下时间。反应时间依显色情况而定(一般采用 10 min)。

(4) 对照组试管，在加完试剂后立即加入一滴浓硫酸；另两组试管在反应结束后各加一滴浓硫酸终止反应。

(5) 在对照管与样品管中各加入丙酮(或正丁醇和甲醇)5 mL，充分摇匀，放入 90℃恒温水浴锅中抽提 6～10 min。

(6) 在 4000 r/min 速度下离心 10 min。

(7) 取上清液在 485 nm 波长下比色，光密度 OD 读数应在 0.8 以下，如色度过浓应以丙酮稀释后再比色。

(8) 标准曲线上查 TF 的产生值，并算得脱氢酶的活性。

**表 1　脱氢酶活性测定中各组试剂加量表**

| 组别 | 活性污泥悬浮液体积/mL | Tris-HCl 缓冲液体积/mL | $Na_2SO_3$ 溶液体积/mL | 基质(或污水)/mL | TTC 液体积/mL | 蒸馏水体积/mL |
|---|---|---|---|---|---|---|
| ① | 2 | 1.5 | 0.5 | 0.5 | 0.5 | — |
| ② | 2 | 1.5 | 0.5 | — | 0.5 | 0.5 |
| ③ | 2 | 1.5 | 0.5 | — | — | 1.0 |

## 五、数据记录与处理

1. 标准曲线的制备

(1) 将标准曲线测定时的数值填入表 2 中。

**表 2　标准曲线 OD 实测值**

| TTC/μg | OD 值 | | | |
|---|---|---|---|---|
| | 1 | 2 | 3 | 4 |
| 20 | | | | |
| 40 | | | | |
| 60 | | | | |
| 80 | | | | |
| 100 | | | | |
| 120 | | | | |
| 140 | | | | |

(2) 根据上表数据以 TTC 为横坐标、OD 值为纵坐标绘制标准曲线。

2. 活性污泥脱氢酶活性的测定

(1) 将样品组的 OD 值(平均值)减去对照组 OD 值后,在标准曲线上查 TF 的产生值。

(2) 算得样品组(加基质与不加基质)的脱氢酶活性 $X$(以产生微克/毫升活性污泥 · 小时表示):

$$X(\text{TF}\mu\text{g/L}\quad 活性污泥 \cdot 小时) = A \times B \times C \tag{1}$$

式中:$X$ 为脱氢酶活性;$A$ 为标准曲线上读数;$B$ 为反应时间校正=60 min/实际反应时间;$C$ 为比色时稀释倍数。

## 六、思考题

(1) 在测定活性污泥中脱氢酶活性时,应注意哪些步骤?

(2) 哪些环境条件会影响测定的准确性,如何减少测定的误差?

# 实验十五　活性污泥法动力学系数的测定实验

## 一、实验目的

(1) 加深对活性污泥法动力学基本概念的理解。

(2) 了解用间歇式进料方式测定活性污泥法动力学系数 $Y$、$K_d$ 和 $K$ 的方法。

## 二、实验原理

活性污泥反应动力学是以酶工程的米歇里斯-门坦(Michaelis-Menton)方程和生化工程中的莫诺特(Monod)方程为基础的,主要包括底物降解动力学和微生物增值动力学。它能通过数学式定量地或半定量地揭示活性污泥系统内有机物降解、污泥增长、耗氧等作用与各项设计参数以及环境因素之间的关系,对工程设计与优化管理有着一定的指导意义。但是,活性污泥反应是多种基质和多种混合微生物参与的一系列类型不同、产物不同的生化反应的综合,因此反应速率与过程均受到系统中多种环境因素的影响。在应用动力学方程时,应根据具体的条件,包括所处理的废水成分、温度等实验确定动力学参数。

在建立活性污泥法反应动力学模型时,有以下假设:

(1) 除特别说明外,都认为反应器内物料是完全混合的,对于推流式曝气池系统,则是在此基础上加以修正;

(2) 活性污泥系统的运行条件绝对稳定;

(3) 二次沉淀池内无微生物活动,也无污泥累积并且水与固体分离良好;

(4) 进水基质均为溶解性的,并且浓度不变,也不含微生物;

(5) 系统中不含有毒物质和抑制物质。

活性污泥法是应用最广泛的一种生物处理办法。过去都是根据经验数据来进行设计和运行。近年来国内外对活性污泥法动力学方面做了不少研究,目的是希望通过对有机污染物降解和微生物增长规律的研究,能更合理地进行曝气池的设计和运行。

活性污泥法去除有机污染物的动力学模型有多种。在此以两个较常见的关系式来讨论它们是如何通过实验确定动力学系数的。

$$\frac{S_o - S_e}{X_v t} = KS_a \tag{1}$$

式中:$S_o$ 为进水有机污染物浓度,以 COD 或 BOD 表示,mg/L; $S_e$ 为出水中有机污染物浓度,mg/L; $X_v$ 为曝气池内挥发性悬浮固体浓度(MLVSS),g/L; $t$ 为水力停留时间,h; $K$ 为有机污染物降解系数,$d^{-1}$。

$$\frac{1}{\theta_c} = Y\frac{S_o - S_e}{X_v t} - K_d = Yq - K_d \tag{2}$$

式中:$\theta_c$ 为泥龄,d; $Y$ 为污泥的产率系数,kg/kg; $K_d$ 为内源呼吸系数(也称衰减系数),$d^{-1}$;其余符号同前。

活性污泥法动力学系数的测定,可以在连续进料生物反应器系统或间歇式进料生物反应器系统中进行。其方法如下：

1. 连续进料生物反应器系统实验

连续进料生物反应器系统的优点是：污水连续稳定的流入生物反应器，处理后连续排出，同时污泥也连续地回流到生物反应器内。这种实验系统可用以模拟完全混合型活性污泥系统和推流型活性污泥系统。缺点是：实验设备略多些，实验期间发生故障的概率较间歇进料实验装置略大些。

实验装置如图 1 所示。

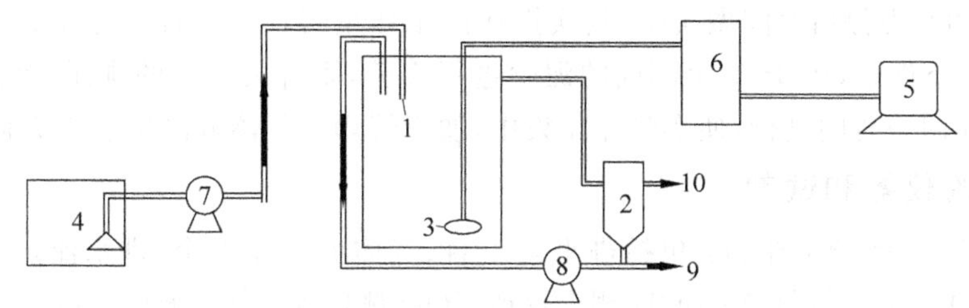


图 1　连续进料生物反应器实验系统示意图

1—生物反应器；2—沉淀器；3—曝气器；4—吸水池；5—空气压缩机；6—油水分离器；7、8—水泵；9—排泥管；10—出水管

实验时，先将作为菌种的活性污泥加入反应器，使反应器内的 MLVSS 浓度约为 2.0 g/L，然后按实验设计确定的静水流量、回流比引进污水和回流污泥，并通过压缩空气，使系统开始运行。运行期间每天要测定 MLVSS，以便确定每日的排泥量。每日排去的污泥量应等于每日增殖的污泥量，使反应器内的 MLVSS 维持在恒定的水平。一般情况下，连续运行 2～4 周（3～5 倍的泥龄），系统便可处于稳定状态。判断实验系统是否稳定的方法是：

（1）测定反应器内混合液的耗氧速率（即呼吸速率）。

（2）测定出水 BOD。

当二者的数据都稳定时，可认为实验系统已经稳定。

如果用 3～5 个生化反应器，在 $S_o$ 相同的条件下，按 3～5 个不同的水力停留时间进行实验。待实验系统稳定后，测定各反应器的 $S_o$、$S_a$、$X$ 和 $\Delta X$，连续测定 7～10 d，便可得到 3～5 组实验数据。

式(1)表明，若将实验数据整理后点绘在以 $(S_o-S_a)/X_v t$ 为纵坐标，$S_a$ 为横坐标的坐标纸上，便可得到一条通过原点的直线，该直线的斜率为有机污染物降解系数 $K$，如图 2 所示。

根据式(2)，将实验数据点绘在以 $1/\theta_c$ 为纵坐标，$(S_o-S_e)/X_v t$ 为横坐标的坐标纸上，所得直线的斜率即污泥增长系数 $Y$，截距为内源呼吸系数 $K_d$，如图 3 所示。

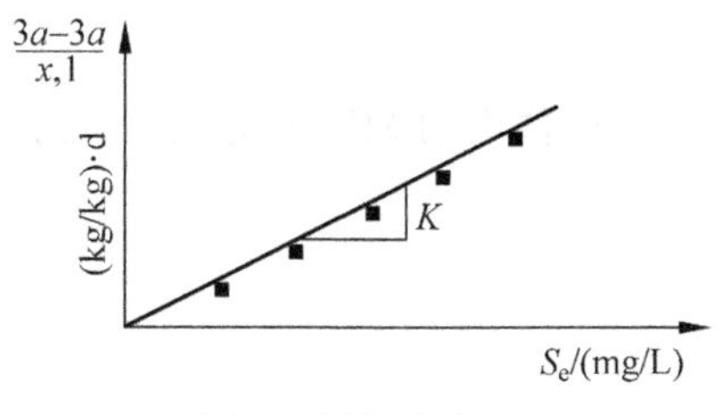


图 2　图解法求 $K$

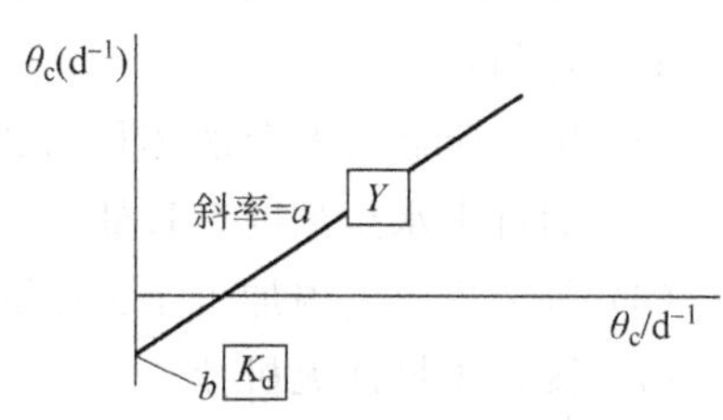


图 3　图解法求 $Y$ 与 $K_d$

2. 间歇进料生物反应器系统实验

间歇进料生物反应器系统的实验是将污水一次投加到含有活性污泥的反应器内，然后进行曝气，曝气 7 h 后排去增殖的污泥，沉淀 0.5～1 h 后排去上层清液。重新加入污水并曝气，如此周而复始运行约 2～4 周，便可得到稳定的实验系统。间歇进料的实验系统可以较好的模拟推流型活性污泥法，若用以模拟完全混合型活性污泥法测定动力学系数，所得的结果有一定误差，不如连续进料的实验系统好。

间歇进料的优点是实验装置较简单，有时管理操作也简单。如果用 3～5 个反应器，按 3～5 个不同的水力停留时间做实验，其实操作的工作量将较大。若改为在 $S_0$ 与水力停留时间 $t$ 不变的条件下，按 3～5 个不同的泥龄进行实验，则各反应器的排泥、沉淀、排上清液及加污水可在同一时间进行，使实验操作集中，便于管理。具体方法见下述实验步骤。

## 三、实验仪器和试剂

污水处理实验设备(图 4)：包括进水泵 1 台、气体流量计 1 个、进水流量计、静音充氧泵、仪表控制柜等；溶解氧仪；BOD 测定仪或 COD 测定仪；各种玻璃器皿等。

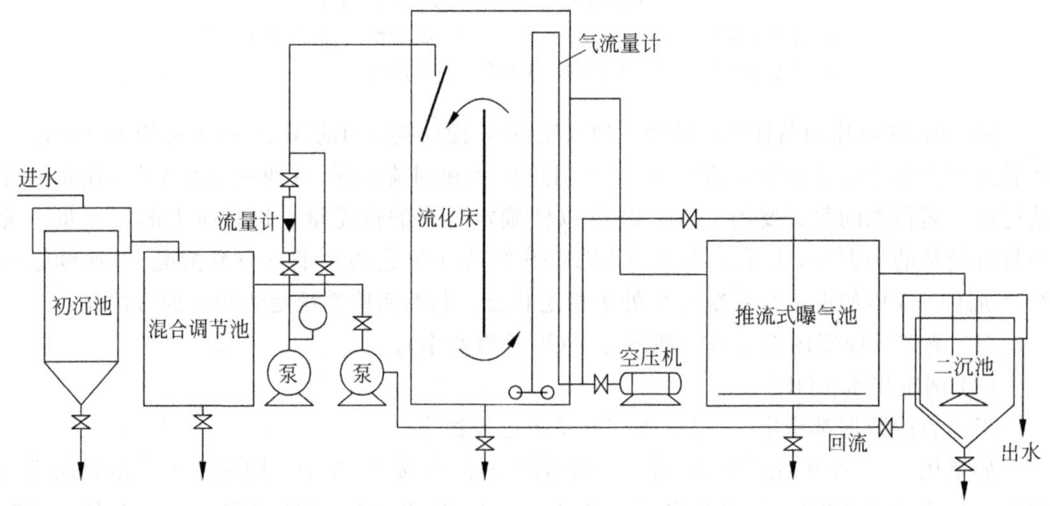


图 4　污水处理实验设备

## 四、实验步骤

(1) 从城市污水厂取回性能良好的活性污泥。

(2) 打开自动控制并设置各阶段控制时间，启动控制程序(也可手动控制)。

(3) 用倾析法弃去下层含泥砂的污泥，并取 200 mL 污泥测定 MLSS(每个样品 100 mL，做两个平行样品)。

(4) 按反应器内混合液体积为 2 L 投加活性污泥，使反应器内的 MLSS 为 1.5～2 g/L。

(5) 加自来水至刻度 2 L 处。

(6) 每个反应器内加入 1 g 谷氨酸钠。

(7) 按表 1 投加无机盐。

(8) 启动空气压缩机进行曝气。

(9) 曝气 20～22 h 后，按泥龄为 10、5、3、2、1.25 d 排去混合液，即分别排去混合液 200、

400、667、1000、1600 mL。

(10) 静置 0.5～1 h。

(11) 用虹吸去除上层清液。

(12) 按实验步骤 4～步骤 10 进行重复操作，在 2～4 周时实验系统可达到稳定。

(13) 系统稳定后，测定进水 $S_o$、反应器内混合液的 MLSS 和 MLVSS、出水 SS 和 $S_e$，要求每天测定一次，连续测定 1～2 周。

表 1 1 升混合液中无机盐含量

| 成　分 | 含量/(mg/L) | 成　分 | 含量/(mg/L) |
|---|---|---|---|
| $KH_2PO_4$ | 50 | $CaCl_2$ | 15 |
| $NaHCO_3$ | 1000 | $MnSO_4$ | 5 |
| $MgSO_4$ | 50 | $FeSO_4 \cdot 6H_2O$ | 2 |

## 五、数据记录及处理

(1) $S_o$ 和 $S_e$ 测定数据记录在表 2 中。

(2) MLSS 和 MLVSS 测定数据记录在表 3 中。

(3) 将上述实验数据汇总于表 4 中。

(4) 以 $(S_o - S_e)/X_v t$ 为横坐标，$1/\theta_c$ 为纵坐标作图求 $Y$ 和 $K_d$。

(5) 以 $(S_o - S_e)/X_v t$ 为纵坐标，$S_u$ 为横坐标作图求 $K$。

表 2 $S_o$ 与 $S_e$ 的测定记录

| 日期 | 反应器序号 | $\theta_c$/d | 空白 | | | | $S_o$ | | | | $S_e$ | | | | $C$(N) | $S_o$/(mg/L) | $S_e$/(mg/L) |
|---|---|---|---|---|---|---|---|---|---|---|---|---|---|---|---|---|---|
| | | | 后读数 | 初读数 | 差值 | 水样体积/mL | 后读数 | 初读数 | 差值 | 水样体积/mL | 后读数 | 初读数 | 差值 | 水样体积/mL | | | |
| | | | | | | | | | | | | | | | | | |
| | | | | | | | | | | | | | | | | | |
| | | | | | | | | | | | | | | | | | |
| | | | | | | | | | | | | | | | | | |
| | | | | | | | | | | | | | | | | | |

注：① 实验指标为 $BOD_5$ 时，此项记录当天溶解氧测定值。② $FeSO_4(NH_4)SO_4 \cdot 6H_2O$ 或 $NaS_2O_3$ 的当量浓度。

表 3 MLSS 与 MLVSS 的测定数据记录

| 滤纸灰分 | | | | | | | | | |
|---|---|---|---|---|---|---|---|---|---|
| 日期 | 反应器序号 | $\theta_c$/d | 坩埚编号 | 坩埚重/g | 坩埚+滤纸/g | 坩埚+滤纸+污泥/g | 灼烧后重/g | MLSS/(g/L) | MLVSS/(g/L) |
| | | | | | | | | | |
| | | | | | | | | | |
| | | | | | | | | | |

表 4 实验结果汇总表

| 反应器序号 | $\theta_c$/d | $1/\theta_c$/$d^{-1}$ | $S_o$/(mg/L) | $S_e$/(mg/L) | $t$/h | $X_v$/(g/L) | $\frac{S_o-S_e}{X_v t}$ |
|---|---|---|---|---|---|---|---|
| | | | | | | | |
| | | | | | | | |

## 六、注意事项

(1) 可以用葡萄糖代替谷氨酸钠，此时，应按 $BOD_5$ ∶ N＝100 ∶ 5 投加氯化铵，其他药品不变。

(2) 所有的化学药品应事先溶解后加入反应器。

(3) $S_o$、$S_e$ 的测定可以用 $BOD_5$ 或 COD，$S_e$ 应用经过滤后的水样进行测定。

(4) 测定坩埚质量时，应将坩埚放在马福炉灼烧后再称其质量。

## 七、思考题

(1) 以双因素试验设计法拟定一个测定曝气池设计参数泥龄和负荷率的实验方案。

(2) 如果污水中存在不可生物降解的物质，实验曲线会发生什么变化？

(3) 动力学参数的测定对实际水处理工程中有何作用？

(4) 上述动力学参数公式是否适合于推流式反应器？

# 实验十六 氧传递系数测定实验

## 一、实验目的

(1) 掌握测定曝气设备的氧传递系数 $K_{La}$ 的方法。

(2) 掌握不含耗氧微生物污水的曝气充氧修正系数 $\alpha$ 和 $\beta$ 的测定方法及意义。

(3) 了解空气扩散过程中氧的转移规律。

## 二、实验原理

曝气是人为地通过一些设备向水中加速传递氧的过程。活性污泥法处理过程中曝气设备的作用是使氧气、活性污泥、营养物三者充分混合,使活性污泥处于悬浮状态。促使氧气从气相转移到液相,从液相转移到活性污泥上,保证微生物有足够的氧气进行物质代谢。由于氧的供给是保证生化处理过程的正常进行的主要因素。因此,工程设计人员和操作人员常通过实验来评价曝气设备的供氧能力和动力效力。

常用的曝气设备分为机械曝气与鼓风曝气两大类,无论哪种曝气设备,其充氧过程均属传质过程。氧的传质过程常用双膜理论来解释,双膜理论是基于在气液两相界面存在着两层膜的物理模型,包括气膜和液膜。在气液界面存在着处于层流状态的气膜和液膜,在其外侧则分别为处于紊流状态的气相主体和液相主体,紊流程度越高,层流膜厚度就越薄。由于气液两相主体均处于紊流状态,其中物质浓度基本上是均匀的,不存在浓度差,也不存在传质阻力,因此气体分子从气相主体传递到液相主体,传质阻力仅存在于气、液层流膜中。在气膜中存在氧的分压梯度,在液膜中存在氧的浓度梯度,它们是氧转移的推动力。在界面上,两相组分物质浓度总是互相平衡,即在界面上不存在传质阻力。同时由于氧难溶于水,因此氧转移的决定性阻力主要集中在液膜上,并且氧分子通过液膜是氧转移过程的控制步骤。

单位体积内氧转速度率为

$$\frac{dc}{dt}=K_{La}(C_s-C) \tag{1}$$

式中:$\frac{dc}{dt}$为液相中溶解氧浓度变化率(氧转移速率),$kg(O_2)/(m^3 \cdot h)$;$K_{La}$ 为氧分子的总传质系数,$h^{-1}$;$C_s$ 为液相氧的饱和浓度,$kg(O_2)/m^3$;$C$ 为液相内氧的实际浓度,$kg(O_2)/m^3$。

氧传递基本方程式积分后整理得曝气设备氧总转移系数 $K_{La}$ 计算公式:

$$\ln(C_s-C)=-K_{La}t+常数 \tag{2}$$

影响氧转移的主要因素有:水质、水温、氧分压、气液之间的接触面积和接触时间、水的紊流程度等。而曝气水的水质对氧转移造成的影响主要表现在以下两个方面:

(1) 由于待曝气充氧的污水中含有各种各样杂质,如表面活性剂、油脂、悬浮固体等,它们会对氧的转移产生一定的影响,特别是表面活性物质这类两亲分子会集结在气、液接触面上,阻碍氧的扩散。相对于清水,污水曝气充氧得到的氧转移系数 $K'_{La}$会比清水中的氧总转

移系数 $K_{La}$ 低，为此引入修正系数 $\alpha$。

$$\alpha = \frac{K'_{La}}{K_{La}} \tag{3}$$

式中：$K_{La}$ 为清水中氧总转移系数；$K'_{La}$为在相同曝气设备、相同条件下，污水中氧总转移系数。

（2）由于污水中含有大量盐分，它会影响氧在水中的饱和度，相对于相同条件的清水而言，污水中氧的饱和度 $C'_s$ 要比清水中氧的饱和度 $C_s$ 低，为此引入修正系数 $\beta$。

$$\beta = \frac{C'_s}{C_s} \tag{4}$$

式中：$C_s$ 为清水中氧的饱和浓度，mg/L；$C'_s$为相同曝气设备、相同条件下，污水中氧的饱和浓度，mg/L。

转移速度可以由式(5)表示，即：

$$\frac{dc}{dt} = K'_{La}(C'_s - C_s) \tag{5}$$

式中：$K'_{La}$、$C'_s$、$C_s$ 意义同上。

评价曝气设备充氧能力的试验方法有两种：

（1）间歇非稳定状态下进行试验：即试验时池水不进也不出，实验过程中水中溶解氧浓度是随时间变化的，由零增到饱和浓度；

（2）连续稳定状态下的试验：即试验时池内连续进出水，水中溶解氧浓度保持不变。

目前国内外多用间歇非稳态测定法，即向池内注满所需水后，先用亚硫酸钠为脱氧剂，氯化钴为催化剂，进行脱氧，使水中溶解氧降到零，然后再曝气，直至溶解氧升高到接近饱和水平。液体中溶解氧的浓度 $C$ 是时间的函数，曝气后每隔一定时间测定水中溶解氧浓度，利用上式计算 $K_{La}$ 值，或以亏氧值($C_s - C_t$)为纵坐标，时间 $t$ 为横坐标，在半对数坐标纸上绘图(图 1)，拟合直线斜率即为 $K_{La}$。

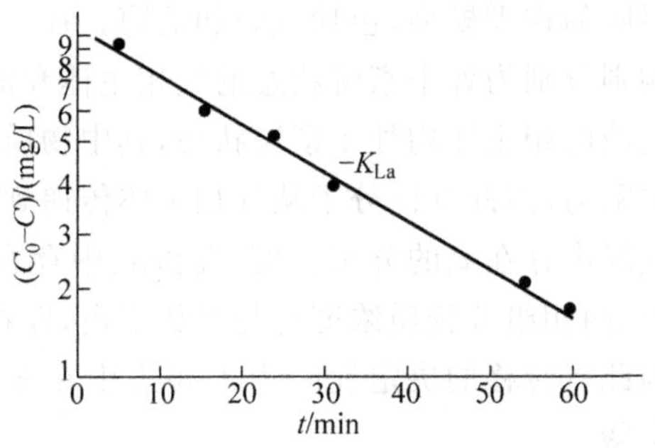


图 1 ($C_s - C$)与 $t$ 的关系曲线(半对数坐标)

$$K_{La} = \frac{1}{t - t_0} \ln \frac{C_s - C_0}{C_s - C_t} \tag{6}$$

本次实验采用间歇非稳态实验方法，即在相同条件下按照对清水实验的方法，分别对清水和污水进行充氧实验，利用实验得出的数据应用公式计算出 $\alpha$ 和 $\beta$ 值。应当指出的是，由于是对比实验，所以要严格控制清水实验和污水实验的基本实验条件，如水温、氧分压、水量、供气量等，以保证数据可靠。

## 三、实验仪器和试剂

1. 仪器

曝气筒实验装置(图 2)；溶解氧测定仪；秒表；烧杯；温度计；分析天平。

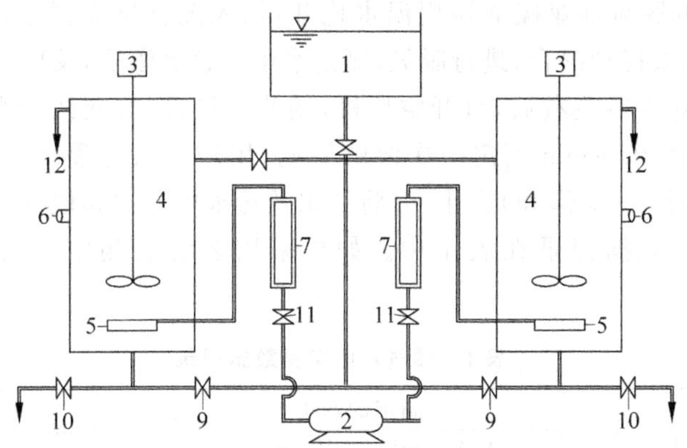


图 2　曝气筒实验装置

1—高位水箱；2—空压机；3—搅拌机；4—混合反应器；5—微孔曝气头；6—取样口；7—气体流量计；8—进水管；9—进水阀门；10—排水阀门；11—进气阀门；12—溢流管。

2. 试剂

亚硫酸钠 $Na_2SO_3$；氯化钴 $COCl_2$；污水样(城市污水处理厂初沉池出水或自行配制)。

## 四、实验步骤

(1) 将待曝气污水和清水分别注入混合反应器中。

(2) 分别从两个混合反应器取样测定溶解氧浓度，计算脱氧剂无水亚硫酸钠或者是含有结晶水的亚硫酸钠 $Na_2SO_3 \cdot 7H_2O$ 和催化剂氯化钴的投加量。

(a) 无水亚硫酸钠或者是含有结晶水的亚硫酸钠的用量计算：用亚硫酸钠来还原水中的溶解氧。

$$2Na_2SO_3 + O_2 \longrightarrow 2Na_2SO_4 \quad 2Na_2SO_3 \cdot 7H_2O + O_2 \longrightarrow 2Na_2SO_4 + 7H_2O$$

相对分子质量之比为

$$\frac{2Na_2SO_3 \cdot 7H_2O}{O_2} = \frac{2\times252}{32} \approx 16 \quad 或者 \quad \frac{2Na_2SO_3}{O_2} = \frac{2\times126}{32} \approx 8$$

即脱氧剂无水亚硫酸钠的理论用量约为水中溶解氧量的 8 倍，含有结晶水的亚硫酸钠 $Na_2SO_3 \cdot 7H_2O$ 的理论用量约为水中溶解氧量的 16 倍。水中有些杂质会消耗亚硫酸钠，则设定实际用量为理论用量的 1.5 倍。

实际的 $Na_2SO_3$ 或者 $Na_2SO_3 \cdot 7H_2O$ 的用量计算公式为

$Na_2SO_3 \cdot 7H_2O$ 的用量 $m = 1.5\times16C_s \cdot V$；$Na_2SO_3$ 的用量 $m = 1.5\times8C_s \cdot V$

式中：$m$ 为亚硫酸钠或者含有结晶水的亚硫酸钠的投加量，g；$C_s$ 为实验条件下水中饱和溶解氧值，mg/L；$V$ 为水样体积，$m^3$。

(b) 催化剂 $CoCl_2$ 的用量估算。

经验表明，清水中钴离子浓度为 0.4 mg/L 左右为好，以含有六个结晶水的氯化钴计算：

$$\frac{CoCl_2 \cdot 6H_2O}{Co^{2+}} = \frac{238}{59} \approx 4$$

单位水样投加的钴盐量为 $0.4\times4 = 1.6$ mg/L。实验所需投加的钴盐量为 $1.6V$。

(3) 将所秤得的脱氧剂亚硫酸钠用温水化开，加入混合反应器中，并加入催化剂氯化钴，开动搅动叶轮轻微搅动混合，进行脱氧，测定水中溶解氧浓度，反应 10 min 左右。

(4) 待溶解氧降为零左右后，打开空压机，调节气量，同时向两个混合反应器内曝气，并开始计时间。每隔 0.5 min 测定一次溶解氧值(用碘量法每隔 1 min 测定一次)，直至溶液中溶解氧浓度稳定(即饱和)为止，并将清水及污水中的饱和值分别记为 $C_s$、$C_s'$。如果采用碘量法，测定的数据记录在表 1 中。如果采用溶解氧测定仪，测定的数据记录在表 2 中。

**表 1　曝气对比实验数据记录**

| | 瓶号 | 时间/min | 滴定的药量 | | $(V_2-V_1)$/mL | 溶解氧浓度/(mg/L) |
|---|---|---|---|---|---|---|
| | | | $V_1$/mL | $V_2$/mL | | |
| 清水实验 | | | | | | |
| | | | | | | |
| | | | | | | |
| | | | | | | |
| | | | | | | |
| | | | | | | |
| | | | | | | |
| | | | | | | |
| 污水实验 | | | | | | |
| | | | | | | |
| | | | | | | |
| | | | | | | |
| | | | | | | |
| | | | | | | |
| | | | | | | |
| | | | | | | |
| 清水饱和溶解氧浓度 $C_s$/(mg/L) | | | | | | |
| 污水饱和溶解氧浓度 $C_s'$/(mg/L) | | | | | | |

**表 2　曝气实验系统测定的计算数据**

| 项目 | $t$/min | $C_t$ | $\ln\frac{C_s-C_0}{C_s-C_1}$ | $t$/min | $C_t$ | $\ln\frac{C_s-C_0}{C_s-C_1}$ |
|---|---|---|---|---|---|---|
| 清水实验 | | | | | | |
| | | | | | | |
| | | | | | | |
| | | | | | | |
| | | | | | | |
| 污水实验 | | | | | | |
| | | | | | | |
| | | | | | | |
| | | | | | | |
| | | | | | | |

## 五、数据记录及处理

(1) 将实验数据分别列于表 2 中,绘制半对数曲线 $\ln\frac{C_s-C_0}{C_s-C_1}-t$ 及 $\ln\frac{C'_s-C_0}{C_s-C_1}-t$,利用图解法求出 $K_{La}$ 及 $K'_{La}$。

(2) 应用公式计算 $\alpha$:$\alpha=\frac{K'_{La}}{K_{La}}$。

(3) 应用公式计算 $\beta$:$\beta=\frac{C'_s}{C_s}$。

## 六、注意事项

(1) 注意调试溶解氧测定仪,使用前标定零点及满度。

(2) 溶解氧测定仪探头的位置对实验影响较大,要保持位置的固定不变,探头应保持与被测溶液有一定相对流速,一般为 20～30 cm/s,测试中应避免气泡和探头直接接触,引起数显跳动影响读数。

## 七、思考题

(1) 简述 $\alpha$ 和 $\beta$ 的意义。

(2) $\alpha$ 和 $\beta$ 各受哪些因素的影响?为什么?

(3) 活性污泥 DO 浓度约为 2 mg/L,DO 过高或者过低会产生什么影响?

(4) 如何提高充氧效率?

(5) 如果亚硫酸钠的投加量过高,是否会对实验结果产生影响?

# 实验十七　污水厌氧消化实验

## 一、实验目的

(1) 掌握厌氧消化实验方法、COD 的测定方法。

(2) 了解厌氧消化过程 pH、碱度、产气量、COD 去除等的变化情况，加深对厌氧消化的影响。

## 二、实验原理

厌氧消化可用于处理有机污泥和高浓度有机废水(如柠檬酸废水，制浆造纸废水，含硫酸盐废水等)，是污水和污泥处理的主要方法之一。

厌氧消化过程受 pH、碱度，温度、负荷率等因素的影响，产气量与操作条件、污染物种类有关。进行消化设计前，一般都要经过实验室实验来确定该废水是否适合于消化处理，能降解到什么程度，消化池可能成熟的负荷以及产气量等有关设计参数。因此掌握厌氧消化试验方法是很重要的。

厌氧消化过程是在无氧条件下，利用兼性细菌和专性厌氧细菌来降解有机物的处理过程，其终点产物和好氧处理不同，碳素大部分转化成甲烷，氮素转化成氨和氮，硫素转化为硫化氢，中间产物除同化合成为细菌物质外，还合成为复杂而稳定的腐殖质。

对于厌氧消化过程的具体机制有不同的理解，存在着二阶段理论、三阶段理论和四阶段理论。这里介绍一下三阶段理论，第一阶段是水解酸化阶段，固态和高分子有机物在胞外酶作用下进行水解，被分解为小分子溶解性有机物，一般情况下水解的速度很快。小分子溶解性有机物进而在产酸菌的作用下转变成挥发性脂肪酸，醇类，乳酸等简单有机物。第二阶段是产氢产乙酸阶段，上述产物被进一步转化为乙酸、$H_2$、碳酸及新细胞物质。由于产酸菌繁殖速度快，世代时间短，反应速率快。如果污水或污泥中含有硫酸盐，另一组细菌——脱硫孤菌就利用有机物和硫酸根合成新的细胞，产生 $H_2S$、$CO_2$，在进行甲烷发酵前就代谢掉许多有机物，使甲烷产量降低。第三阶段是产甲烷阶段，乙酸、$H_2$、碳酸、甲酸和甲醇等在产甲烷菌作用下被转化为甲烷，二氧化碳和新细胞物质。甲烷细菌由甲烷杆菌、甲烷孤菌等绝对厌氧细菌组成。由于甲烷菌繁殖速度慢，世代周期长，所以这一反应步骤是整个厌氧消化过程的控制阶段。

在进行厌氧消化试验时应保证有机酸和甲烷的速度保持平衡，消化才能正常进行。为建立这一平衡，试验时应注意下述试验条件：

1. 绝对厌氧

由于甲烷细菌是专性厌氧细菌，试验装置(或生产性设备)应保证绝对厌氧条件。

2. pH

实验系统的 pH 控制在 6.2～7.5，碱度维持在 1000～5000 mg/L($CaCO_3$)当 pH<6.2 时，实验系统内可以投加碳酸氢钠调节碱度，生产设备中则可投加石灰调节碱度。

3. 营养

兼性细菌、厌氧细菌与好氧细菌一样，需要氮、磷等营养元素以及各种微量元素，厌氧消化过程中氮、磷的投加量可按 $BOD_5$ ∶N∶P＝100∶1∶0.2 进行投加。如果试验污水或污泥含氮量不够，可以投加氯化铵作为氮源，但不能投加硫酸铵，因为脱硫孤菌会利用硫酸铵产生 $H_2S$、$CO_2$ 及合成细胞，降低 $CH_4$ 的产量。

4. 温度

有机物厌氧稳定所需要的时间受温度影响，一般认为高温消化最适宜温度为 49～57℃，中温消化最适宜温度为 30～35℃(图 1)。

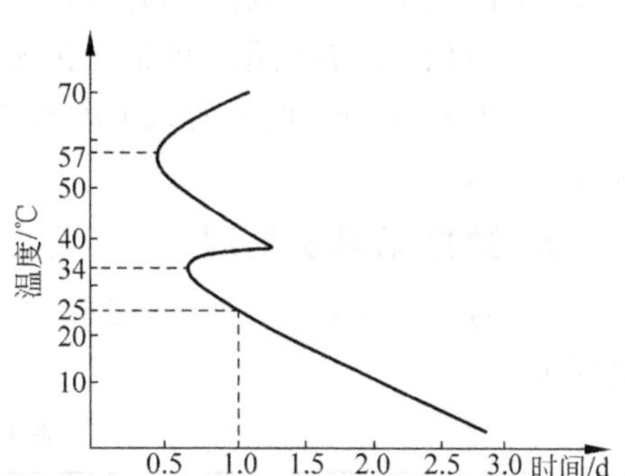


图 1 温度对城市污水厂初沉池污泥厌氧稳定要求相对时间的影响

(假定污泥在 25℃时厌氧稳定所需要时间为“1 d”)

5. 混合

适当混合使厌氧细菌与有机物充分接触，是厌氧消化正常进行的必要条件。在实验室，间歇进料厌氧消化实验，在温度为 35℃时，每日混合 1～2 次即可。

6. 水力停留时间

污水或污泥在厌氧消化设备中的停留时间以不引起厌氧细菌流失为准，它与操作方式有关。当温度为 35℃时，对于间歇进料的实验，水力停留时间为 5～7 d。

7. 有毒物质

与好氧处理相同，有毒物质会影响或破坏厌氧消化过程。例如重金属、$HS^-$、$NH_3$、碱与碱土金属($Na^+$、$K^+$、$Ca^{2+}$、$Mg^{2+}$)等都会影响厌氧消化。

厌氧消化实验可以用污水、污泥、马粪等进行试验，也可以用已知成分的化学药品如醋酸、醋酸钠、谷氨酸等进行试验。本实验是在 35℃条件下，采用谷氨酸钠和磷酸氢二钾配置成的合成污水进行实验。

本实验采用间歇进料方式，进行厌氧消化研究时，一般都采用连续进料的形式。

## 三、实验仪器和试剂

1. 仪器

厌氧消化装置(图 2)：消化瓶的瓶塞，出气管以及接头处都必须密闭，防止漏气，否则会影响微生物的生长和所产沼气的收集。恒温水浴槽；COD 测定装置；酸度计。

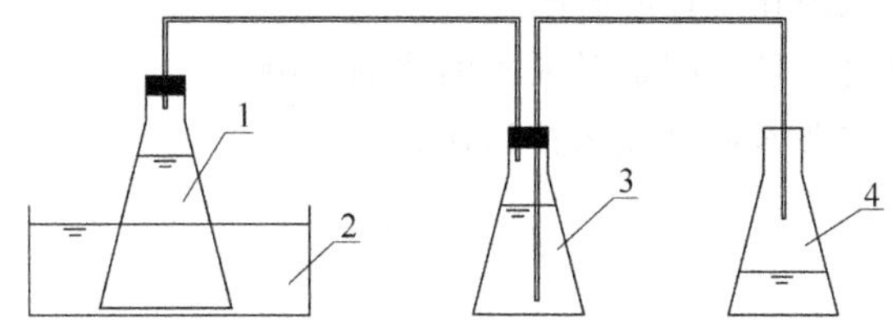


图 2 厌氧消化实验装置

1—消化瓶；2—恒温水浴箱；3—集气瓶；4—计量瓶

2. 试剂

已经培养驯化好的厌氧污泥；模拟工业废水(采用人工配制的甲醇废水)。

## 四、实验步骤

(1) 配置甲醇废水 400 mL 备用，甲醇废水配比如下：甲醇 2%，乙醇 0.2%，$NH_4Cl$ 0.05%，甲酸钠 0.5%，$KH_2PO_4$ 0.025%，pH=7.0～7.5。

(2) 消化瓶内有驯化好的消化污泥混合液 400 mL，从消化瓶中倒出 50 mL 消化液。

(3) 加入 50 mL 配置的人工废水，摇匀后盖紧瓶塞，将消化瓶放进恒温水浴槽中，控制温度在 35℃左右。

## 五、数据记录及处理

(1) 每隔 2 h 摇动一次，并记录产气量，共记录 5 次，填入表 1。产气量的计量采用排水集气法。

表 1 沼气产量记录表

| 时间/h | 0 | 2 | 4 | 6 | 8 | 10 | 2 h 总产气量 |
|---|---|---|---|---|---|---|---|
| 沼气产量/mL | | | | | | | |

(2) 24 h 后取样分析出水的 pH 和 COD，同时分析进水时的 pH 和 COD 填入表 2 中。

表 2 厌氧消化反应实验记录表

| 日期 | 投配率 | 进水 | | 出水 | | COD 去除率/% | 沼气产量/mL |
|---|---|---|---|---|---|---|---|
| | | pH | COD/(mg/L) | pH | COD/(mg/L) | | |
| | | | | | | | |
| | | | | | | | |
| | | | | | | | |
| | | | | | | | |

## 六、思考题

(1) 绘制一天内甲烷产量的变化曲线，并分析其原因。

(2) 绘制消化瓶稳定运行后，甲烷产量曲线和 COD 去除曲线。

(3) 分析哪些因素会对厌氧消化产生影响，如何使厌氧消化顺利进行。

(4) 试述泥龄对厌氧消化处理的影响。

(5) 根据实验结果讨论环境因素对厌氧消化的影响。

(6) 消化池设计的主要参数是什么？为什么？

# 实验十八　曝气生物滤池对污水的生物处理

## 一、实验目的

(1) 了解并掌握曝气生物滤池(BAF)的基本原理、基本工艺过程。

(2) 了解 BAF 反应器处理有机废水时不同颗粒填料、不同水力停留时间以及不同气水比对有机物处理效果的影响。

## 二、实验原理

曝气生物滤池是在 20 世纪 80 年代末 90 年代初在普通生物滤池的基础上,并借鉴给水滤池工艺而开发的污水处理新工艺,最初用于污水的三级处理,后发展成直接用于二级处理。自 80 年代在欧洲建成第一座曝气生物滤池污水处理厂后,目前世界上已有数千座该工艺的污水处理厂。这种集生物降解、固液分离于一体的污水处理工艺,是生物接触氧化工艺与过滤工艺的有机结合,即将生物接触氧化与过滤结合在一起,不设沉淀池,通过反冲洗再生实现滤池的周期运行,可以保持接触氧化的高效性,同时又可以获得良好的出水水质。

曝气生物滤池是一种附着生长系统。滤池内部装填高孔隙率、高比表面积、高硬度、抗磨损的粒状滤料,滤料表面生长有生物膜,池底提供曝气,污水流过滤床时,污染物首先被过滤和吸附,进而被滤料表面的微生物氧化分解。曝气生物滤池有上向流和下向流两种主要的反应类型,下向流系统的进水从池的顶部进入,与空气的运行方向相反,有利于提高充氧效率;上向流系统的进水从池的底部进入,顶部被清水覆盖,可以避免由于曝气所产生的气味。填料有比水重的粒状填料、比水轻的粒状填料和结构性填料 3 种,粒状填料粒径为 2～8 mm,要求具有高比表面积、高孔隙率、低密度、高硬度、抗磨损和化学惰性。曝气生物滤池运行过程中,滤层中会产生污泥的积累,需要定期利用处理水反冲洗,反冲洗通常在进水流量较低时保运行,一般为气水同时反冲洗。为减少反冲洗次数,必须设置初沉池等预处理工艺。

曝气生物滤池技术具有如下特点:

(1) 出水水质好,可用于三级处理。使处理出水 BODs、SS、$NH_3$-N 分别达到 10 mg/L、10 mg/L、1 mg/L。

(2) 微生物不易流失,对有毒有害物质适应性强,运行可靠性高,抗冲击负荷能力强。

(3) 容积负荷高,不需要二沉池和污泥回流系统,占地面积可减少到常规处理工艺的 1/10～1/5。

(4) 需定期反冲洗,反冲水量较大,且运行方式复杂,但易于实现自控。

曝气生物滤池的主要缺点:

(1) 对进水的 SS 要求较高,需要采用对 SS 有较高处理效果的预处理工艺,且进水浓度不能太高,否则易引起滤料结团、堵塞。

(2) 水头损失较大,加上大部分都建于地面以上,进水提升水头较大。

(3) 反冲洗是决定滤池运行的关键因素之一,滤料冲洗不充分,可能出现结团现象,导致工艺运行失效。操作中,反冲洗出水回流入初沉池,对初沉池有较大的冲击负荷。此外,设计或运行管理不当会造成滤料随水流失等问题。

(4) 污泥产量略大于活性污泥法,污泥稳定性稍差。

该技术的应用于水体富营养化、城市污水、小区生活污水、生活杂排水和食品加工废水、酿造和造纸等高浓度废水处理,同时也可进行中水处理。

## 三、实验仪器和试剂

1. 实验装置

实验装置如图1所示。

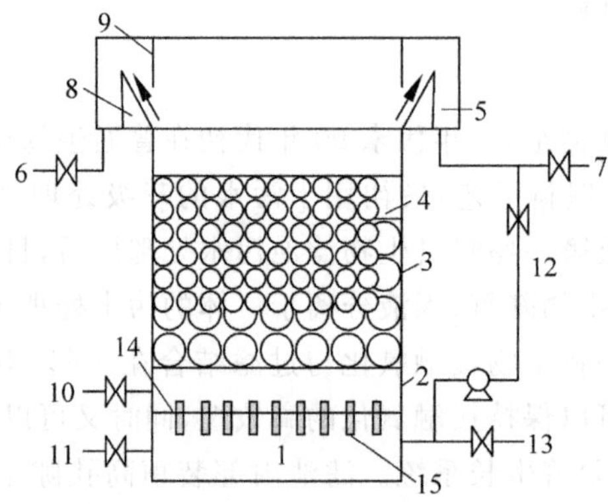


图1 上向流曝气生物池(典型)构造图

1—缓冲配水区;2—承托层;3—滤料层;4—出水区;5—出水槽;6—反冲洗排水管;7—净化水排出管;8—斜板沉淀区;9—栅型稳流板;10—曝气管;11—反冲洗供气管;12—反冲洗供水管;13—滤池进水管;14—滤料支撑板;15—长柄滤头

2. 仪器

反应器(120 cm×50 cm)。

3. 填料

陶粒。

## 四、实验步骤

1. 实验准备

检查反应器各接口处是否漏水,液体流量计是否好用,曝气设备是否正常,原水槽中水量是否足够。

2. 正常操作

(1) 打开液体流量控制阀门,接通水泵电源,调节流量计的流量使进水流量在实验指定范围内。

(2) 接上鼓风机的电源,向反应器内曝气。

(3) 仔细观察设备运行情况,出现异常及时处理。

3. 关闭

断开鼓风机电源,关闭水泵电源和液体流量计阀门。

4. 采样方法

原水及出水采样从采样口直接接取即可。

5. 测试项目

测试反应器进出水 COD、TP、$NH_3$-N 浓度。

## 五、数据记录及处理

1. 计算公式

(1) 过滤速率：

$$V=\frac{Q}{A} \tag{1}$$

(2) 曝气速率：

$$V_{气}=\frac{Q_{气}}{A} \tag{2}$$

(3) 容积负荷：

$$N_{\mathrm{V}}=\frac{QC_{进水}}{V_{滤层}} \tag{3}$$

(4) 有机污染物去除率：

$$n=\frac{C_{进水}-C_{出水}}{C_{出水}}\times 100\% \tag{4}$$

式中：$Q$ 为进水流量，$m^3/h$；$Q_{气}$ 为曝气量，$m^3/h$；$A$ 为滤池表面积，$m^2$；$V$ 为过滤速率，$m^3/(m^2 \cdot h)$；$V_{气}$ 为曝气速率，$m^3/(m^2 \cdot h)$；$V_{滤层}$ 为滤层体积，$m^3$；$C_{进水}$、$C_{出水}$ 分别为进水、出水 COD 浓度，mg/L。

2. 实验数据记录(表 1)

**表 1　反应器测试项目记最表**

| 测定次数 | 1 | 2 | 3 | 4 | 5 |
|---|---|---|---|---|---|
| 反应器过滤面积/$m^2$ | | | | | |
| 滤层高度/m | | | | | |
| 进水流量/($m^3$/h) | | | | | |
| 曝气量/($m^3$/h) | | | | | |
| 进水 COD/(mg/L) | | | | | |
| 出水 COD/(mg/L) | | | | | |
| 过滤速率/[$m^3/(m^2 \cdot h)$] | | | | | |
| 曝气速率/[$m^3/(m^2 \cdot h)$] | | | | | |
| 容积负荷/[kg(COD)/($m^3 \cdot d$)] | | | | | |
| COD 去除率/% | | | | | |
| 进水 TP/(mg/L) | | | | | |
| 出水 TP/(mg/L) | | | | | |
| TP 去除率/% | | | | | |
| 进水 $NH_3$-N/(mg/L) | | | | | |
| 出水 $NH_3$-N/(mg/L) | | | | | |
| $NH_3$-N 去除率/% | | | | | |

## 六、思考题

(1) 通过实验数据的采集与处理，绘图描述该处理过程及效率。

(2) 各参数之间的有怎样的制约关系，及其对处理效率有怎样的影响？

# 实验十九　混凝实验

## 一、实验目的

(1) 观察混凝现象及过程,加深对混凝机理的理解,了解混凝效果的影响因素。

(2) 掌握混凝烧杯搅拌实验的方法和一般步骤。

(3) 学会确定一般水体最佳混凝条件的基本方法,包括投药量、pH 和速度梯度。

## 二、实验原理

水中粒径小的悬浮物以及胶体物质,由于微粒的布朗运动,胶体颗粒间的静电斥力和胶体的表面作用,致使水中这种浑浊状态稳定。混凝是通过向水中投加药剂使胶体物质脱稳并聚集成较大的颗粒,以使其在后续的沉淀过程中分离或在过滤过程中能被截除。在天然水体中,胶体颗粒带有一定电荷,它们之间的电斥力是胶体稳定性的主要因素。胶体表面的电荷值常用电动电位 $\xi$ 表示,又称为 Zeta 电位。Zeta 电位的高低决定了胶体颗粒之间斥力大小和影响范围。一般天然水体中胶体颗粒 Zeta 电位约在 −30 mV 以上,投加混凝剂后,只要该电位降到 −15 mV 左右即可得到较好的混凝效果。相反,当 Zeta 电位降到 0,往往不是最佳混凝状态。

化学混凝的处理对象主要是废水中的微小悬浮物和胶体物质。根据胶体的特性,在废水处理过程中通常采用投加电解质、不同电荷的胶体或高分子等方法破坏胶体的稳定性,然后通过沉淀分离,达到废水净化效果的目的。关于化学混凝的机制主要有以下 3 种解释。

### 1. 压缩双电层机制

当两个胶粒相互接近以至双电层发生重叠时,就产生静电斥力。加入的反离子与扩散层原有反离子之间的静电斥力将部分反离子挤压到吸附层中,从而使扩散层厚度减小。由于扩散层减薄,颗粒相撞时的距离减少,相互间的吸引力变大。颗粒间排斥力与吸引力的合力由斥力为主变为以引力为主,颗粒就能相互凝聚。

### 2. 吸附架桥机制

吸附架桥作用是指链状高分子聚合物在静电引力、范德华力和氢键力等作用下,通过活性部位与胶粒和细微悬浮物等发生吸附桥连的现象。

### 3. 沉淀物网捕机制

当采用铝盐或铁盐等高价金属盐类作凝聚剂时,当投加量很大形成大量的金属氢氧化物沉淀时,可以网捕、集卷水中的胶粒,水中的胶粒以这些沉淀物为核心产生沉淀。这基本上是一种机械作用。

向水中投加混凝剂后,一方面能降低颗粒间的排斥能峰,降低胶粒的电位,实现胶粒"脱稳",另一方面也能发生高聚物式高分子混凝剂的吸附架桥作用,还有网捕作用,而达到颗粒的凝聚。

消除或降低胶体颗粒稳定因素的过程叫作脱稳。脱稳后的胶粒,在一定的水力条件下,才能形成较大的絮凝体,俗称矾花。直径较大且较密实的矾花容易下沉。自投加混凝剂直至形成较大矾花的过程叫作混凝。在混凝过程中,上述现象常不是单独存在的,往往同时存在，只是在一定情况下以某种现象为主。

投加混凝剂的多少，直接影响混凝效果。由于水质是千变万化的，最佳的投药量也是各不相同的，必须通过实验才能确定。在水体中投加混凝剂，如 $Al_2(SO_4)_3$、$FeCl_3$，经过水解反应后生成的 Al（Ⅲ）、Fe（Ⅲ）化合物对胶体脱稳的效果不仅受到投加混凝剂量、水中胶体颗粒的浓度、水温的影响、还受水的 pH 影响，如果 pH 过低（小于 4），则混凝效果水解受到限制，形成的化合物中很少有高分子物质存在，絮凝作用较差；如果 pH 过高（大于 9），会出现溶解现象，生成带负电荷的络合离子，也不能很好地发挥絮凝作用。水的混凝现象及过程比较复杂，混凝的机制随着所采用混凝剂品种、水质条件、投加量、胶体颗粒的性质以及介质环境等因素的不同，一般分为压缩双电层、吸附电中和作用、吸附架桥作用、网捕作用，上述 4 种混凝机制在水处理过程中不是各自孤立的现象，而往往是同时存在的，只不过随不同的药剂种类、投加量和水质条件而发挥作用程度不同，以某一种作用机制为主。对于水处理中常用的高分子混凝剂来说，主要以吸附架桥机制为主；而无机的金属盐混凝剂则电性中和和吸附架桥作用同时存在；当投量很多时，还会有网捕作用。

在投加了混凝剂的天然水中，胶体颗粒脱稳后相互聚结，逐渐变成大的絮凝体，这时，水流速度梯度 $G$ 的大小起着主要的作用。在混凝搅拌实验中，根据碰撞能量的来源不同，可采用式(1)和式(2)来计算 $G$ 值。

机械搅拌：

$$G=\sqrt{\frac{P}{\mu}} \tag{1}$$

式中：$P$ 为单位体积流体所耗功率，$W/m^3$；$\mu$ 为水的动力黏滞系数，可查表。

水力搅拌：

$$G=\sqrt{\frac{\rho g h}{T\mu}}=\sqrt{\frac{gh}{\nu T}} \tag{2}$$

式中：$\nu$ 为水的运动黏度，$m^2/s$；$h$ 为经混凝设备的水力损失，m；$T$ 为水流在混凝设备中的停留时间，s；$g$ 为重力加速度，$m/s^2$。

从混凝剂与水混合到絮体形成是整个混凝工艺的全过程。根据所发生的作用不同，混凝分为混合和絮凝两个阶段，分别在不同的构筑物或设备中完成。

在混合阶段，以胶体的异向凝聚为主，要使药剂迅速均匀地分布到水中以利于水解、聚合及脱稳。这个阶段进行得很快，特别是 $Al^{3+}$、$Fe^{3+}$ 盐混凝剂，所以必须对水流进行强烈、快速的搅拌。要求的控制指标为：混合时间 10～30 s，一般不超过 2 min；搅拌强度以 $G$ 值表示，控制在 700～1000 $s^{-1}$。

在絮凝阶段，主要以同向絮凝（以水力或机械搅拌促使颗粒碰撞絮凝）为主。同向絮凝效果与速度梯度 $G$ 和絮凝时间 $T$ 有关。由于此时絮体已经长大，易破碎，所以 $G$ 值比前一阶段减小，即搅拌强度或水流速度应逐步降低。

## 三、实验仪器和试剂

1. 仪器

六联搅拌仪 1 台；光电浊度仪 1 台；酸度计 1 台；温度计 1 支；1000 mL 烧杯 6 个；250 mL 烧杯 6 个；1000 mL 量筒 1 个；1 mL 移液管 2 支；2 mL 移液管 1 支；5 mL 移液管 1 支；50 mL 注射针筒 4 支。

2. 试剂

浓度 10 g/L 的硫酸铝溶液；浓度 10 g/L 的三氯化铁溶液；浓度 10 g/L 的聚合氯化铝[$Al_2(OH)_m Cl_{6-m}$]；浓度10%的盐酸溶液；浓度10%的氢氧化钠溶液。

## 四、实验步骤

本实验内容分为最佳投药量、最佳 pH、最佳水流速度梯度 3 部分。在进行最佳投药量实验时，先选定一种搅拌速度变化方式和 pH，求出最佳投药量。然后，按照最佳投药量求出混凝剂最佳 pH。最后，根据最佳投药量和最佳 pH，求出最佳的速度梯度。

1. 最佳投药量的确定

(1) 在 6 个 1000 mL 的烧杯中分别加入 1000 mL 原水，置于实验用搅拌仪平台上，使搅拌叶片位于烧杯正中，注意保持各烧杯中叶片的位置相同。

(2) 分别测定原水水样的温度、浊度和 pH 并记录。如果有条件还可测定其 $\zeta$ 电位或胶体颗粒数目。

(3) 初步确定水样中能形成矾花的近似最小混凝剂用量。方法如下：在另外一烧杯中，装入 200 mL 原水，慢慢搅动烧杯中的水样，并且每次增加 0.5 mL 的混凝剂投加量，直至出现矾花为止，这时的混凝剂投加量为形成矾花的最小投加量。

(4) 确定实验时的混凝剂投加量。方法如下：分别向 6 个烧杯中投加混凝剂，使它们的浓度变化接近最小混凝剂投加量的 25%～200%。也可以根据原水的浊度，参考经验数据确定投加量范围。

(5) 熟悉搅拌器的操作，按要求调整搅拌器的运行参数。①混合搅拌转速：100～160 r/min；②混合时间：1～3 min，可取 2 min；③絮凝搅拌转速：20～40 r/min(太快会打碎矾花，太慢会使矾化沉淀)；④絮凝时间：10～30 min，可取 15 min。把选择好的转速和时间在调节器上预设好，检查确定水样已配制好后准备开始实验。

(6) 按混合搅拌速度开动搅拌机，当预定的混合时间到达后，立即按预定的絮凝搅拌速度，降低搅拌机转速。在预定的絮凝时间到达后，关闭搅拌机。注意记录过程中各矾花出现的时间及矾花尺寸、松散程度等现象。

(7) 轻轻将搅拌叶片从烧杯中提出，注意不要扰动水样，静止沉淀 20 min，注意观察记录各烧杯中矾花沉降情况。

(8) 沉淀时间到达后分别从各烧杯中用 50 mL 注射针筒取其上清液(澄清水样)共 100 mL 左右(可分 3 次取)于 200 mL 烧杯中，测定各自的剩余浊度并记录(每杯水样测定 3 次)。根据结果确定最佳混凝剂投药量。

2. 最佳 pH 确定

(1) 将 6 个 1000 mL 的烧杯中分别加入 1000 mL 原水(与确定最佳投药量所用水样相同)。

(2) 分别测定原水水样的温度、浊度和 pH 并记录。如果有条件还可测定其 $\zeta$ 电位或胶体颗粒数目。

(3) 调整原水 pH，使其分别呈不同的酸碱度。用移液管分别取不同量的酸、碱溶液加入 6 个烧杯中使其 pH 分别为 2、4、6、8、10、12。

(4) 将调节好的 6 个 1000 mL 的烧杯置于实验用搅拌机平台上，使搅拌叶片位于烧杯正中，注意保持各烧杯中叶片的位置相同。

(5) 分别选择好混合转速和时间及絮凝搅拌转速和时间。①混合搅拌转速：100～

160 r/min；②混合时间：1～3 min，可取 2 min；③絮凝搅拌转速：20～40 r/min（太快会打碎矾花，太慢会使矾化沉淀）；④絮凝时间：10～30 min，可取 15 min。

（6）用移液管向 4 个烧杯中加入相同数量的混凝剂（投加量应是按照上一步骤确定的混凝剂最佳投加量），按混合搅拌速度开动搅拌机，当预定的混合时间到达后，立即按预定的絮凝搅拌速度，降低搅拌机转速。在预定的絮凝时间到达后，关闭搅拌机。

（7）轻轻将搅拌叶片从烧杯中提出，注意不要扰动水样，静止沉淀 20 min，注意观察记录各烧杯中矾花沉降情况。

（8）沉淀时间到达后分别从各烧杯中用 50 mL 注射针筒取其上清液（澄清水样）共 100 mL 左右（可分 3 次取）于 200 mL 烧杯中，测定各自的剩余浊度并记录（每杯水样测定 3 次）和 pH 并记录。

3. 混凝阶段最佳速度梯度确定

（1）按照最佳 pH 实验和最佳投药量实验所得出的最佳混凝 pH 和投药量，分别向 6 个装有 1000 mL 水样的烧杯中加入相同剂量的盐酸（HCl）[或氢氧化钠（NaOH）溶液]和混凝剂，置于实验搅拌机平台上。

（2）启动搅拌机快速搅拌 1 min，转速约 300 r/min。随即把其中 5 个烧杯移到别的搅拌机上，1 号烧杯继续以 20 r/min 转速搅拌 20 min。其他各烧杯分别用转速为 55 r/min、90 r/min、125 r/min、160 r/min、200 r/min 搅拌 20 min。

（3）关闭搅拌机，静置 10 min，分别用 50 mL 注射针筒抽出烧杯中的上清液（共抽 3 次约 100 mL）放入 200 mL 烧杯中，立即用浊度仪测定浊度（每杯水样测定 3 次），并记录。

（4）测量搅拌桨尺寸。

## 五、数据记录及处理

1. 最佳投药量实验结果整理

（1）把原水特征、混凝剂投加情况、沉降后的剩余浊度记录于表 1 中。

（2）以上清液的浊度为纵坐标、混凝剂投加量为横坐标，绘出剩余浊度与混凝剂投加量关系曲线，并从图上求出最佳混凝剂投加量。

**表 1　最佳混凝剂投加量实验记录**

第____小组　姓名________　　实验日期__________

水样名称________　　原水水温____℃　　浊度____度　　pH____

原水胶体颗粒 Zeta 电位________mV　　使用混凝剂种类及浓度________

| 水样编号 | | 1 | 2 | 3 | 4 | 5 | 6 |
|---|---|---|---|---|---|---|---|
| 混凝剂投加量/(mg/L) | | | | | | | |
| 矾花形成时间/min | | | | | | | |
| 剩余水浊度/度 | 1 | | | | | | |
| | 2 | | | | | | |
| | 3 | | | | | | |
| | 平均 | | | | | | |
| 备注 | 1 | 快速搅拌　min | | | 转速　r/min | | |
| | 2 | 慢速搅拌　min | | | 转速　r/min | | |
| | 3 | 沉淀时间　min | | | | | |

2. 最佳 pH 实验结果整理

(1) 把原水特征、混凝剂投加量、酸碱投加情况、沉淀后的剩余浊度记录于表 2 中。

(2) 以上清液的浊度为纵坐标、水样 pH 为横坐标,绘出剩余浊度与 pH 关系曲线,并从图上求出所投加混凝剂量的混凝最佳 pH 及其适用范围。

**表 2 最佳 pH 实验记录**

第____小组 姓名________ 实验日期________

水样名称________ 原水水温____℃ 浊度____度 pH____

原水胶体颗粒 Zeta 电位________mV 使用混凝剂种类及浓度________

| 水样编号 | | 1 | 2 | 3 | 4 | 5 | 6 |
|---|---|---|---|---|---|---|---|
| HCl 投加量/mL | | | | | | | |
| NaOH 投加量/mL | | | | | | | |
| pH | | | | | | | |
| 混凝剂投加量/mL | | | | | | | |
| 剩余水浊度/度 | 1 | | | | | | |
| | 2 | | | | | | |
| | 3 | | | | | | |
| | 平均 | | | | | | |
| 备注 | 1 | 快速搅拌 | | min | | 转速 | r/min |
| | 2 | 慢速搅拌 | | min | | 转速 | r/min |
| | 3 | 沉淀时间 | | min | | | |

3. 混凝阶段最佳速度梯度实验结果整理

(1) 把原水特征、混凝剂投加量、pH、搅拌速率记录入表 3 中。

**表 3 最佳混凝剂投加量实验记录**

第____小组 姓名________ 实验日期________

水样名称________ 原水水温____℃ 浊度____度 pH____

原水胶体颗粒 Zeta 电位________mV 使用混凝剂种类及浓度________

| 水样编号 | | 1 | 2 | 3 | 4 | 5 | 6 |
|---|---|---|---|---|---|---|---|
| 混凝剂投加量/(mg/L) | | | | | | | |
| 矾花形成时间/min | | | | | | | |
| 快速搅拌 | 速度/(r/min) | | | | | | |
| | 时间/min | | | | | | |
| | 速度/(r/min) | | | | | | |
| | 时间/min | | | | | | |
| 速度梯度 *G* 值 | 快速 | | | | | | |
| | 慢速 | | | | | | |
| | 平均 | | | | | | |
| 上清液浊度/度 | 1 | | | | | | |
| | 2 | | | | | | |
| | 3 | | | | | | |
| | 平均 | | | | | | |

(2) 以上清液浊度为纵坐标、速度梯度 $G$ 值为横坐标绘出浊度与 $G$ 关系曲线，从曲线总求出与最佳混凝剂投加量适宜的 $G$ 值范围。

## 六、注意事项

(1) 混凝现象的记录：包括各烧杯中矾花出现的时间(以投药或絮凝反应开始的时间为标准)及停止搅拌时矾花粒度的描述。如矾花过细或分辨不清时，可用“雾状”“中等粒度”“密实”“松散”或“无矾花”等做适当的描述。

(2) 如果由一组实验结果得不出最佳的 pH 及混凝剂用量，应通过实验结果分析对混凝剂用量或 pH 的变化作出结论，或者进行另一组混凝实验。

(3) 混凝一般分慢速搅拌和快速搅拌阶段，其搅拌速度和搅拌时间可根据实验自行确定。

(4) 实验过程中需记录水样的名称及浊度、pH、温度等参数，同时记录所使用混凝剂或助凝剂的种类和浓度以及混凝时的水流速度梯度等。

(5) 水样的浊度应取多次测量的平均值。

(6) 在最佳 pH 实验中，用来测定 pH 的水样，仍倒入原烧杯中。

(7) 在测定水的浊度用注射管抽吸上清液时，不要扰动底部沉淀物。同时，各烧杯抽吸的时间间隔应尽量减小。

(8) 在最佳投药量、最佳 pH 实验中，向各烧杯投加药剂时要求同时投加，避免因时间间隔较长各水样加药后反应时间长短相差太大，混凝效果悬殊。

## 七、思考题

(1) 根据实验结果以及实验观察到的现象，简述影响混凝的几个主要因素。

(2) 为什么最大投药量时，混凝效果不一定好？过量的混凝剂混凝效果是否更好？

(3) 根据最佳投药量实验曲线，分析沉淀水浊度与混凝剂投加量的关系。

(4) 实验过程中为什么要调整转速？为什么混合过程时间短反应过程反而长？

# 实验二十　离子交换软化实验

## 一、实验目的

(1) 加深对离子交换基本理论的理解。

(2) 学会交换设备操作方法。

## 二、实验原理

离子交换树脂是由空间网状结构骨架(母体)与附着在骨架上的众多活性基团构成的不溶性高分子化合物,属于有机离子交换剂的一种。离子交换工艺就是利用不溶性的电解质(树脂)所携带的可交换基团与溶液中的另一种电解质进行化学反应。由于不同类型的树脂与不同的阴阳离子的亲和力的不同,因此利用离子交换树脂工艺可以选择性的去除水中的离子。对软化来说,就是利用一些特制的离子交换剂所具有的可交换基团(钠离子、氢离子等)与水中的钙、镁离子进行交换反应,从而达到去除硬度的目的。

离子交换反应与其他反应一样遵守质量作用定律和当量定律。交换运行达到饱和的树脂需要进行再生处理以保证连续运行。离子交换反应的实用价值就在于其为可逆反应,即树脂离子交换达到饱和后可以利用逆反应进行再生,将树脂所吸附的离子用再生药剂置换下来,代之以需要的可交换基团。树脂的再生是利用交换的可逆反应,通过提供高浓度再生液,改变溶液相离子总浓度进而改变交换反应方向达到洗脱树脂上所交换的离子,恢复交换能力的目的。饱和后的树脂可以通过再生恢复交换能力,反复使用。所以,离子交换反应存在一个反应平衡,平衡向哪一个方向移动取决于所给条件,也决定了交换是否能够顺利进行。

水中各种无机盐类经电离生成阳离子和阴离子,经过氢型离子交换树脂时,水中的阳离子被氢离子所取代,形成酸性水,酸性水经过氢氧型离子交换树脂时,水中的阴离子被氢氧根离子所取代,进入水中的氢离子与氢氧根离子组成水分子($H_2O$),从而达到去除水中无机盐类的目的。氢型树脂失效后,用盐酸(HCl)或硫酸($H_2SO_4$)再生,氢氧型树脂失效后用烧碱(NaOH)液再生。对钠离子树脂再生一般采用食盐溶液。

以氯化钠(NaCl)代表水中无机盐类,水质除盐的基本反应式如下:

(1) 氢离子交换:

$$\text{交换:}RH + NaCl \longrightarrow RNa + HCl$$

$$\text{再生:}2RNa + 2HCl/H_2SO_4 \longrightarrow 2RH + 2NaCl/Na_2SO_4$$

(2) 氢氧根离子交换:

$$\text{交换:}ROH + HCl \longrightarrow RCl + H_2O$$

$$\text{再生:}RCl + NaOH \longrightarrow ROH + NaCl$$

离子交换法是处理电子、医药、化工等工业用水的普通方法。它可以去除或交换水中溶解的无机盐,去除水中硬度碱度和制取无离子水。在应用离子交换法进行水处理时,需要根据离子交换树脂的性能设计离子交换设备,决定交换设备的运行周期和再生处理。

应用离子交换进行软化时,通常都将离子交换树脂装填在一个反应柱内,原水按一定方向流经柱内树脂层，进行交换反应。当原水中只有一种主要待交换离子时，原水由上向下流经柱内树脂层，水中离子先与上部树脂层中的离子进行交换，直到形成一定厚度的交换工作带。随着反应的连续进行，此反应带逐渐向下移动，当交换带的下沿到达交换柱的底部时，待交换离子开始泄漏。此时，交换柱上层为树脂基本饱和的饱和层，最底部为与交换带厚度基本相同的保护层，保护层中的树脂只部分被利用。

## 三、实验仪器和试剂

1. 仪器

除盐装置 1 套(图 1)；酸度计 1 台；电导仪 1 台；测硬度所需用品；100 mL 量筒 1 个；秒表 1 个(控制再生液流量用)；2 m 钢卷尺 1 个；温度计 1 支。

2. 试剂

工业盐酸(HCl 含量≥31%)几千克；固体烧碱(NaOH 含量≥95%)几百克。

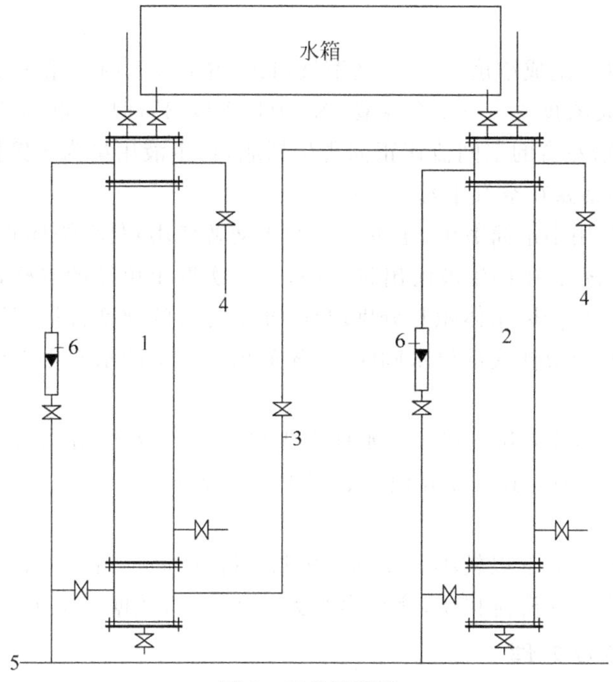


图 1　工艺流程图

1—阳离子交换柱；2—阴离子交换柱；3—离子交换柱进水管与反冲洗排水管；4—阳离子交换柱放空管；5—离子交换柱进水管；6—转子流量计

## 四、实验步骤

1. 软化实验

(1) 取一定体积待软化水样(原水)，测定其硬度并记录。

(2) 打开高位水箱阀门，使原水自上而下以 20 倍的空间流速通过树脂层(记录时交换流速按实测数据为准)，在交换柱出水用一大量筒计量软化交换出水量并记录。

(3) 交换开始后 20 min 用小量筒量取约 10 mL 软化水(第一个水样)，在所取水样中加铬黑 T 指示剂 1 滴，如果溶液变蓝色，则继续交换(注意水样倒入计量交换水量的大量筒内)。

(4) 以后每隔 5 min 以同样方法取一个水样，在每次所取水样中加铬黑 T 指示剂 1 滴，直至加入指示剂后溶液呈蓝紫色，说明已经发生硬度泄漏，立即用 1 个单独的量筒（注意：该量筒用软水清洗）接取 25 mL 出水后，关闭进水，停止交换。

(5) 将最后所取 25 mL 交换出的水样倒入 1 个用软化水清洗过的烧杯中，测定其硬度并记录。

(6) 记下从交换开始至结束（发生硬度泄漏）时所处理的水量，实验数据记录于表 2 中。

注意：不要忘记加上每次所取水样的体积。

2. 树脂反冲洗

(1) 打开反冲洗阀门，用自来水对树脂自下而上进行反冲洗。

注意：控制进水流速，先赶走交换柱内树脂的气泡，逐步加大流速以不跑树脂为限度，洗至出水较清为止（3～4 min）。

(2) 反洗结束前在树脂面上留出 1 cm 高水封，数据记录于表 3 中。

3. 树脂再生

(1) 用盐酸（HCl）配成浓度 2%～3%溶液（HCl 浓度 3%时比重为 1.018），装入定量投 HCl 液瓶；烧碱配成浓度 2%～3%溶液（NaOH 浓度 3%时比重为 1.032）装入定量投 NaOH 液瓶。以 4 倍左右的空间流速正向再生树脂，再生液用量为 3 倍树脂体积，直至流尽（但注意不能让树脂暴露在空气中）。

(2) 准备好取样用小量筒数个（至少 2 个便于交替使用）及小烧杯 6 个。

(3) 洗脱峰的测定：在再生液流出过程中，分 6 次取出单独的水样，即在流出一半以及 1.0、1.5、2.0、2.5、3.0 倍树脂体积时分别取样，测定各自的硬度含量并记录。

注意：开始打开交换柱底部出水阀时，首先放出一定量的水弃之不用（顶出的树脂层空隙的水）

(4) 再生效率的测定：从上述 6 个水样中用移液管各取 2 mL 混合在另一个烧杯中成为一个新的混合水样，测定其硬度并记录数据于表 4、表 6 中。

4. 正洗

(1) 用自来水自上而下以较小流速淋洗树脂，淋洗时间 3 min 左右。

(2) 再改用较大流速淋洗树脂，直至出水无苦味为止，数据记录于表 5、表 7 中。

## 五、数据记录及处理

(1) 熟悉实验装置，搞清楚每条管路、每个阀门的作用；

(2) 测原水温度、硬度、电导率及 pH，测量交换柱内径及树脂层高度，所得数据记入表 1 中。

**表 1　原水水质及实验装置有关数据**

| 原水水质 | | 装置数据 | 交换柱名称 | |
|---|---|---|---|---|
| | | | 阳离子交换柱 | 阴离子交换柱 |
| 温度/℃ | | 树脂名称 | | |
| 硬度（以 $CaCO_3$ 计）/(mg/L) | | 树脂型号 | | |
| 电导率/(μΩ/cm) | | 交换柱内径/cm | | |
| pH | | 树脂层高度/cm | | |

表 2　交换记录

| 运行流速/(m/h) | 运行流量/(L/h) | 运行时间/min | 阳离子交换柱出水硬度(以 $CaCO_3$ 计)/(mg/L) | 阳离子交换柱出水 pH | 阴离子交换柱出水电导率/(μΩ/cm) | 阴离子交换柱出水 pH |
| --- | --- | --- | --- | --- | --- | --- |
| 15 | | | | | | |
| 15 | | | | | | |
| 20 | | | | | | |
| 25 | | | | | | |
| 30 | | | | | | |

表 3　反洗记录

| 反洗流速/(m/h) | | 反洗流量/(L/h) | | 反洗时间/min | |
| --- | --- | --- | --- | --- | --- |
| 阴离子交换柱 | 阳离子交换柱 | 阴离子交换柱 | 阳离子交换柱 | 阴离子交换柱 | 阳离子交换柱 |
| | | | | | |

表 4　阴离子交换柱再生记录

| 再生一次所需固体烧碱用量/kg | 再生一次 NaOH 溶液的用量/L | 再生流速/(m/h) | 再生流量/(mL /s) |
| --- | --- | --- | --- |
| | | | |

表 5　阴离子交换柱清洗记录

| 清洗流速/(m/h) | 清洗流量/(L/h) | 清洗历时/min | 出水电导率/(μΩ/cm) |
| --- | --- | --- | --- |
| 15 | | 5 | |
| | | 10 | |
| | | ⋮ | |
| | | 60 | |

表 6　阳离子交换柱再生记录

| 再生一次所需工业盐酸用量/kg | 再生一次 HCl 溶液的用量/L | 再生流速/(m/h) | 再生流量/(mL/s) |
| --- | --- | --- | --- |
| | | | |

表 7　阳离子交换柱清洗记录

| 清洗流/(m/h) | 清洗流量/(L/h) | 清洗历/min | 出水硬度(以 $CaCO_3$ 计)/(mg/L) | 出水 pH |
| --- | --- | --- | --- | --- |
| | | | | |

## 六、注意事项

(1) 定量投药瓶装再生液,注意不要装错。

(2) 定量投药瓶中有一部分再生液流不出来,配再生液时应多配一些。

(3) 阴离子交换树脂(强碱树脂)的湿真密度只有 1.1 g/mL,反洗时易将树脂带走,应十分注意。

## 七、思考题

(1) 如何提高除盐实验出水水质?

(2) 强碱阴离子交换床为何一般都设置在强酸阳离子交换床的后面?

# 实验二十一　降膜式光催化降解活性染料实验

## 一、实验目的

(1) 了解液膜成膜与降膜反应机制。

(2) 掌握强化光催化反应的一般技术方法,并学会利用流动技术强化反应。

(3) 熟悉光度法的测定。

(4) 了解光催化的基本原理,掌握水体染料等污染物的光催化氧化技术。

## 二、实验原理

许多半导体材料(如 $TiO_2$、ZnO、$Fe_2O_3$、ZnS、CdS 等)具有合适的能带结构可以作为光催化剂。但是,由于某些化合物本身具有一定的毒性,而且有的半导体在光照下不稳定,存在不同程度的光腐蚀现象。在众多半导体光催化材料中,$TiO_2$ 以其化学性质稳定、氧化-还原性强、抗腐蚀、无毒及成本低而成为目前最为广泛使用的半导体光催化剂。

$TiO_2$ 的禁带宽度为 3.2 eV(锐钛矿),当它受到波长小于或等于 387.5 nm 的光(紫外光)照射时,价带的电子就会获得光子的能量而跃迁至导带,形成光生电子($e^-$),而价带中则相应地形成光生空穴($h^+$),如图 1 所示。光生空穴有很强的获得电子能力,可夺取吸附于半导体微粒表面的有机物或溶剂中的电子,使原本不吸收入射光的物质活化而被氧化。

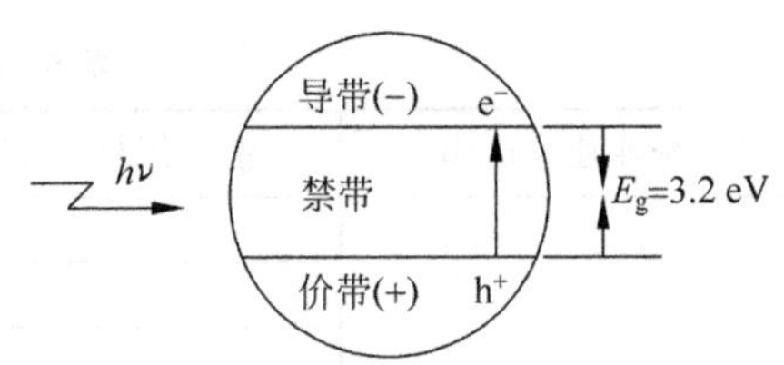


图 1　$TiO_2$ 的能量跃迁图

如果把分散在溶液中的每一颗 $TiO_2$ 粒子近似看成是小型短路的光电化学电池,则光电效应产生的光生电子和空穴在电场的作用下分别迁移到 $TiO_2$ 表面不同的位置。$TiO_2$ 表面的光生电子 $e^-$ 易被水中溶解氧等氧化性物质所捕获,生成超氧自由基 $\cdot O_2^-$;而空穴 $h^+$ 则可氧化吸附于 $TiO_2$ 表面的有机物或先把吸附在 $TiO_2$ 表面的 $OH^-$ 和 $H_2O$ 分子氧化成羟基自由基 $\cdot OH$;$\cdot OH$ 和 $\cdot O_2^-$ 的氧化能力极强,几乎能够使各种有机物的化学键断裂,因而能氧化绝大部分的有机物及无机污染物,将其矿化为无机小分子、$CO_2$ 和 $H_2O$ 等物质。反应过程如下:

$$TiO_2 + h\nu \longrightarrow h^+ + e^-$$

$$h^+ + OH^- \longrightarrow \cdot OH$$

$$h^+ + H_2O \longrightarrow \cdot OH + H^+$$

$$e^- + O_2 \longrightarrow \cdot O_2^-$$

$$H_2O + \cdot O_2^- \longrightarrow HO_2 \cdot + OH^-$$

$$2HO_2 \cdot + e^- + H_2O \longrightarrow H_2O_2 + OH^-$$

$$H_2O_2 + e^- \longrightarrow \cdot OH + OH^-$$

$$H_2O_2 + \cdot O_2^- \longrightarrow \cdot OH + H^+$$

$$\cdot OH + dye \longrightarrow \cdots \longrightarrow CO_2 + H_2O$$

$$\cdot O_2^- + dye \longrightarrow \cdots \longrightarrow CO_2 + H_2O$$

当然也会发生，光生电子与空穴的复合：

$$h^+ + e^- \longrightarrow \text{热能}$$

由机制反应可知，$TiO_2$ 光催化降解有机物，实质上是一种自由基反应。羟基自由基是含有一个未成对电子自由基，这使得它几乎能跟水中的几乎所有机污染物和大部分的无机污染物反应。它与污染物的反应速度非常快，反应速度仅仅受限于羟基自由基在水中的扩散速度。羟基自由基与污染物的反应机制主要包括在不饱和的双键、三键上的加成反应，氢取代和电子的转移。

$TiO_2$ 光催化主要通过生成的含氧自由基与水中的污染物反应，达到降解的目的，并且最终产生对环境无害的水、二氧化碳、氮气等。$TiO_2$ 光催化可以同时产生带正电荷的空穴以及带有负电荷的电子，这使得催化体系既有氧化能力又有还原能力。所以剧毒的三价砷(砒霜的有效成分就是三价砷)可以被氧化成低毒的五价砷，对人有害的六价铬被还原成无毒的三价铬。

$TiO_2$ 能有效地将废水中的有机物、无机物氧化或还原为 $CO_2$、$PO_4^{3-}$、$SO_4^{2-}$、$NO_3^-$、卤素离子等无机小分子，达到完全无机化的目的。染料废水、农药废水、表面活性剂、氯代物、氟利昂、含油废水等都可以被 $TiO_2$ 催化降解。而且 $TiO_2$ 具有杀菌效果，这种特性几乎是无选择性的，包括各种细菌和病毒。

催化剂活性：基于纳米二氧化钛易团聚失活的特性，本降膜反应器引入超声搅拌装置，保持二氧化钛的活性稳定。底部设置水质测定装置，未达标的废水通过水泵进入超声搅拌器，再进行降解，直至达标；达标的废水经旋流分离器，将二氧化钛与水分离开，使二氧化钛得以回收利用。

液膜分布器：设计了一种新型的溢流切向孔式液体再分布器，增大孔径，减小通道堵塞的可能性，并在下方引入一个环形扇面，可改良因为增大孔径带来的成膜效果变差的问题。

## 三、实验仪器和试剂

1. 仪器

自制的降膜式光催化反应器(图 2)；液体泵；气泵；T6 可见分光光度计；多头磁力搅拌器；pH 计；电子天平；超声波清洗器；台式离心机；紫外杀菌灯管。

2. 试剂

纳米二氧化钛(25 nm)；活性染料 K-2BP。

## 四、实验步骤

1. 制定标准曲线

(1) 将染料活性红 K-2BP 配置成浓度为 0.2272 g/L 的溶液。

(2) 最大吸收波长的测定：取适量溶液于比色皿中，用分光光度计扫描全波长，找到其最大吸收波长。

(3) 绘制标准曲线。

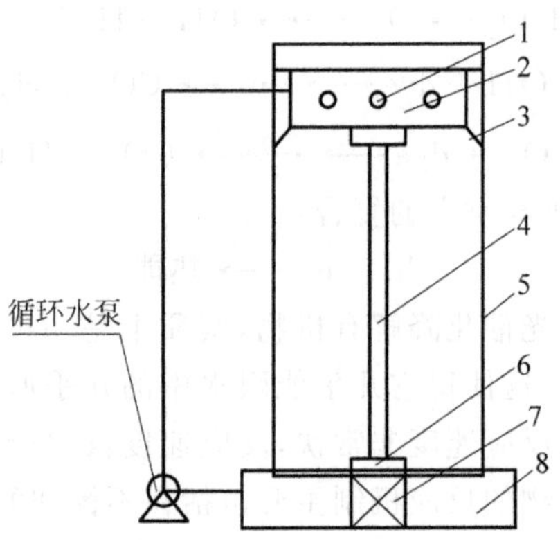


图 2　实验装置示意图

1—溢流口；2—超声分散器；3—液膜分水器；4—紫外线灯管；5—反应器套筒；6—灯管接线柱；7—灯管支架；8—蓄水池

(a) 取体积为 5 mL 的活性红 K-2BP 染料溶液(原始浓度为 0.2272 g/L)6 组，分别加入不同体积的蒸馏水，稀释为不同浓度的染料溶液，然后用分光光度计测出不同浓度对应的吸光度，列在表 1 中，根据染料溶液浓度和测出的吸光度得出其标准工作曲线。

(b) 可通过此标准工作曲线和测出的吸光度来求出降解不同时间下的溶液浓度，进而求出染料的降解率：

$$\eta = 1 - \frac{C}{C_0} \tag{1}$$

式中：$\eta$ 为降解率；$C$ 为实验结束时染料的浓度，g/L；$C_0$ 为实验开始时染料的初始浓度，g/L。

测定上述不同浓度染料的吸光度时，都是在其最大吸收波长，以蒸馏水为参比测定的。

2. 染料降解

(1) 配置 1.56 g/L 的二氧化钛催化剂和 0.2272 g/L 染料悬浊液 1 L，使用前超声 30 min(存放时间不长可以不超声)。

(2) 取 500 mL 配置悬浊液置于液体池中，开启液体循环泵 5 min 后，观察液膜形成过程。再开启紫外线灯管进行光催化降解反应，每隔 10 min 取样测定其吸光度，将吸光度的测定值列于表 2 中。

(3) 然后根据标准曲线求出降解不同时间、不同吸光度下的染料溶液浓度。再根据公式 $\eta = 1 - \frac{C}{C_0}$，求出不同染料溶液初始浓度的降解率。

(4) 根据浓度因素进行动力学计算，得到相应的动力学常数，并做出动力学常数与浓度因素的曲线。光催化降解反应的动力学模型较多，其中 Langmuir-Hinshelwood(L-H)模型(表 3)得到广泛认同。其方程式为

$$r = -\frac{dc}{dt} = \frac{kKc}{1 + Kc} \tag{2}$$

式中：$r$ 为反应物的总反应速率；$c$ 为反应物的浓度；$t$ 为反应时间；$k$ 为表观反应速率常数；$K$ 为表观吸附常数。$K'=kK$，为拟一级反应动力学常数；$C$ 为常数；$A$ 为吸光度。

## 五、实验数据整理

表 1　标准工作曲线的测定数据

| 染料/mL | 蒸馏水/mL | 总量/mL | 浓度/(g/L) | 吸光度 $A$ |
|---|---|---|---|---|
| 5 | 4 | 9 | 0.1262 | |
| 5 | 6 | 11 | 0.1033 | |
| 5 | 8 | 13 | 0.0874 | |
| 5 | 10 | 15 | 0.0757 | |
| 5 | 12 | 17 | 0.0668 | |
| 5 | 14 | 19 | 0.0598 | |
| 5 | 16 | 21 | 0.0541 | |

表 2　不同染料溶液浓度的吸光度

| 时间/min | 吸光度 $A$ | 计算浓度(g/L) | 备　注 |
|---|---|---|---|
| 0 | | | |
| 10 | | | |
| 20 | | | |
| 30 | | | |
| 40 | | | |
| 50 | | | |
| 60 | | | |
| 70 | | | |

表 3　Langmuir-Hinshelwood(L-H)模型的动力学方程式

| 反应物浓度 | 动力学方程式 | 反 应 级 数 |
|---|---|---|
| 较低 | $\ln(c/c_0)=-kKt+C=-Kt+C$ | 动力一级方程式 |
| | $\ln(A_0/At)=K't+C$ | |
| 较高 | $A=-kt+C$ | 动力学零级方程式 |

## 六、注意事项

(1) 成膜与流速的关系。

(2) 纳米二氧化钛颗粒团聚会影响光催化效果，甚至失活，超声技术可实现再生。

## 七、思考题

(1) 降膜反应器的优缺点是什么？光催化反应的基本原理是什么？

(2) 除了浓度会影响光催化反应外，还有哪些可能影响光催化的因素？

(3) 实验过程可能会有误差，如何规避？

(4) 计算动力学参数时，假设反应为一级反应动力学反应，判断依据是什么？

# 实验二十二 膜生物反应器污水处理实验

## 一、实验目的

（1）了解膜生物反应器的构造和工作原理。

（2）了解膜生物反应器的设计和运作的参数。

（3）测定膜生物反应器处理各种污水的效果。

## 二、实验原理

膜反应器(membrane reactor，MBR)是膜和化学反应或生物化学反应相结合的系统或设备，膜反应技术即是在反应过程中膜的使用技术。MBR 污水膜生物反应器污水处理装置是一体式膜生物反应器的试验装置。而膜生物反应器是膜技术和污水生物处理技术有机结合产生的污水处理新工艺。膜反应器的生产和发展是这两类知识应用和发展的必然结果，膜技术和污水生物处理技术学科交叉、结合，开辟了污水处理技术研究和应用的新领域。

膜生物反应器最早在微生物发酵工程中应用，在废水处理领域中的应用研究始于 20 世纪 60 年代的美国，80 年代后由于新型膜材料技术和制造技术的迅速发展，膜生物反应器的研究与开发逐步称为热点，膜分离技术被誉为 21 世纪的技术。污水处理中的膜生物反应器是指将超滤膜组件或微滤膜组件与生物反应器相结合的处理系统。其特点有：容积负荷高；反应器体积小；污染物去除率高；出水水质好；污泥量小；泥龄长有一定的脱氮功能。但膜易污染、单位面积的膜透水量小、膜成本较高、一次性投资大。

膜反应器有以下优点：有效的相间接触；有利于平衡的移动；快反应中扩散阻力的消除；反应、分离、浓缩的一体化；热交换与催化反应的组合；不相容反应物的控制接触；副反应的消除；复杂反应体系反应进程的调控；串连或平行多步反应的偶合；催化剂中毒的缓解。

膜生物反应器是膜分离技术与生物处理方法的高效结合，在该污水处理系统中，有机污染物的处理由活性污泥承担，而出水则由膜承担，从而实现了真正意义上的泥水分离。较之与常规活性污泥法相比，膜生物反应系统可具有污水三级处理传统工艺不可比拟的优点。

（1）高效地进行固液分离，其分离效果远好于传统的沉淀池，出水水质良好，出水悬浮物和浊度接近于零，可直接回用，实现了污水资源化。

（2）膜的高效截留作用，使微生物完全截留在生物反应器内，实现反应器水力停留时间(HRT)和污泥龄(SRT)的完全分离，运行控制灵活稳定。

（3）由于 MBR 将传统污水处理的曝气池与二沉池合二为一，并取代了三级处理的全部工艺设施，因此可大幅减少占地面积，节省土建投资。

（4）利于硝化细菌的截留和繁殖，系统硝化效率高。通过运行方式的改变亦可有脱氨和除磷功能。

（5）由于泥龄可以非常长，从而大大提高难降解有机物的降解效率。

（6）反应器在高容积负荷、低污泥负荷、长泥龄下运行，剩余污泥产量极低，由于泥龄可无限长，理论上可实现零污泥排放。

(7) 系统实现 PLC 控制，操作管理方便。

## 三、实验仪器和试剂

一体式膜生物反应器实验装置，如图 1 所示。

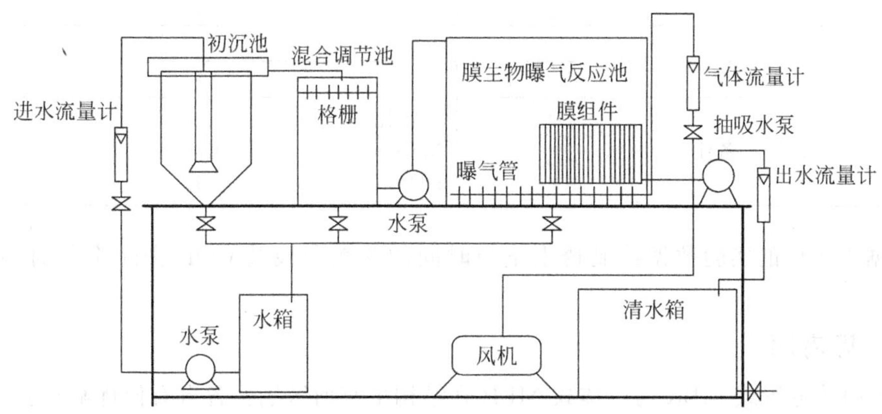


图 1 一体式膜生物反应器实验装置

调节水箱；进水泵；膜组件：中空纤维膜组件（MBR 专用膜片、出水浊度：<0.2 NTU 膜丝面积：8 $m^2$/片，操作负压：−0.01～0.03 MPa)；风机；液体流量计；球阀；气体流量计；膜生物反应器；100 mL 量筒；秒表；DO 仪；污泥浓度计或天平；烘箱；COD 测定仪或测定装置及相关药剂。

## 四、实验步骤

1. 实验步骤

(1) 污水由配水箱的进水泵输送到放置沉淀池内沉淀半小时后、自然流入混合调节池调节后到一组膜组件的有机玻璃池中。

(2) 风气泵向有机玻璃柱中曝气，满足承担污水处理功能的活性污泥中微生物所需的氧气，同时利用气泡上升形成的涡流冲刷膜的表面。

(3) 有机玻璃池中的污水流入浸泡在池中的中空纤维膜组件微空管内，在水池重力或抽水泵的抽升作用下，微孔管内的水流汇集后流出有机玻璃池外。

(4) 注意：做实验前一定要把中空纤维膜组件用乙醇浸泡 3～5 h。

2. 记录

(1) 测定清水中膜的透水量：用容积法测定不同时间膜的透水量。

(2) 活性污泥的培养与驯化，污泥达到一定浓度后即可开始实验。

(3) 根据一定的气水比、循环水流量和污泥负荷运行条件，测定一体式膜生物反应器在不同时间膜的透水量及 COD 和 MLSS 值。

(4) 改变气水比。当运行稳定后，测定一体式膜生物反应器膜的透水量、COD 和 MLSS 值。

## 五、数据整理及分析

实验数据分别填入表 1 中。

表 1 **MBR 实验数据**

<table>
<tr><td rowspan="2">时间/min</td><td rowspan="2">进水 COD/(mg/L)</td><td colspan="2">一体式 MBR</td></tr>
<tr><td>透水量/(mg/L)</td><td>出水 COD/(mg/L)</td></tr>
<tr><td></td><td></td><td></td><td></td></tr>
<tr><td></td><td></td><td></td><td></td></tr>
<tr><td></td><td></td><td></td><td></td></tr>
<tr><td></td><td></td><td></td><td></td></tr>
<tr><td colspan="2">备注</td><td colspan="2">气水比:<br>MSS= g/L<br>DO= mg/L</td></tr>
</table>

根据表 1 中的实验数据绘制透水量与时间的关系曲线及 COD 去除率与时间的关系曲线。

## 六、思考题

(1) 简述分置式 MBR 与一体式 MBR 在结构上有何区别?各自有何优缺点?

(2) 影响一体式 MBR 透水量的主要因素有哪些?

(3) 膜受到污染后,透水量下降,如何恢复其透水量?

# 实验二十三　陶粒吸附活性染料的性能与动力学分析

## 一、实验目的

(1) 了解吸附剂的吸附性能和吸附原理。

(2) 掌握吸附等温线绘制方法，并利用绘制的吸附等温曲线确定吸附系数。

(3) 了解吸附剂对染料吸附能力差异的影响。

## 二、实验原理

利用多孔性固体（吸附剂）的表面吸附废水中一种或多种溶质（吸附质）以去除或回收废水中的有害物质，同时净化废水。本实验采用陶粒间歇吸附的方法，确定陶粒对水中所含某些物质的吸附能力。

当吸附剂在溶液中的吸附速度和解吸速度相等时，即单位时间内的吸附的数量等于解吸的数量时，此时被吸附物质在溶液中的浓度和在吸附剂表面的浓度均不再变化，而达到平衡，此时的动平衡称为陶粒吸附平衡，被吸附物质在溶液中的浓度称为平衡浓度。陶粒的吸附能力以吸附量 $q$ 表示式(1)。

$$q=\frac{V(C_0-C)}{M}=\frac{X}{M} \tag{1}$$

式中：$q$ 为陶粒吸附量，即单位质量的吸附剂所吸附的物质量，g/g；$V$ 为污水体积，L；$C_0$、$C$ 分别为吸附前原水及吸附平衡时染料废水中的染料浓度，g/L；$X$ 为被吸附物质染料质量，g；$M$ 为陶粒投加量，g。

在温度一定的条件下，吸附剂的吸附量随被吸附物质平衡浓度的提高而提高，两者之间的变化称为吸附等温线，通常会用兰德里希经验公式加以表达。

$$q=K\cdot C^{\frac{1}{n}}$$

式中：$q$ 为陶粒吸附量，g/g；$C$ 为被吸附物质平衡浓度 g/L；$K$、$n$ 为溶液的浓度，pH 以及吸附剂和被吸附物质的性质有关的常数。

$K$、$n$ 值求法如下：通过间歇式陶粒吸附实验测得 $q$、$C$ 相应之值，将式取对数后变换为式(2)：

$$\lg q=\lg K+\frac{1}{n}\lg C \tag{2}$$

将 $q$、$C$ 相应值点绘在双对数坐标纸上，所得直线的斜率为 $1/n$，截距则为 $K$。

## 三、实验仪器和试剂

1. 仪器

可见分光光度计 1 台(T6)；恒温振荡器 1 台；分析天平 1 台；三角瓶 6 个；1000 mL 容量瓶 1 个；100 mL 容量瓶 7 个；移液管；注射器。

2. 试剂

亚甲基蓝；孔雀绿；甲基橙；陶粒(自制)。

## 四、实验步骤

1. 样品预处理

(1) 染料溶液的配制。准确称取活性染料亚甲基蓝 0.015～0.020 g,用 1000 mL 容量瓶配置成相应浓度的染料溶液备用。

(2) 陶粒在 105℃温度下烘至恒重。

2. 标准曲线的绘制

(1) 配制 100 mg/L 的亚甲基蓝溶液。称取一定数量的亚甲基蓝染料,用蒸馏水溶解后移入 1000 mL 容量瓶中,并稀释至标线。计算染料溶液的浓度,控制浓度范围在 0.015～0.020 g/L。

(2) 染料最大吸收波长的测定。以蒸馏水为参比,在波长 450～490 nm 范围内间隔 2 nm 分别测定对应的吸光度,绘制吸光度—波长曲线,利用 Origin 软件拟合后即得最大吸收波长。

(3) 用移液管分别移取亚甲基蓝标准溶液 5、10、15、20、25 、30 mL 于 100 mL 容量瓶中,用蒸馏水稀释至刻度线,摇匀,以蒸馏水为参比,在最大吸收波长处,用比色皿测定吸光度,绘制吸光度和亚甲基蓝溶液浓度之间的关系曲线,通过 Origin 软件拟合后即得标准工作曲线和相关参数,要求线性相关性 $R^2>0.99$。

3. 吸附等温线吸附实验步骤

(1) 同前所述,用分光光度法测定水样中亚甲基蓝含量,同时测定水温和 pH。

(2) 陶粒在 105℃下烘至恒重。

(3) 在 5 个三角瓶中加入水样 150 mL 后,分别再加入 5、10、15、20、(25±0.5)g 陶粒(因颗粒较大,尽量破碎)。

(4) 将三角瓶放入恒温振荡器上震动 1 h,静止 10 min。

(5) 注射器吸取上清液,在分光光度计上测定吸光度,并在标准曲线上查相应浓度,计算亚甲基蓝的去除率吸附量。

## 五、数据记录与处理

1. 标准工作曲线

标准工作曲线的实验数据记录于表 1 中。

**表 1 染料标准工作曲线的绘制基础数据表**

| 取样数量/mL | 加入水的量 | 定容体积 | 染料浓度 | 吸光度 $A$ |
|---|---|---|---|---|
| 1 | | | | |
| 2 | | | | |
| 3 | | | | |
| 4 | | | | |
| 5 | | | | |
| 6 | | | | |
| 7 | | | | |

2. 吸附等温线测定

吸附数据记录于表 2 中。

**表 2　吸附数据记录表**

| 编号 | 吸光度 $A$ | 平衡溶液浓度 | 吸附量 |
|---|---|---|---|
| 1 | | | |
| 2 | | | |
| 3 | | | |
| 4 | | | |
| 5 | | | |

3. 吸附动力学

依据吸附动力学数学模型，通过 Origin 软件进行拟合可得相应的动力学方程和动力学常数及其线性相关系数。实验结果要求绘制：①标准工作曲线；②吸附效率曲线；③吸附动力学曲线，并对实验结果进行分析。

## 六、注意事项

（1）在测水样的吸光度之前，应该取水样的上清液再用分光光度计上测定相应吸光度。

（2）溶液浊度较高时，应进行过滤去除杂质。

## 七、思考题

（1）吸附过程比较复杂，可能的影响因素有哪些？

（2）从吸附动力学角度来看，染料初始浓度不同，动力学参数——表观动力学常数将如何变化？

（3）陶粒的结构（孔容、孔径）对吸附的作用机制如何？

# 实验二十四　静态活性炭吸附实验

固体表面的分子或原子因受力不均衡而具有剩余的表面能，当某些物质碰撞固体表面时，受到这些不平衡力的吸引而停留在固体表面，这就是吸附剂。活性炭吸附是目前国内外应用较多的一种水处理方法。由于活性炭对水中大部分污染物都有较好的吸附作用，因此活性炭吸附应用于水处理时往往具有出水水质稳定，适用于多种污水的优点。

活性炭吸附是物理吸附和化学吸附综合作用的结果，吸附过程一般是可逆的。当把活性炭作为吸附剂时，水中的溶解性杂质在活性炭表面积聚而被吸附，同时也有一些被吸附物质由于分子的运动而离开活性炭表面，重新进入水中即同时发生解吸现象。当吸附和解吸处于动态平衡时，即单位时间内活性炭吸附的数量等于解吸的数量时，此时被吸附物质在溶液中的浓度和在活性炭表面的浓度均不再变化，达到了平衡，称为吸附平衡。这时活性炭和水（即固相和液相）之间的溶质浓度，具有一定的分布比值。在温度一定的条件下，活性炭的吸附量随被吸附物质平衡浓度的提高而提高，两者之间的变化曲线称为吸附等温线，即将平衡吸附量 $Q_e$ 与相应的平衡浓度 $C_e$ 作图得吸附等温线，描述吸附等温线的数学表达式称为吸附等温式。

吸附等温式

$$Q_e = KC_e^{\frac{1}{n}} \tag{1}$$

式中：$Q_e$ 为吸附容量，mg/g；$K$ 为 Freundlich 吸附系数，与吸附比表面积、温度有关的系数；$n$ 为与温度有关的常数，$n>1$；$C_e$ 为被吸附物质平衡浓度（mg/L）。

## 一、实验目的

（1）了解活性炭的吸附工艺及性能，并熟悉整个实验过程的操作。

（2）掌握用“间歇”法确定活性炭处理污水的设计参数的方法。

## 二、实验原理

通常通过间歇式活性炭吸附实验测得 $Q_e$、$C_e$ 的对应值，再用图解方法求出 $K$、$n$ 的值。为了方便易解，将

$$Q_e = KC_e^{\frac{1}{n}} \tag{2}$$

变换成线性对数关系式：

$$\lg Q_e = \lg \frac{C_0 - C_e}{m} = \lg K + \frac{1}{n}\lg C_e \tag{3}$$

将 $Q_e$、$C_e$ 相应值点绘在双对数坐标纸上，所得直线的斜率为 $1/n$，截距为 $k$。当 $1/n$ 值越小活性炭吸附性能越好，一般认为当 $1/n=0.1\sim0.5$ 时，水中欲去除杂质易被吸附；当 $1/n>2$ 时难以吸附。当 $1/n$ 较小时，多采用间歇式活性炭吸附操作；当 $1/n$ 较大时，适宜采用连续式活性炭吸附操作。

## 三、实验仪器和试剂

500 mL 三角烧杯 6 个；摇床；烘箱；分光光度计；玻璃器皿；滤纸等；活性炭。

## 四、实验步骤

(1) 自配染料污水。

(2) 将粉末活性炭放在蒸馏水中浸 24 h,然后放在 105℃烘箱内烘至恒重。

(3) 在 6 个 500 mL 的三角烧瓶中发别投加 0、50、100、150、200、250 mg 粉末活性炭。

(4) 在每个三角烧瓶中投加同体积(300 mL)自配污水。

(5) 测定水温,将三角烧瓶放在摇床上振荡 40 min。

(6) 过滤各三角烧瓶中的污水,在波长 460 nm 处测定其吸光度值,通过标准曲线查出 $C$。

## 五、成果整理

(1) 记录实验基本参数

实验日期 ________年 ____月____日　　温度 ________℃

震荡时间 ________ min　　水样体积 ________ mL

(2) 各三角烧杯中水样过滤后测定其吸光度值(ABS);测定结果记录于表 1 中。

**表 1　静态活性炭吸附实验记录表**

| 杯号 | 活性炭投加量 $m/(g/L)$ | 吸附平衡后 $ABS_i$ | 吸附平衡后水样浓度 $C_e/(mg/L)$ | $\lg C_e$ | 吸附量 $C_0-C$ /(mg/L) | $(C_0-C_e)/m$/(mg/g) | $\lg(C_0-C_e)/m$ |
|---|---|---|---|---|---|---|---|
| 0 | | | | | | | |
| 1 | | | | | | | |
| 2 | | | | | | | |
| 3 | | | | | | | |
| 4 | | | | | | | |
| 5 | | | | | | | |

(3) 以 $\lg(C_0-C_e)/m$ 为纵坐标,$\lg C$ 为横坐标绘出 Fruendlich 吸附等温线。

## 六、注意事项

间歇吸附实验所求得的 $Q_e$ 如果出现负值,则说明活性炭明显地吸附了溶剂,此时应调换活性炭或调换水样。

## 七、思考题

吸附等温线有什么现实意义,作吸附等温线时为什么要用粉状炭?

# 实验二十五　动态活性炭吸附实验

## 一、实验目的

（1）了解活性炭的吸附工艺及性能，并熟悉整个实验过程的操作。

（2）掌握用“连续流”法确定活性炭处理污水的设计参数的方法。

## 二、实验原理

连续流活性炭的吸附过程同间歇性吸附不同，主要是因为前者被吸附的杂质来不及达到平衡浓度 $C_e$，因此不能直接应用下述公式。即

$$\lg Q_e = \lg \frac{C_0 - C_e}{m} = \lg K + \frac{1}{n}\lg C_e \tag{1}$$

这时应对吸附柱进行被吸附杂质泄漏和活性炭耗竭过程实验，也可简单地采用勃哈特和亚当斯所提出的 Bohart-Adams 关系式：

$$t = \frac{N_0}{C_0 v}H - \frac{1}{C_0 K}\ln\left(\frac{C_0}{C_B} - 1\right) \tag{2}$$

式中：$t$ 为工作时间，h；$v$ 为吸附柱中流速，m/h；$H$ 为活性炭层厚度，m；$K$ 为流速常数，L/mg・h；$N_0$ 为吸附容量，即达到饱和时被吸附物质的吸附量，mg/L；$C_0$ 为入流溶质浓度，mg/L；$C_B$ 为容许出流溶质浓度，mg/L。

根据入流、出流溶质浓度可用下式估算活性炭柱吸附层的临界厚度，即当 $t=0$ 时，能保持出流溶质浓度不超过 $C_B$ 的炭层理论厚度。

$$H_0 = \frac{v}{KN_0}\ln\left(\frac{C_0}{C_B} - 1\right) \tag{3}$$

式中：$H_0$ 为临界厚度，其余符号同上面。

根据式 $t = \frac{N_0}{C_0 v}H - \frac{1}{C_0 K}\ln\left(\frac{C_0}{C_B} - 1\right)$ 以时间 $t$ 为纵坐标，以炭层厚 $H$ 为横坐标，点绘 $t$、$H$ 值，直线截距为 $\frac{\ln\left(\frac{C_0}{C_B}-1\right)}{KC_0}$、斜率为 $N_0/(C_0 \cdot v)$。将已知 $C_0$、$C_B$、$v$ 等数值代入，求出流速常数 $K$ 和吸附容量 $N_0$ 值。（活性炭容重 $r \approx 0.7\text{g/cm}^3$），再根据式 $t = \frac{N_0}{C_0 v}H - \frac{1}{C_0 K}\ln\left(\frac{C_0}{C_B} - 1\right)$，如果出流溶质浓度为 $C_B$，求出每一流速下活性炭柱炭层的临界厚度 $H_0$。

## 三、实验仪器和试剂

连续流活性炭吸附实验装置 1 套；有机玻璃柱内装活性炭；分光光度计；玻璃器皿等。

## 四、实验步骤

（1）熟悉动态活性炭吸附装置。

（2）测自配污水吸光度 ABS。

（3）在活性炭吸附柱中，各装入炭层厚 200 g 活性炭；启动水泵，将配制好的水样连续不断地送入高位恒位水箱；

（4）打开活性炭吸附柱进水阀门，使原水进入活性炭柱，并控制流量为 2 L/h 左右，按升流或降流的方式运行，运行时炭层不应有空气泡；

（5）运行稳定后，每隔 5 min 测定并记录各活性炭柱出水的溶质浓度，连续运行直至出水中溶质浓度达到进水中溶质浓度的 90%～95%为止，将结果记录在表 1 中；

（6）变化流速重复进行实验。分别以 3.0、4.0、5.0、6.0 L/h 的流量运行 10 min，每隔 5 min 取样测出水吸光度值 ABS。

## 五、数据记录与处理

记录实验结果于表 1 中，计算吸光度去除率。

$$去除率=\frac{ABS_i}{ABS_0} \tag{4}$$

**表 1　连续流吸附实验记录**

实验日期＿＿＿＿年＿＿月＿＿日

原水浓度＿＿＿＿mg/L　　水温＿＿＿＿℃　　pH＿＿＿＿

进流率 $q(m^3/(m^2\cdot h))=$＿＿＿＿　　滤速 $V(m/h)=$＿＿＿＿

炭柱厚(m)　　$H_1=$　　$H_2=$　　$H_3=$

| 工作时间 $t$/h | 1 号柱 | | | 2 号柱 | | | 3 号柱 | | | 出水浓度 $C$/(mg/L) |
|---|---|---|---|---|---|---|---|---|---|---|
| | $C_{01}$/(mg/L) | $H_1$/m | $v_1$/(m/h) | $C_{02}$/(mg/L) | $H_2$/m | $V_2$/(m/h) | $C_{03}$/(mg/L) | $H_3$/m | $V_3$/(m/h) | |
| | | | | | | | | | | |
| | | | | | | | | | | |
| | | | | | | | | | | |

## 六、注意事项

（1）连续流吸附实验时，如果第一个活性炭柱出水中溶质浓度值很小，则可增大进水流量或停止第二、三个活性炭柱进水，只用一个炭柱。反之，如果第一个炭柱进出水溶质浓度相差无几，则可减少进水量。

（2）进入活性炭柱的水中浑浊度较高时，应进行过滤去除杂质。

## 七、思考题

（1）由实验结果探讨工作流速对吸附带长度、去除效果的影响？

（2）连续流的升流式和降流式运动方式各有什么特点？

# 实验二十六　化学氧化法去除有机废水实验

## 一、实验目的

(1) 加深了解 Fenton 试剂氧化处理有机废水的机理和方法。

(2) 初步掌握 Fenton 试剂氧化法处理有机废水的影响因素和实验条件。

(3) 掌握重铬酸钾快速法测定水中 COD。

## 二、实验原理

对于有毒有害有机污染物，一般难以用生物法处理，但可以利用污染物在化学反应过程中能被氧化的性质，进行各种化学反应，如光化学反应、光化学催化氧化、湿式氧化等，改变污染物的形态，将污染物氧化为无害的终端产物或较易生物降解的中间产物，降低甚至消除其毒害性，从而达到处理的目的。

化学氧化是去除废水中有机污染物的有效方法之一。废水处理中常用的氧化剂有空气、臭氧($O_3$)、次氯酸(HOCl)、氯气($Cl_2$)和过氧化氢($H_2O_2$)。这些氧化剂可在不同的情况下用于各种废水的氧化处理。

$H_2O_2$ 是一种强氧化剂，其氧化还原电位与 pH 有关。当 pH=0 时，Eh=1.80 V；当 pH=14 时，Eh=0.87 V，因此它被广泛地应用于多种有机或无机污染物的处理。$H_2O_2$ 常被用于去除工业废水中的 COD 及 BOD，虽然使用化学氧化法处理废水中 COD 和 BOD 的价格要比普通的物理和生物方法要高，但这种方法具有其他处理方法不可替代的作用，比如有毒有害或不可生物降解废水的预消化，高浓度、低流量废水的预处理等。

本实验采用 Fenton 试剂法，该法以 $H_2O_2$ 为氧化剂与催化剂亚铁盐构成的氧化体系，处理难生物降解的有机废水。只有这两种试剂在一起时，才会显出很强的氧化能力。1893 年，化学家 Fenton 发现了该反应。现在水环境的污染成为世界性难题，而持久性有机污染物的降解问题成为污染控制化学中的研究重点。环境学家们发现，Fenton 试剂在氧化降解持久性有机污染物方面有着独特的优势。目前，Fenton 试剂法是废水深度氧化处理的一种重要方法，其应用范围正在不断扩大。

利用亚铁离子作为 $H_2O_2$ 的催化剂，使之在反应过程中产生羟基自由基·OH，以氧化各种有机物，可用于处理难生物降解的有机废水和燃料废水的脱色、处理含烷基苯磺酸盐、酚、表面活性剂、水溶性高分子(如聚乙二醇、聚乙烯醇)废水特别有效。Fenton 法作为一种高级化学氧化方法，能有效去除 COD、色度和泡沫等，但其氧化反应一般需要把 pH 控制在 3～5 的条件下。

Fenton 试剂及其改进工艺在废水处理中的应用可分为单独使用和与其他方法联用两类，后者包括与光催化、活性炭等联用。Fenton 试剂辅以紫外光或可见光辐射，能极大地提高传统 Fenton 法的氧化反应效率，从而明显降低废水处理成本。

$H_2O_2$ 在 UV 光照条件下产生羟基自由基·OH：

$$H_2O_2 + h\nu \longrightarrow 2 \cdot OH$$

$Fe^{2+}$在UV光照条件下部分转化成$Fe^{3+}$，$Fe^{3+}$在pH 3～5的介质中可以水解生成羟基化的$Fe(OH)^{2+}$，$Fe(OH)^{2+}$在UV作用下又可转化成$Fe^{2+}$，同时产生·OH：

$$Fe(OH)^{2+} \longrightarrow Fe^{2+} + \cdot OH$$

正是上述反应的存在，使得$H_2O_2$的分解速度远大于亚铁离子或UV催化$H_2O_2$的速度。与此同时，Fenton试剂在UV照射作用下，也产生羟基自由基：

$$Fe^{2+} + H_2O_2 \rightarrow Fe^{3+} + OH^- + \cdot OH$$

$$Fe^{3+} + H_2O_2 \rightarrow Fe^{2+} + HO_2\cdot + H^+$$

在$Fe^{2+}$的催化作用下，$H_2O_2$能产生两种活泼的羟基自由基，从而引发和传播自由基链反应，加快有机物和还原剂物质的氧化。

以$Fe^{2+}$为催化剂的反应十分复杂，链反应过程的平衡关系可表示如式(1)：

$$K = \frac{[Fe^{3+}][OH^-][\cdot OH]}{[Fe^{2+}][H_2O_2]} \tag{1}$$

式中：$K$为反应平衡常数。

从式(1)可以看出，[·OH]与[$Fe^{2+}$][$H_2O_2$]成正比，与[$OH^-$]成反比，因此用Fenton试剂法处理不同废水时，要选择pH、[$Fe^{2+}$]、[$H_2O_2$]的最佳条件实验。

Fenton试剂在废水处理中会受下列多重因素影响。

(1) 有机物的浓度。由于UV/Fenton法为光催化氧化，污水中有机物的浓度影响光照或系统的透光性，从而对反应带来影响。因此，污水处理系统需要控制有机物的浓度及其腐败的程度，使污水具有良好的透光性。为避免紫外光照射对人体的影响，本实验可不采用紫外光照射，有机物浓度及其腐败程度的影响较为有限。

(2) $Fe^{2+}$浓度。$Fe^{2+}$浓度过高会消耗过多过氧化氢，不利于羟基自由基的生成，从而降低氧化反应速率，还增加了出水色度；反之，$Fe^{2+}$浓度过低，又不利于过氧化氢催化分解成羟基自由基，也会使氧化反应的速率降低。只有维持适量的$Fe^{2+}$浓度，才能保持氧化反应的快速进行。

(3) $H_2O_2$浓度。在维持其他条件不变的前提下，增加$H_2O_2$浓度或投加量，·OH的生成量会相应的增加；当$H_2O_2$浓度过高时，过量的$H_2O_2$不但不能产生更多的自由基，反而在反应一开始就把$Fe^{2+}$迅速氧化成$Fe^{3+}$，使氧化在$Fe^{3+}$的催化下进行，这样既消耗了$H_2O_2$，又抑制·OH的产生。而要使有机物完全分解，$H_2O_2$与有机物的质量之比远大于1，从经济上考虑是不可行的。因此，UV/Fenton法更多是作为一种预处理方法，将难生物降解物质转化为可生物降解物质，为后续生物处理创造环境。

(4) pH。在中性和碱性的环境中$Fe^{2+}$不能催化$H_2O_2$产生·OH，pH在3～5附近时污染物去除率最大。因此，废水处理前需要调节pH，必须保证实验过程在酸性条件下进行。

(5) 反应时间。完成Fenton反应的时间取决于废水水质、$H_2O_2$浓度等，一般情况下，完成Fenton反应的时间需30～60 min。对于水质浓度高、成分复杂的废水，反应时间可能需要数小时。

## 三、实验仪器和试剂

(1) 实验用水：工业企业生产废水(如染料废水、含烷基苯磺酸盐、畜禽养殖废水等各种有机废水)或实验室配水(如甲氧基苯胺、染料或普通牛奶等)。

(2) 实验材料：30%的 $H_2O_2$、$FeSO_4 \cdot 7H_2O$、高锰酸钾、硫酸、过氧化钠、甲氧基苯胺(CP级)、基准或优级纯重铬酸钾、邻菲啰啉、硫酸亚铁铵、硫酸银。

为便于实验顺利进行，实验前提前做好相关试剂的配制工作。

(a) 1 mol/L 硫酸亚铁溶液：现场配置，称取 1.39 g $FeSO_4 \cdot 7H_2O$ 溶于 5 mL 水中。

(b) 0.1 mol/L 高锰酸钾溶液：称取 1.58 g 高锰酸钾溶于 100 mL 水中，置于棕色滴瓶内。

(c) 0.25 mol/L 重铬酸钾标准溶液：称取预先在 120℃下烘干 2 h 的基准或优级纯重铬酸钾 12.258 g，溶于蒸馏水中，移入 1000 mL 容量瓶，稀释至标线，摇匀。

(d) 试亚铁灵指示剂：称取 1.485 g 邻菲啰啉和 0.695 g 硫酸亚铁溶于蒸馏水中，稀释至 100 mL，储于棕色瓶中。

(e) 0.1 mol/L 硫酸亚铁铵溶液：称取 39.5 g 硫酸亚铁铵溶于含有 20 mL 浓硫酸而冷却的蒸馏水中，移入 1000 mL 容量瓶，加蒸馏水稀释至标线，摇匀。临用前用重铬酸钾标准液标定。

(f) 硫酸一硫酸银溶液：于 2500 mL 浓硫酸中加入 25 g 硫酸银，放置 1～2 d，不时摇动，使其溶解。

(g) 重铬酸钾使用液：在 1000 mL 烧杯中加约 600 mL 蒸馏水，慢慢加入 100 mL 浓硫酸和 26.7 g 硫酸汞溶液后，再加 80 mL 浓硫酸和 9.5 g 重铬酸钾，最后加蒸馏水使总体积为 1000 mL。

(3) 实验设备：可加热电磁搅拌器、万分之一电子天平、pH 计、酸式滴定器、1 L 和 250 mL 烧杯、250 mL 量筒、20 mL 吸液管、1000 mL 容量瓶等若干。

## 四、实验步骤

任选其中一种实验用水进行实验。

1. 甲氧基苯胺配水

(1) 称取 0.12 g 对甲氧基苯胺于 1000 mL 烧杯中，加水至 1000 mL，搅拌溶解，取 20 mL 该溶液测定 COD。剩余溶液分 5 份于 250 mL 烧杯中，以 0.5 mol/L 的硫酸或 1 mol/L 的氢氧化钠调节 pH 分别至 2、3、4、5、6。

(2) 置烧杯于电磁搅拌器上，在 25℃下搅拌，分别加入新配制的硫酸亚铁溶液 0.5 mL 和过氧化氢 1.7 mL，搅拌 1 h 后，边搅拌边滴加高锰酸钾溶液，至浅棕红色不褪为止，放置 20 min 后，再调节 pH 至 7，过滤，测定滤液的 COD。

2. 实际工业废水(可依据当地实际条件选择实验用水)

(1) 取实验废水 20 mL 测定 COD。

(2) 其他实验步骤同前。或者使 pH 为 4，改变过氧化氢投加量(1.2、1.4、1.6、1.8、2.0 mL)，研究过氧化氢投加量对有机物去除效果的影响。

3. 实验进出水的水质测定(COD 快速法)

(1) 标定硫酸亚铁铵

$$C = \frac{0.25 \times 10}{V} \tag{2}$$

式中：$C$ 为硫酸亚铁铵标准溶液的浓度，mol/L；$V$ 为硫酸亚铁铵标准溶液的用量，mL。

（2）样品测定取水样 20 mL，加重铬酸钾使用液 15 mL 和硫酸一硫酸银溶液 40 mL，再加 2～3 滴试亚铁灵指示剂，以 0.1 mol /L 的硫酸亚铁铵滴定至棕褐色不褪色为止。实验结果记录于表 1 中。

表 1　实验数据记录表

| 水样编号 | 滴定始度数/mL | 滴定终度数/mL | $V_2$（硫酸亚铁铵标准液用量）/mL | COD/(mg/L) |
| --- | --- | --- | --- | --- |
| 1 | | | | |
| 2 | | | | |
| 3 | | | | |
| 4 | | | | |
| 5 | | | | |
| 6 | | | | |

## 五、数据记录与处理

（1）计算水样的 COD：

$$COD = \frac{C(V_1 - V_2) \times 8000}{V_0} \tag{3}$$

式中：$C$ 为硫酸亚铁铵标准溶液的浓度，mol/L；$V_1$ 为滴定空白时硫酸亚铁铵标准溶液用量，mL；$V_2$ 为滴定水样时硫酸亚铁铵标准溶液用量，mL；$V_0$ 为水样的体积，mL；8000 为 1/4 $O_2$ 的摩尔质量以 mg/L 为单位的换算值。

（2）计算废水的 COD 去除率。

（3）绘制 pH-COD 去除率的关系曲线或过氧化氢投加量-COD 去除率的关系曲线。

## 六、注意事项

实验过程中加入 $H_2O_2$ 后会产生较多沉淀，应过滤测定滤液的 COD，在实际应用中也应考虑沉淀的去除。

## 七、思考题

（1）Fenton 试剂化学氧化法处理工业废水的适宜条件是什么？能否用于城市污水处理，为什么？

（2）Fenton 试剂化学氧化法的影响因素有哪些？需要如何设计实验才能确定其主要影响因素？

（3）湿式氧化、臭氧氧化、氯气氧化等氧化方法分别适用于哪类工业废水的处理？

（4）如何提高 COD 的去除率？

# 实验二十七　污泥比阻的测定实验

## 一、实验目的

(1) 掌握测定污泥比阻的实验方法。

(2) 掌握用布氏漏斗试验选择混凝剂。

(3) 掌握确定污泥的最佳混凝剂投加量。

## 二、实验原理

污泥比阻(或称比阻抗)是表示污泥过滤特性的综合性指标,它的物理意义是单位质量的污泥在一定压力下过滤时在单位过滤面积上的阻力。在数值上等于黏滞度为1时,滤液通过单位质量的泥饼产生单位滤液流率所需要的压差。求此值的作用是比较不同的污泥(或同一种污泥加入不同量的混凝剂后)的过滤性能。污泥比阻越大,过滤性能越差,反之脱水性能越好。

影响污泥脱水性能的因素有:污泥的性质、污泥的浓度、污泥和滤液的黏滞度、混凝剂的种类和投加量等。通常是用布氏漏斗试验,通过测定污泥滤液滤过介质的速度快慢来确定污泥比阻的大小,并比较不同污泥的过滤性能,确定最佳混凝剂及其投加量。

污泥脱水是依靠过滤介质(多孔性物质)两面的压力差作为推动力,使水分强制通过过滤介质,固体颗粒被截留在介质上,达到脱水的目的。造成压力差的方法有4种:

(1) 依靠污泥本身厚度的静压力(如污泥自然干化场的渗透脱水)。

(2) 过滤介质的一面造成负压(如真空过滤脱水)。

(3) 加压污泥把水分过滤介质(如压滤脱水)。

(4) 造成离心力作为推动力(如离心脱水)。

过滤根据推动力在脱水过程中的演变,可分为定压过滤与恒压过滤两种。前者在过滤工程中压力保持不变;后者在过滤过程中过滤速度保持不变。

本实验是用抽真空的方法造成压力差,并用调节阀调节压力,使整个实验过程压力差恒定。

过滤开始时,滤液只需克服过滤介质的阻力,当滤饼逐步形成后,滤液还需克服滤饼本身的阻力。滤饼是由污泥的颗粒堆积而成的,也可视为一种多孔性的过滤介质,孔道属于毛细管。因此,真正的过滤层包括滤饼与过滤介质。由于过滤介质的孔径远比污泥颗粒的粒径大,所以在过滤开始阶段,滤液往往是浑浊的。随着滤饼的形成,阻力变大,滤液变清。

由于污泥悬浮颗粒的性质不同,滤饼的性质可分为两类:一类为不可压缩性滤饼,如沉砂、初次沉淀污泥或其他无机沉渣,在压力作用下,颗粒不会变形,因而滤饼中滤液的通道(如毛细管孔径与长度)不因压力作用的变化而改变;另一类为可压缩性滤饼,如活性污泥,在压力的作用下,颗粒会变形,随着压力增加,颗粒被压缩并挤入孔道中,使滤液的通道变小,阻力增加。

过滤时，滤液体积 $V$(mL)与推动力 $P$(过滤时的压强降 $g/cm^2$)、过滤面积 $A(cm^2)$、过滤时间 $t$(s)成正比，而与过滤阻力 $R(cm \cdot s^2/mL)$、滤液黏滞度 $\mu$ 成反比，即过滤时：

$$V=\frac{PAt}{R\mu} \tag{1}$$

式中：$V$ 为滤液体积，mL；$P$ 为过滤时压强，Pa；$A$ 为过滤面积，$cm^2$；$t$ 为过滤时间，s；$\mu$ 为滤液黏度，Pa・s；$R$ 为单位过滤面积，通过单位体积的滤液产生的过滤阻力，取决于滤饼性质，$cm^{-1}$。

过滤阻力 $R$ 包括滤饼阻力 $R_z$ 和过滤介质阻力 $R_g$ 两部分。而阻力 $R$ 随滤饼厚度增加而增加，过滤速度则随滤饼厚度的增加而减小，因此将式(1)改写成微分形式：

$$\frac{dV}{dt}=\frac{PA}{(R_z+R_g)\mu} \tag{2}$$

由于 $R_g$ 比 $R_z$ 小，为简化计算，姑且忽略不计。则式(2)变为

$$\frac{dV}{dt}=\frac{PA}{\mu r\delta} \tag{3}$$

式中：$r$ 为单位体积污泥的比阻；$\delta$ 为泥饼的厚度。

设每滤过单位体积的滤液，在过滤介质上截留的滤饼体积为 $v$，则当滤液体积为 $V$ 时，滤饼体积为 $vV$，因此 $\delta A=vV$，则

$$\delta=\frac{vV}{A} \tag{4}$$

将式(4)代入式(3)得

$$\frac{dV}{dt}=\frac{PA^2}{\mu rvV} \tag{5}$$

若以滤过单位体积得滤液在过滤介质上截留得滤饼干固体质量 $C$ 代替 $v$，并以单位质量的阻抗 $r$ 代替 $R_z$，则式(5)可改写成

$$\frac{dV}{dt}=\frac{PA^2}{\mu rCV} \tag{6}$$

式中：$r$ 为污泥比阻。

定压过滤时，式(6)对时间积分得

$$\frac{t}{V}=\frac{\mu rC}{2PA^2}\cdot V \tag{7}$$

式(7)说明：在定压下过滤，$t/V$ 与 $V$ 成直线关系，其斜率 $b$ 为 $b=\frac{\mu rC}{2PA^2}$

则污泥比阻为

$$r=\frac{2bPA^2}{\mu C}=\frac{2PA^2}{\mu}\cdot\frac{b}{C}=K\frac{b}{C} \tag{8}$$

式中：$r$ 单位为 cm/g；$b$ 为 $s/cm^6$；$C$ 为 $g/cm^3$。

从式(8)可以看出，要求得污泥比阻 $r$，需在实验条件下求出斜率 $b$ 和 $C$。

$b$ 的求法是：可在定压下(真空度保持不变)通过测定一系列的 $t$-$V$ 数据，用图解法求取斜率，见图 1。

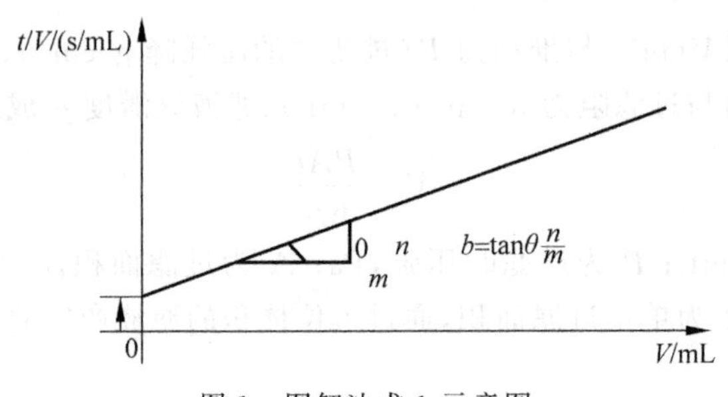


图1 图解法求 $b$ 示意图

根据定义：

$$C=\frac{(V_0-V_y)C_b}{V_y}(\text{g(泥饼干质量)/mL(滤液)}) \tag{9}$$

式中：$V_0$ 为原污泥体积，mL；$V_y$ 为滤液体积，mL；$C_b$ 为滤饼固体浓度，g/mL。

根据液体平衡 $V_0=V_y+V_b$

根据固体平衡 $V_0C_0=V_yC_y+V_bC_b$

式中：$C_0$ 为原污泥固体浓度，g/mL；$C_y$ 为滤液中固体浓度，g/mL；$V_b$ 为滤饼体积，mL。

则

$$V_y=\frac{V_0(C_0-C_b)}{C_y-C_b} \tag{10}$$

将式(10)代入式(9)得

$$C=\frac{C_b(C_0-C_y)}{C_b-C_0} \tag{11}$$

因滤液固体浓度 $C_y$ 相对污泥固体浓度 $C_0$ 来讲要小得多，故忽略不计，因此：

$$C=\frac{C_bC_0}{C_b-C_0} \tag{12}$$

上述求 $C$ 值的方法，必须测量滤饼的厚度方可求得，但在实验过程中测量滤饼厚度是很困难的且不易量准，故改用测滤饼含水率的方法求 $C$ 值：

$$C=\frac{1}{\frac{100-C_i}{C_i}-\frac{100-C_f}{C_f}} \tag{13}$$

式中：$C$ 的单位为 g(滤饼干重)/mL(滤液)；$C_i$ 为 100 g 污泥中的干污泥质量；$C_f$ 为 100 g 滤饼中的干污泥质量。

例如：污泥含水比为 97.7%，滤饼含水率为 80%。

$$C=\frac{1}{\frac{100-2.3}{2.3}-\frac{100-20}{20}}=\frac{1}{38.48}=0.026\ \text{g/mL}$$

投加混凝剂可以改善污泥的脱水性质，使污泥的比阻减小，对于无机混凝剂，如 $F_eCl_3$、$Al_2(SO_4)_3$ 等的投加量，一般为污泥干质量的 5%～10%；高分子混凝剂，如聚丙烯酰胺、碱式氯化铝等，投加量一般为污泥干质量的 1%。

一般认为：比阻抗在 $10^{12}$～$10^{13}$ cm/g 为难过滤污泥；比阻抗在(0.5～0.9)×$10^{12}$ cm/g 为中等；比阻抗小于 0.4×$10^{12}$ cm/g 为易过滤污泥。活性污泥的比阻一般为(2.74～2.94)×

$10^{13}$ cm/g；消化污泥的比阻为(1.17～1.37)×$10^{13}$ cm/g；初沉污泥的比阻为(3.9～5.8)×$10^{12}$ cm/g。

## 三、实验仪器和试剂

1. 装置

实验装置如图 2 所示，由真空泵、有机玻璃吸滤筒、玻璃计量筒、软管抽气接管、陶瓷布氏漏斗等组成。计量筒为具塞玻璃量筒，用不锈钢架子固定夹住，上接抽气接管和布氏漏斗。吸滤筒作为真空室及盛水之用，是用有机玻璃制成。它上有真空表和调节阀，下有放空阀；一端用硬塑料管联结抽气接管，另一端用硬橡皮管接真空泵。真空泵抽吸吸滤筒内的空气，使筒内形成一定的真空度。

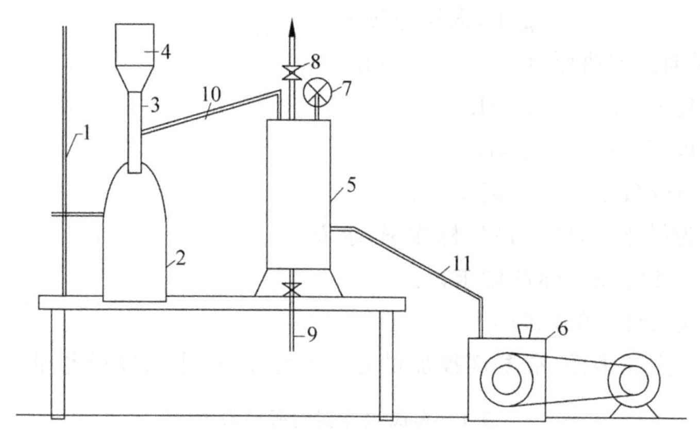


图 2 比阻抗实验装置图

1—固定支架；2—计量筒；3—抽气接管；4—布氏漏斗；5—吸滤筒；6—真空泵；7—真空表；8—调节阀；9—放空阀；10—硬橡皮管；11—硬橡皮管

2. 仪器

秒表；烘箱；分析天平。

## 四、实验步骤

(1) 测定污泥的固体浓度 $C_0$。

(2) 配制 $FeCl_3$(10 g/L)和 $Al_2(SO_4)_3$(10 g/L)混凝剂溶液。

(3) 用 $FeCl_3$(10 g/L)混凝剂调节污泥(每组加一种混凝剂量，加量分别为污泥干质量的 5%、6%、7%、8%、9%、10%)。

(4) 在布氏漏斗上放置快速滤纸(直径大于漏斗，最好大于一倍)，用水润湿，贴紧周底。

(5) 启动真空泵，用调节阀调节真空压力到比实验压力小约 1/3，实验压力为 35.5 kPa(真空度 266 mmHg)或 70.9 kPa(真空度 532 mmHg)，使滤纸紧贴漏斗底，关闭真空泵。

(6) 将 50～100 mL 调节好的污泥加入漏斗内(污泥高度不超过滤纸高度)，使其依靠重力过滤 1 min，启动真空泵，调节真空压力至实验压力，记下此时计量筒内的滤液体积 $V_0$。启动秒表。在整个实验过程中，仔细调节真空度调节阀，以保持实验压力恒定。

(7) 每隔一定时间(开始过滤时可每隔 10 s 或 15 s，滤速减慢后每隔 30 s 或 1 min)，记下记量筒内相应的滤液体积 $V_1$。

(8) 定压过滤至滤饼破裂，真空破坏，如真空长时间不破坏，则过滤 20 min 即可停止

（也可过滤 30～40 min，待泥饼形成为止）。

（9）测出定压过滤后滤饼的厚度及固体浓度。

（10）另加 $Al_2(SO_4)_3$ 混凝剂的污泥（每组加混凝剂与加 $FeCl_3$ 量相同）及不加混凝剂的污泥，按实验步骤（4）～步骤（9）分别进行实验。

## 五、数据记录与处理

（1）测定并记录实验基本参数：

实验日期____年____月____日　　实验真空度____ kPa

加混凝剂量及泥饼厚度

① 加 $Al_2(SO_4)_3$ ____ mg/L，泥饼厚度 $\delta_2$＝____ mm。

② 加 $FeCl_3$ ________ mg/L，泥饼厚度 $\delta_2$＝____ mm。

③ 不加混凝剂的泥饼厚度 $\delta_2$＝____ mm。

污泥固体浓度 $C_0$＝____ g/mL。

泥饼固体浓度 $C_b$＝____ g/mL。

（2）将实验测得数据按表 1 记录并计算（表 2）。

（3）以 $t/V$ 为纵坐标，$V$ 为横坐标作图，求 $b$。

（4）根据泥饼和污泥固体浓度求出 $C$。

（5）计算实验条件下的比阻 $r$。

（6）以比阻 $r$ 为纵坐标，混凝剂投加量为横坐标作图，求最佳投药量。

**表 1　布氏漏斗实验所得数据**

| 不加混凝剂的污泥 | | | | 加 $FeCl_3$ 的污泥 | | | | 加 $Al_2(SO_4)_3$ 的污泥 | | | |
|---|---|---|---|---|---|---|---|---|---|---|---|
| $t$/s | 计量筒内滤液 $V_1$/mL | 滤液量 $V=V_1-V_0$ /mL | $t_v$/(s/mL) | $t$/s | 计量筒内滤液 $V_1$/mL | 滤液量 $V=V_1-V_0$ /mL | $t_v$ /(s/mL) | $t$/s | 计量筒内滤液 $V_1$/mL | 滤液量 $V=V_1-V_0$ /mL | $t_v$ /(s/mL) |
| 0 | | | | 0 | | | | 0 | | | |
| 15 | | | | 15 | | | | 15 | | | |
| 30 | | | | 30 | | | | 30 | | | |
| 45 | | | | 45 | | | | 45 | | | |
| 60 | | | | 60 | | | | 60 | | | |
| 75 | | | | 75 | | | | 75 | | | |
| 90 | | | | 90 | | | | 90 | | | |
| 105 | | | | 105 | | | | 105 | | | |
| 120 | | | | 120 | | | | 120 | | | |
| 135 | | | | 135 | | | | 135 | | | |
| ⋮ | | | | ⋮ | | | | ⋮ | | | |

表 2　比阻值计算表

| 污泥含水比/% | 污泥固体浓度/(g/cm³) | 混凝剂用量/% | $\tan\theta=n/m=b$ /(s/cm⁶) | $K=\frac{2PA^2}{\mu}$ | | | | | | 皿+滤纸重/g | 皿+滤纸滤饼湿重/g | 皿+滤纸滤饼干重/g | 滤饼含水比/% | 单位体积滤液的固体量 $C$ /(g/cm³) | 比阻值 $r$ /(S²/g) |
|---|---|---|---|---|---|---|---|---|---|---|---|---|---|---|---|
| | | | | 布氏漏斗直径 $D$/cm | 过滤面积 $A$ /cm² | 面积平方 $A^2$ /cm² | 滤液黏度 $\mu$/[g/(cm·s)] | 真空压力 $P$ /(g/cm²) | $K$ 值 /(S·cm³) | | | | | | |
| | | | | | | | | | | | | | | | |
| | | | | | | | | | | | | | | | |
| | | | | | | | | | | | | | | | |
| | | | | | | | | | | | | | | | |

## 六、注意事项

(1) 污泥中加混凝剂后,应充分混合。

(2) 在整个过滤过程中,真空度应始终保持一致。

(3) 实验时,抽真空装置的各个接头均不应漏气。

(4) 滤纸称重烘干,放到布氏漏斗内,先用蒸馏水湿润,再用真空泵抽吸,滤纸要贴紧,不能漏气。

(5) 污泥倒入布氏漏斗内部分滤液流入计量筒,正常开始实验时,以记录量筒内滤液体积。

## 七、思考题

(1) 判断生污泥、消化污泥脱水性能好坏,分析其原因。

(2) 测定污泥比阻在工程上有何实际意义。

(3) 污泥过滤时,造成压力差(过滤的推动力)的方法有哪几种?

(4) 污泥机械脱水前进行预处理的方法有哪几种?

(5) 污泥脱水常用的混凝剂有哪些?

(6) 常用的污泥机械脱水的方法有哪些?

(7) 比阻抗的大小与污泥的固体浓度是否有关系? 相关性如何?

(8) 活性污泥在真空过滤时,是否真空度越大泥饼的固体浓度越大? 为什么?

# 实验二十八　普通活性污泥法污水处理实验

## 一、实验目的

(1) 了解活性污泥法曝气池的构造和主要工艺参数。

(2) 加深对活性污泥法动力学基本概念的理解。

## 二、实验原理

污水处理工艺包括一级处理、二级处理、三级处理。一级处理一般是物理处理法,利用物理原理和方法,分离污水中的污染物,处理过程中一般不改变水的化学性质,比如,格栅和筛网、沉砂池和沉淀池、气浮、离心机、旋流分离器、膜分离等。二级处理一般是生物处理法,利用微生物的新陈代谢功能,使污水中呈溶解和胶体状态的有机污染物被降解并转化为无害物质,比如,好氧生物处理、厌氧生物处理,活性污泥法、生物膜法、自然处理方法。三级处理一般是化学及物理化学处理法,利用化学反应的原理和方法,分离回收污水中的污染物,使其转化为无害或可再生利用的物质,比如中和、混凝、化学沉淀、氧化还原、吸附、萃取、离子交换、电渗析等。

活性污泥法是应用最广泛的一种好氧生物处理方法,许多新型的污水处理工艺是在传统活性污泥法的基础上开发出来的。过去都是根据经验数据进行设计和运行,近年来对活性污泥动力学方面做了许多研究,为了了解活性污泥法污水处理工艺中常用的单元操作技术,掌握由这些单元操作组成的处理流程,观察污水、污泥和空气在处理过程中的举动,特制作了小型教学实验装置。

本装置为普通活性污泥法城市污水处理的典型流程。活性污泥法的净化功能中,起主要作用的是活性污泥。活性污泥性能的优劣,对活性污泥系统的净化功能有决定性的作用。活性污泥是由大量微生物凝聚而成,具有很大的表面积,性能优良的活性污泥应具有很强的吸附性能和氧化分解有机污染物的能力,并具有良好的沉淀性能。处理技术单元的排列顺序原则是先易后难,易于去除的悬浮物的处理构筑物如沉砂池、沉淀池等排列于前。而以去除溶解性有机物为目的生物处理构筑物则排列其后,消毒去除病源菌则排列最后。

整套装置为连续运行的实验装置,需要定时测定运行参数和处理效果。根据废水的性质和期望达到的出水水质选择考核的水质项目,从而确定实验配套设备及仪器。一般情况下废水考核的水质项目应该有 pH、COD、BOD、SS 和色度等,应该保证模型的进水 pH 为 6.5～8.5。曝气池需要配置 1 台溶解氧测定仪。

## 三、实验仪器和试剂

实验流程图如图 1 所示。

配水系统;格栅;沉砂池;初沉池;推流式曝气池;二沉池;中间水箱;活性炭过滤器;污泥浓缩池;厌氧消化池;溶解氧测定仪;测定 BOD 或 COD 的仪器和化学药品;测定污

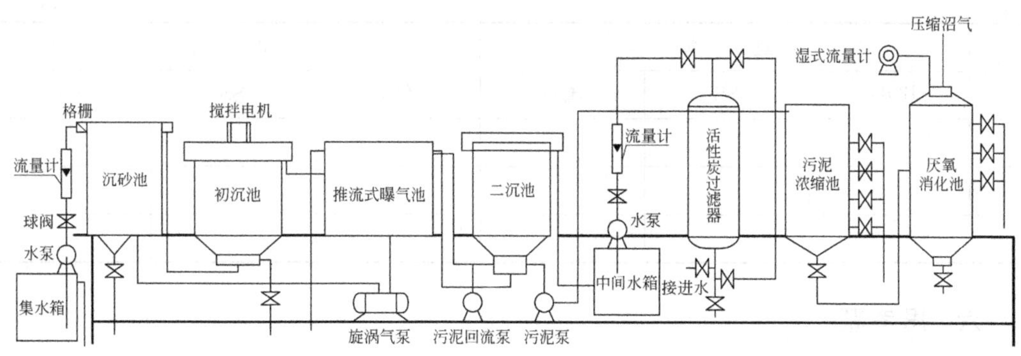


图 1 实验流程图

泥浓度的仪器和化学药品。

## 四、实验步骤

(1) 首先检查整套装置的完整性。

(2) 清除各装置内部的杂物。

(3) 要考虑污水的来源(保证集水箱有水)。

(4) 接通电源,先用自来水试漏,开动水泵,整套装置是否正常运转。

(5) 推流式曝气池微生物的接种:先从污水厂二沉池取来 10～20 L 活性污泥,稀释后倒入推流式曝气池内,开动气泵,进行曝气最好投加些葡萄糖之类营养物,使活性污泥中的微生物繁殖得更好。两星期后,用显微镜观察池内的活性污泥中的微生物生长情况,如微生物生长良好,就进行下一步工作。

(6) 整套流程开通,污水量从少逐步增加,直到设计水量。

(7) 等正常运转后,再采水样进行分析,测定进出水的 $BOD_5$、SS。

(8) 测定污泥的 MLSS、MLVSS、SV%、SVI(按照实验十二的方法测定)。

## 五、数据记录与处理

(1) 稳定运行之后,污泥的 MLSS、MLVSS、SV%、SVI 的数据记录于表 1 中。

**表 1 污泥性质数据**

| MLSS | MLVSS | SV% | SVI |
|---|---|---|---|
| | | | |

(2) 稳定运行之后,进出水的水质数据记录于表 2 中。

**表 2 进出水的水质数据**

| 时间 | 进水 | | | 出水 | | |
|---|---|---|---|---|---|---|
| | $BOD_5$ | SS | 流量 | $BOD_5$ | SS | 流量 |
| | | | | | | |
| | | | | | | |

续表

| 时间 | 进　水 | | | 出　水 | | |
|---|---|---|---|---|---|---|
| | $BOD_5$ | SS | 流量 | $BOD_5$ | SS | 流量 |
| | | | | | | |
| | | | | | | |
| | | | | | | |

## 六、思考题

(1) 活性污泥法与化学法相比的优势有哪些?

(2) 活性污泥法的成本主要包括哪些?

# 第五章

# 与污水相关的微生物实验

## 实验一 微生物絮凝剂与无机絮凝剂的复配实验

### 一、实验目的

(1) 了解不同絮凝剂的种类及应用。

(2) 掌握絮凝剂的单独使用及复配处理方法。

### 二、实验原理

絮凝作为废水处理的一种化学处理方法,关键在于选择性能优良的絮凝剂。按照化学成分,絮凝剂可分为无机絮凝剂和有机絮凝剂两大类。无机絮凝剂又分为无机凝聚剂和无机高分子絮凝剂;有机絮凝剂又分为合成有机高分子絮凝剂、天然有机高分子絮凝剂和微生物絮凝剂。由于有机合成高分子絮凝剂存在毒性及价格昂贵等原因,在国内的应用受到一定限制。无机高分子絮凝剂以其高效、适应性强、无毒、价廉的特点,在各种污水和废水的处理中得到了广泛的应用。广泛使用的无机高分子絮凝剂是在传统的铝盐、铁盐絮凝剂的基础上发展起来的,常用的主要包括聚合硫酸铝、聚合氯化铝、聚合硫酸铁、聚合氯化铁等。无机絮凝剂溶于水后通过溶解和吸水可发生强烈水解,并在水解的同时发生各种聚合反应,生成具有较长线性结构的多核羟基聚合物,这些多核羟基络合物能有效降低或消除溶液中胶体的电位,通过吸附电中和、吸附架桥及絮体的卷扫作用使胶体凝聚,并形成聚合度很高的沉淀凝胶。

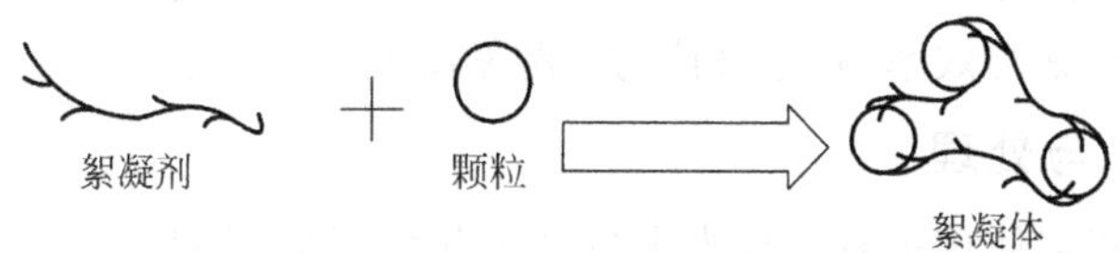


微生物絮凝剂作为一种天然高分子絮凝剂,具有无毒、无二次污染、可自然降解的特点,广泛应用于水处理、食品加工和发酵工业等。但微生物絮凝剂用量大、药剂成本高、对水质要求苛刻等问题严重制约着微生物絮凝剂的大规模推广和应用。因此微生物絮凝剂与无机絮凝剂的复配使用不仅能明显提高絮凝率,而且还能大大减少絮凝剂的使用量。

## 三、实验仪器和试剂

1. 仪器

蒸汽灭菌锅；恒温振荡培养箱；高速离心机；分光光度计；六联搅拌机；电子天平；pH 计；比色皿；移液管；烧杯；锥形瓶等。

2. 试剂

链霉菌；大肠杆菌；金黄色葡萄球菌等菌株；活性艳红染料；NaOH 溶液；盐酸；聚合氯化铝(PAC)。

发酵培养基：葡萄糖 20 g；$MgSO_4$ 0.4 g；$(NH_4)_2SO_4$ 0.4 g；酵母膏 1 g；尿素 1 g；$KH_2PO_4$ 4 g；$K_2HPO_4$ 10 g；pH 7.0；蒸馏水 1000 mL；112℃灭菌 30 min。

## 四、实验步骤

(1) 清洗玻璃仪器。

(2) 微生物絮凝剂的制备。

首先，在 250 mL 锥形瓶中按照配方配制 100 mL 发酵培养基，将菌株接种到锥形瓶中，放入恒温振荡培养箱，在 120 r/min 、30℃条件下恒温振荡培养 24 h，制得预发酵培养液。

然后，将预发酵培养液以 2%的体积比接种到 50 mL 发酵培养基中，放入恒温振荡培养箱，在 120 r/min、30℃条件下恒温振荡培养 72～96 h，制得微生物絮凝剂。

(3) 活性艳红废水的处理。

取 250 mL 浓度为 100 mg/L 的活性艳红废水于烧杯中，调节 pH 为 7，分别投加 1.0、2.0、3.0、4.0、5.0、6.0 mL 微生物絮凝剂，在转速为 120 r/min 时搅拌 1 min，转速为 40 r/min 时搅拌 10 min，静置 15 min 后吸取液面下 2 cm 处的液体，在 538 nm 波长处测定吸光度，以不加絮凝剂的活性艳红废水为空白，确定最佳的絮凝剂使用量。

絮凝效率($\eta$)计算公式为

$$\eta=(A_0-A_1)/A_0\times 100\% \tag{1}$$

式中：$A_0$ 为空白活性艳红废水的吸光度；$A_1$ 为絮凝后水样的吸光度。

按照上述同样步骤，采用无机絮凝剂聚合氯化铝(PAC)作为絮凝剂分别投加到活性艳红废水中，PAC 投加量分别为 100、200、300、400、500、600 mg/L，测定吸光度，计算絮凝效率，确定最佳的絮凝剂使用量。

根据单一絮凝剂处理活性艳红废水的实验结果，各选取 4 组数据进行 2 因素 4 水平的正交实验。按照上述同样步骤，采用不同组合的微生物絮凝剂与 PAC 复配处理活性艳红废水，测定吸光度，计算絮凝效率，确定最佳的复配絮凝剂使用量。

## 五、数据记录与处理

为考察各种絮凝剂使用量对染料废水色度去除效果的影响，以 250 mL 活性艳红废水中微生物絮凝剂的投加量为横坐标，絮凝效率为纵坐标绘制效果图；以 250 mL 活性艳红废水中无机絮凝剂的投加量为横坐标，絮凝效率为纵坐标绘制效果图；将微生物絮凝剂与 PAC 复配的正交实验结果填至表 1 中。分别对实验结果进行分析，确定最佳的处理效果及投药量。

表 1　微生物絮凝剂与无机絮凝剂复配的正交实验结果

| 因素 A | 因素 B | 絮凝效率/% |
|---|---|---|
| 1 | 1 | |
| 1 | 2 | |
| 1 | 3 | |
| 1 | 4 | |
| 2 | 1 | |
| 2 | 2 | |
| 2 | 3 | |
| 2 | 4 | |
| 3 | 1 | |
| 3 | 2 | |
| 3 | 3 | |
| 3 | 4 | |
| 4 | 1 | |
| 4 | 2 | |
| 4 | 3 | |
| 4 | 4 | |

## 六、思考题

(1) 微生物絮凝剂与无机絮凝剂的成分有何区别?

(2) 微生物絮凝剂与无机絮凝剂复配使用时作用机制有何变化?

# 实验二　微生物去除废水中的重金属实验

## 一、实验目的

（1）了解重金属污染的现状和危害。

（2）掌握微生物的纯化分离方法。

（3）理解掌握微生物对重金属的去除机制及处理方法。

## 二、实验原理

重金属污染已经成为环境污染的重要方面之一。工业的飞速发展，例如矿山开采、金属冶炼、电池生产、造纸等行业每年产生大量的重金属废水，Pb、Cd 等重金属浓度超过排放标准几百倍、甚至上千倍，如果任意排放将造成严重的水环境污染。农业发展中，施用畜禽养殖粪便产生的有机肥导致农业面源的重金属污染，主要原因是 Cu、Zn、Cd 等重金属元素经常被应用于饲料添加剂中以增强畜禽的抗病能力。随着重金属在食物链中的逐级传递累积，对人类健康和生态环境产生了巨大危害。

常用的治理水体中重金属污染的方法有：化学沉淀法、电化学法、离子交换法、光催化法、吸附法、膜分离法、生物法等，但均存在一定的局限性。化学沉淀会产生二次污染、电化学法耗电量巨大、膜分离法价格昂贵等。与物理、化学方法相比，生物法因其操作简便、经济实惠、能耗低、二次污染小、环境友好等优点成为研究热点之一。细菌已被确认为是处理重金属的有效手段之一，尤其是处理低浓度重金属废水方面具有良好的发展前景。

微生物通过对重金属的吸附作用和对重金属的沉淀作用去除重金属。

微生物的吸附作用是指利用某些微生物本身的化学成分和结构特性来吸附废水中的重金属离子，通过固液两相分离达到去除废水中的重金属离子的目的。生物吸附剂为自然界中丰富的生物资源，如藻类、地衣、真菌和细菌等。微生物结构的复杂性以及同一微生物和不同金属间亲和力的差别决定了微生物吸附金属的机制非常复杂，至今尚未得到统一认识。根据被吸附重金属离子在微生物细胞中的分布，一般将微生物对金属离子的吸附分为胞外吸附、细胞表面吸附和胞内吸附。对于吸附方式有多种解释，包括胞外吸附、细胞表面吸附、胞内吸附与转化等。

胞外吸附是一些微生物可以分泌多聚糖、糖蛋白、脂多糖、可溶性氨基酸等胞外聚合物质(extracellular polymeric substances，EPS)，EPS 具有络合或沉淀金属离子作用。如蓝细菌能分泌多糖等胞外聚合物，一些白腐真菌可以分泌柠檬酸（金属螯合剂）或草酸（与金属形成草酸盐沉淀）。

细胞表面吸附是指金属离子通过与细胞表面，特别是细胞壁组分（蛋白质、多糖、脂类等）中的化学基团（如羧基、羟基、磷酰基、酰胺基、硫酸脂基、氨基、巯基等）的相互作用，吸附到细胞表面。如将酵母细胞壁上氨基，羧基，羟基等化学基团进行封闭，则会减少其对 $Cu^{2+}$ 的吸收量，表明这些基团在结合 $Cu^{2+}$ 方面具有重要的作用，这也间接证明了细胞壁上蛋白质和糖类在生物吸附中的作用。

金属离子被细胞表面吸附的机制包括离子交换、表面络合、物理吸附(如范德瓦尔斯力、静电作用)、氧化还原或无机微沉淀等。不同的微生物对不同金属的吸附作用机制不同。细胞表面功能基团中的氮、氧、硫、磷等原子,可以作为配位原子与金属离子配位络合。例如Zn、Pb可以与产黄青霉(*P. chrysogenum*)表面的磷酰基和羧基形成络合物,溶液中的阴离子($SO_4^{2-}$、$Cl^-$、$PO_3^{3-}$ 等)可以与细胞竞争重金属阳离子,形成络合物,从而降低产黄青霉对Zn、Pb的吸附量,这也间接地说明细胞表面对金属离子的吸附确实存在络合机制。

胞内吸附与转化是指一些金属离子能透过细胞膜,进入细胞内。金属离子进入细胞后,微生物可通过区域化作用(compartmentalization)将其分布于代谢不活跃的区域(如液泡),或将金属离子与热稳定蛋白结合,转变成为低毒的形式。如活酵母吸收的Sr、Co离子积累于液泡中,而Cd和Cu离子位于酵母的可溶性部分;同时液泡缺陷型酵母对Zn、Mn、Co、Ni离子的敏感性增加,吸附量降低;但其对Cu和Cd离子的吸附与野生型则没有明显的区别。目前,利用生物工程技术,在微生物细胞内表达金属结合蛋白或金属结合肽,从而制备全细胞工具(whole cell tools)来分离废水中重金属,这方面的研究日益受到关注。

微生物对重金属离子的沉淀作用,一般认为是由于微生物对金属离子的异化还原作用或是由于微生物自身新陈代谢的结果。一方面,一些微生物可分泌特异的氧化还原酶,催化一些变价金属元素发生氧化还原反应,或者其代谢产物或细胞自身的某些还原物直接将毒性强的氧化态的金属离子还原为无毒性或低毒性的离子;另一方面,一些微生物的代谢产物(硫离子、磷酸根离子)与金属离子发生沉淀反应,使有毒有害的金属元素转化为无毒或低毒金属沉淀物。

通过向营养肉汤等培养基中加入高浓度的重金属,可以定向培养、分离得到对该种重金属有一定修复潜力的菌株。重金属废水中不仅含有重金属离子,还可能含有其他有毒物质,pH的变化亦会显著抑制微生物的活性,因此研究能够耐受多种重金属以及水质波动的微生物具有重要意义,为系统控制处理高浓度重金属污染工业废水奠定基础。

## 三、实验仪器和试剂

1. 仪器

高温灭菌锅;恒温振荡培养箱;电感耦合等离子体发射光谱仪;电子天平;pH计;培养皿;玻璃棒;接种环;移液管;烧杯;锥形瓶;量筒;滴管;试管;滤纸等。

2. 试剂

菌种:受重金属污染的土壤(地表10 cm左右);牛肉膏蛋白胨培养基(参见本书附录五);$CdCl_2$;$K_2CrO_7$;蒸馏水。

## 四、实验步骤

1. 准备无菌器材

实验前洗涤干净移液管、培养皿等各种玻璃器皿,并进行干热灭菌处理。利用高压蒸汽法对牛肉膏蛋白胨培养基以及蒸馏水进行灭菌。

2. 制备土壤稀释液

称取土壤样品10 g放置于锥形瓶中,倒入90 mL无菌水,在振荡培养箱中振荡摇匀30 min。用移液管吸取1 mL样品加入盛有9 mL无菌水的试管中,混合摇匀。依次类推分别制备不同稀释度($10^{-1}$、$10^{-2}$、$10^{-3}$、$10^{-4}$、$10^{-5}$ 等)的土壤稀释液。

3. 接种培养微生物

用移液管吸取 0.1 mL 不同稀释度的土壤悬液，接种于不同稀释度编号的平板上，用玻璃棒将菌液涂布均匀，平放于试验台 20 min，然后倒置于恒温培养箱中（30℃）培养 48 h。然后利用连续划线法培养单个菌落。

4. 吸附去除重金属

对筛选出的菌株进行重金属吸附实验，将所得菌株接种于含有不同浓度（20、40、80、160、320 mg/L）的 $Cd^{2+}$ 和 $Cr^{6+}$ 的培养基中培养 48 h，利用电感耦合等离子体发射光谱仪测定剩余重金属的质量浓度，并调节培养基的 pH，测定不同 pH 条件下重金属的去除效率。

## 五、数据记录与处理

将微生物对不同浓度的重金属去除效率以及不同 pH 条件下重金属的去除效率计算并记录于表 1 中，绘制出 $Cd^{2+}$ 和 $Cr^{6+}$ 的初始浓度对重金属去除效果的影响曲线图，以及 pH 对 $Cd^{2+}$ 和 $Cr^{6+}$ 的去除效果影响曲线图。

**表 1　微生物对不同浓度的重金属去除效果**

| $Cd^{2+}$ 初始浓度/(mg/L) | $Cd^{2+}$ 剩余浓度/(mg/L) | $Cd^{2+}$ 去除效率/% | $Cr^{6+}$ 初始浓度/(mg/L) | $Cr^{6+}$ 剩余浓度/(mg/L) | $Cr^{6+}$ 去除效率/% | pH | $Cd^{2+}$ 去除效率/% | $Cr^{6+}$ 去除效率/% |
|---|---|---|---|---|---|---|---|---|
| 20 | | | 20 | | | 5 | | |
| 40 | | | 40 | | | 6 | | |
| 80 | | | 80 | | | 7 | | |
| 160 | | | 160 | | | 8 | | |
| 320 | | | 320 | | | 9 | | |
| ⋮ | | | ⋮ | | | ⋮ | | |

## 六、思考题

（1）通过哪些手段可以提高实验的准确性？

（2）影响菌株生长和重金属吸附降解效率的因素有哪些？

## 实验三　藻类生长抑制实验

### 一、实验目的

(1) 了解藻类的生长规律。

(2) 掌握藻类的培养方法。

(3) 掌握单细胞绿藻生长影响的评价方法。

### 二、实验原理

藻类是水体中的初级生产者，也是水生食物链的基础环节。在光的作用下藻类吸收水中的无机营养盐和二氧化碳，制造有机物。它们的存在无论是对水体生产力还是水体污染的自净作用均具有十分重要的意义。因此，在研究毒物或者废水对环境的影响时，都把藻类测试作为一项重要内容。

受试物的浓度不同，会对藻类生长产生不同程度的抑制效应，将处于指数生长期的淡水绿藻和(或)蓝藻暴露于含有不同浓度受试物的水溶液中，试验周期为 72 h，测定并记录 24 h、48 h 和 72 h 藻类的生物量，计算抑制率(与对照相比)，得出 $EC_{50}$ 及其 95%置信区间，并统计得出最低可观察效应浓度(LOEC)和(或)无可观察效应浓度(NOEC)，虽然试验周期相对较短，但是通过藻类若干代的繁殖可以评价其效应。

测定不同时间藻类的生物量，以量化藻类的生长和生长抑制，由于藻类干质量难以测定，多使用其他参数代替，如细胞浓度、荧光性和光密度等。应知晓所使用的替代参数与生物量之间的换算系数。

测定终点为生长抑制，可以试验期间平均比生长率或生物量的增加来表达，从一系列试验浓度下的平均比生长率或生长量可以获得致使藻类生长率或生长量受到 $x\%$ 抑制(如 50%)的被试物质浓度，并表达为 $EC_{50}$。

藻类生长抑制实验的目的是确定受试物对单细胞藻类生长的影响，可用于受试物对藻类短期暴露效应的初评。受试物的浓度不同，会对藻类生长产生不同程度的抑制效应，通过将不同浓度的受试物加到处于对数生长期的藻中，在规定的实验条件下培养一定时间后，每隔 24 h 测定藻类种群的浓度和生物量，以量化藻类的生长和生长抑制。实验时间一般不小于 96 h。当暴露使藻类的生长率低于未经暴露的对照组时，称为藻类生长抑制。

单细胞藻类个体小，世代时间以小时计算，藻类生长抑制实验可以在较短时间内得到受试物(化学品或环境样品)对藻类许多世代及在种群水平上的影响。所得结果可反映受试物对水体中初级生产营养级的生态毒性作用影响。

### 三、实验仪器和试剂

1. 仪器

灭菌锅；三角瓶；光照培养箱；光学显微镜。

2. 试剂

藻类：使用生长快速的绿藻品种，如羊角月芽藻(*Selenastrumcapricormutum*)，斜生栅藻(*Scenedesmus obliquus*)，普通小球藻(*Chlorella vulgaris*)均可。

## 四、实验步骤

1. 藻类储备培养

在三角烧杯中加入约 100 mL 培养基(表 1),接种藻类,在实验要求的相同温度和光照条件下培养 7～10 d 转接一次,以保持培养物生长良好,确保随时有足够的数量可用于试验。应该经常检查储备培养中藻类的生长情况,包括形态和生长速度,以及有无菌类和其他藻类的污染。当藻类进入停滞生长期时应转接。

2. 预培养

自储备培养物中取出一定量的藻液,接种到新鲜的无菌培养基中,接种藻细胞浓度大约为 $10^4$ 个/mL(±25%),在实验要求和相同条件下培养,应使藻类在 2～3 d 达到对数生长,然后再次转接到新鲜培养基中。如此反复转接培养 2～3 次,经检查藻类生长健壮并且正处于对数生长期时,便可用于制备实验中所需要的试验液。每次实验中的藻实验液必须来自同一个储备培养物。

3. 平行和对照

正式实验中每个测试浓度至少要设置 3 个平行样,每一个系列设两个对照样。也可根据需要增加浓度或减少平行样的数量。当使用助溶剂增加受试物的溶解度时,对照组中助溶剂应与测试液中助溶剂浓度最高时一致。

4. 预实验

为确定正式实验中受试物的浓度范围,正式实验之前需要进行预试验。

预实验的浓度可按对数间距排布,最低浓度应为受试物的检测下限,最高浓度应为饱和浓度,无须设平行样,测定项目和方法可简化,实验时间也可缩短。如预实验中在最高浓度测得的藻的生长抑制低于 50%,或者在最低浓度测得的生长抑制高于 50%,可不必再进行正交试验。若有必要进行正交实验,可根据预实验的结果确定正式实验时受试物的浓度范围和浓度间距。

**表 1 培养基成分**

| 物质名称 | | 浓度 | 用量 |
|---|---|---|---|
| $NaNO_3$ | | 150 g/L | 10 mL/L |
| $K_2HPO_4$ | | 4 g/L | 10 mL/L |
| $MgSO_4 \cdot 7H_2O$ | | 7.5 g/L | 10 mL/L |
| $CaCl_2 \cdot 2H_2O$ | | 3.6 g/L | 10 mL/L |
| 柠檬酸 | | 0.6 g/L | 10 mL/L |
| 柠檬酸铁铵 | | 0.6 g/L | 10 mL/L |
| EDTA 二 Na | | 0.1 g/L | 10 mL/L |
| $Na_2CO_3$ | | 2.0 g/L | 10 mL/L |
| A5(微量金属元素) | $H_3BO_3$ | 2.86 g/L | 1 mL/L |
| | $MnCl_2 \cdot 4H_2O$ | 1.86 g/L | |
| | $ZnSO_4 \cdot 7H_2O$ | 0.22 g/L | |
| | $Na_2MoO_4 \cdot 2H_2O$ | 0.39 g/L | |
| | $CuSO_4 \cdot 5H_2O$ | 0.08 g/L | |
| | $Co(NO_3)_2 \cdot 6H_2O$ | 0.05 g/L | |

5. 正式实验

（1）受试物实验液：用经 0.45 μm 滤膜过滤后的培养基配制受试化学品的储备液，其浓度为测试时所需最高浓度的 2 倍。用此储备液稀释配制成一系列不同浓度的受试物实验液，浓度也分别为测试时所需浓度的 2 倍。实验浓度可按 10，$n/10$ 或者是 $\sqrt[n]{10}$ 的几何级数或等对数间距设计。实验前应测定受试验液的 pH，必要时用 HCl 或 NaOH 溶液将 pH 调整为 7.5±0.2。实验结束时，应测定受试物浓度。

（2）藻实验液：藻实验液是用于进行实验的藻培养物，对藻类进行预培养后，镜检其生长情况，并计数细胞浓度，然后用培养基稀释至藻细胞浓度为 $2\times10^4$ 个/mL，即成为可用于试验接种的藻实验液。

（3）测试液：测试液是正式用于测试的，含有藻实验液和受试物实验液。

先在每个三角瓶（或者是其他培养容器）中加入 50 mL 藻实验液，然后再添加 50 mL 受试物实验液。对照组瓶中不加受试物实验液而只添加 50 mL 培养基，将各瓶摇动均匀后放入培养装置，实验正式开始。

（4）藻生长状况的测定：实验开始后，每隔 24 h，即在 24、48、72、96 h，从每瓶中取样进行生长测定。测定项目包括藻类细胞浓度、光密度或叶绿素。实验开始和实验 72 h 后，测定实验液 pH。实验期间溶液 pH 偏差大于一个单位是不正常的。

（5）如化学物质的水溶性有限（如溶解度低于 1000 mg/L），需要采用助溶剂，则选择的助溶剂应对藻类生长无影响，并且在试验溶液中的含量最高不得超过 100 mg/L。同时需要设置助溶剂对照，浓度应与实验液助溶剂的最高浓度一致。

（6）当受试物为废水或环境水样时，水样必须密封，保存在 0～4℃条件下。样品中应充满水样不留空气，尽量使样品毒性变化较小，而且在试验前的保存时间越短越好。测试废水样品或环境水样之前要预先振摇，可直接用水样作为毒物测试液，如果水样毒性过大，也可使用稀释水配成适当浓度的试验液，对于含有难溶性毒物的水样，同样可以使用助溶剂或乳化剂。如果水样所含毒物在一定时间内不稳定，必须定期分析。

6. 藻类生长测定方法

测定藻类生长的指标和方法，可采用以下测定方法：

（1）细胞计数：在显微镜下，用计数框或血球数板对藻细胞的数量计数。用计数框时可采用视野法，即对显微镜视野中的所有细胞计数。如果藻细胞密度小，要适当增加技术视野。藻数按视野累加，每次计数（同一批取样的样品）应采用相同方法（视野数目、放大倍数等）。每一样品至少计数两次，如果这个结果相差大于 15%，应予重新计数。

（2）光密度：在分光光度计上测定实验液的光密度，波长可以选用 650 nm、630 nm 或其他波长，亦可用荧光光度计测定。

（3）叶绿素：样品经离心或过滤后，用丙酮、乙醇或其他溶剂萃取，进行分光测定，亦可用荧光光度计测定。

## 五、数据记录与处理

将测试液和对照组中细胞浓度和受试液浓度、测试时间一起制表。绘制每个受试物浓度和对照组的细胞浓度平均值与时间关系的生长曲线，可用下面的方法确定浓度效应关系。

(1) 浓度的换算：把显微镜视野计数结果换算成细胞浓度 $N$：

$$N=\frac{C_s}{F_s\times n}\times P_n\times 10 \tag{1}$$

式中：$N$ 为每瓶试样中藻的浓度，个/mL；$C_s$ 为计数框面积(20 mm×20 mm)；$F_s$ 为 $\pi r^2$(视野面积)；$r$ 为测量的视野半径，mm；$n$ 为视野数；$P_n$ 为 $n$ 个视野藻细胞数累加值。

(2) 生长率比较：对数生长期藻类平均特定生长率($\mu$)用式(2)计算：

$$\mu=\frac{\ln N_n-\ln N_1}{t_n-t_1} \tag{2}$$

平均特定生长率也可以用 $\ln N$ 对时间的回归线的斜率导出。用每一受试物浓度与对照组相比所得的生长率下降百分数对对数浓度作图，可直接从图上读出 $EC_{50}$。

## 六、注意事项

(1) 实验浓度的安排应适当，使 96 h 的生长抑制率在 50%上下均有分布。

(2) 实验藻种的选择和预培养应注意藻胞大小均匀，颜色鲜绿，处于对数生长期。实验开始的 3 d 内，对照组藻细胞浓度至少应增加 16 倍。

(3) 受试化学物需要明确它的物理和化学特性，针对性地设计实验，尤其是对于溶解度有限的化学物质和具有挥发性的物质。挥发性物质应在密闭瓶中进行实验，损失量控制在 20%以下。

(4) 对于细胞壁有黏性的藻类，应注意加强震荡，避免细胞计数产生误差，同时，也可以根据具体情况选择其他指标来衡量藻类的生长抑制状况。

(5) 实验所用的培养藻的容器和实验的容器等均需要灭菌处理。

(6) 在正式试验前必须进行必要的预试验。

## 七、思考题

(1) 干扰藻类 $EC_{50}$ 正常测定的因素有哪些?

(2) 受试物质对藻类的生长在不同时期起的作用有何不同？有无促进作用?

# 实验四 发光菌的毒性测试

## 一、实验目的

(1) 掌握发光细菌对环境化学污染物生态毒性的测试方法及其原理。

(2) 了解细菌培养和染毒方法。

(3) 根据发光细菌发光强度的变化判断受试化合物的毒性。

## 二、实验原理

细菌生物发光反应是一种生理过程，由分子氧作用，胞内荧光素酶催化，将还原态的黄素单核苷酸($FMNH_2$)及长链脂肪醛(如十二烷醛)氧化为 FMN 及长链脂肪酸，同时释放出最大发光强度在波长为 450～490 nm 的蓝绿光。黄素单核苷酸是重要的辅酶，它的还原形式 $FMNH_2$ 与氧化形式 FMN 之间的转化起到了传递氢的作用。发光菌的发光反应如下：

$$FMNH_2 + RCHO + O_2 \xrightarrow{\text{荧光素酶}} FMN + RCOOH + H_2O + h\gamma(\text{光})$$

这种发光过程极易受到外界条件的影响，比如理化和生物有毒物质，这些物质主要是通过两个途径来影响发光菌的发光过程，一是直接抑制发光反应过程中酶的活性，二是抑制与发光反应相关联的生理代谢作用，比如发光菌的呼吸作用、电子传输系统、ATP 的产生、蛋白质或脂类合成等等都会受到影响，从而改变发光强度。当有毒有害物质与发光细菌接触时，细菌新陈代谢则受到影响，发光强度减弱或熄灭，在一定浓度范围内，有毒物浓度大小与发光细菌光强度变化成一定比例关系。因此，可利用发光细菌作为指示微生物，以发光强度的变化为指标，测定环境中有毒有害物质的生物毒性，从而对环境中的污染物质进行监测和污染风险评价。

目前常用的发光细菌分别为明亮发光杆菌 T3 小种(*Photobacterium phosphoreum* T3)、费氏弧菌(*Vibrio fischeri*)和青海弧菌 Q67(*Vibrio qinghaiensis* sp. Q67)。其中明亮发光杆菌在“水质急性毒性的测定发光细菌法(GB/T 15441—1995)”中使用；费氏弧菌在欧盟的标准中使用；青海弧菌是在青海湖的鱼体内提取的菌种，属淡水菌，在测试淡水时有较大优势。

环境监测理化方法反映的只是废水中某一种污染物的浓度水平及贡献量，并不能反映出废水综合毒性大小。传统的生物毒性测试以水蚤、藻类或鱼等为受试对象，虽然能反映对生物的直接影响，但实验周期长，实验比较繁琐。而发光细菌法具有快速、简便、费用低廉等特点，其灵敏度可与鱼类 96 h 急性毒性试验相媲美。发光细菌法除了在空气、土壤、水的监测中发挥重要的作用外，还被用于具体污染物的毒性分析。用发光细菌测定工业废水的毒性已经取得了广泛应用。由于废水含有多种有机和无机污染物，要对每种有毒化合物都进行单个分析是不大可能的，而且由于污染物之间的联合毒性作用的存在，比如加和或者拮抗作用，各个污染物的毒性之和并不代表这种废水的综合毒性，因此，用发光细菌法测定其综合毒性具有很强的优势。通过了解工业废水毒性的变化与可生化性的关系，发光细菌法还可以评价废水的可生化性。毒性变化大，可生化性变化的幅度也大；绝对毒性越大，可生化性越差。急性毒性水平以相当的参比毒物氯化汞浓度(mg/L)或 $EC_{50}$ 来表征。毒物的毒性可以用 $EC_{50}$ 表示,即发光菌发光强度降低50%时毒物的浓度。实验结果显示,毒物浓度与菌体发光强度呈线性负相关关系。因而可以根据发光菌强度判断毒物毒性大小,用发光强度表征毒物所在环境的急性毒性。

## 三、实验仪器和试剂

1. 仪器

生物化学发光光度计;微量加液器;移液管;容量瓶;漩涡混合器;摇床。

2. 试剂

菌种:青海弧菌Q67,冻干粉剂,封存于安瓿中,在−18℃或更低有效保存期6个月。

## 四、实验步骤

1. 样品处理

1) 水样的预处理

若样品中含有不溶性悬浮物,必须静置后取上清液,有色样品必须稀释至基本无色或使颜色尽量减淡才可用于测试。测试前100 mL样品加入10 g乳糖,使其完全溶解。

2) 化学品的预处理

化学品需配制成水溶液。测试前加入乳糖使其浓度达到10%。

3) 固体废物或污泥样品的预处理

按固体废物∶水=1∶5的比例,加入三角烧瓶中,在摇床上振摇8~10 h,静置10~14 h取上层清液,按水样的预处理方式进行。

污泥应尽可能去除水分再称重,否则需先测定其含水率,然后扣除水分后按固体废物的处理方式进行。

2. 菌体复苏

将冻干粉安瓿及复苏液(0.8%的氯化钠)先置于4℃冰箱内10~15 min,然后将该复苏液1 mL注入安瓿内,置于漩涡混合器上,使之充分混匀溶化,数分钟后在暗室中肉眼应见绿色荧光,若无绿色荧光则不能使用。将该菌液倾倒于一干净试管内,再以1 mL复苏液注入安瓿,振荡后再倾入试管内,再次在漩涡混合器上充分振荡混匀。一般每安瓿可加复苏液5~6 mL,肉眼检视应为乳白色均匀液体,静置后无沉淀即可应用。

3. 样品抑光强度的检测,

(1) 样品稀释准备:将水样按100%和50%的浓度稀释,以10%的乳糖溶液作为稀释液,每个浓度设3个平行样,以10%的乳糖溶液作为空白对照,也设3个平行样,分别加入测量杯中。

(2) 发光菌液的加入:加入冻干粉复苏菌悬液100 μL,准确作用15 min,依次测定其发光强度。

## 五、数据记录与处理

得到样品的发光抑制率,以评价样品的综合毒性。相对发光强度和抑光率的计算公式如下:

$$相对发光强度=\frac{样品发光强度}{对照发光强度}\times 100\% \tag{1}$$

$$相对抑光率=\frac{对照发光强度-样品发光强度}{对照发光强度}\times 100\% \quad (2)$$

## 六、注意事项

(1) 该方法可用于其他环境化学污染物(如农药,抗生素,重金属等)的毒性测定。

(2) 实验前判断发光细菌是否符合测试要求。

(3) 平行或批处理样品的处理与测试应注意操作时间的一致性。

## 七、思考题

(1) 测试结果误差的主要来源?

(2) 测试过程中,暴露时间、温度以及体系的 pH 等对发光细菌的发光特性是否有影响,及影响如何?

# 实验五　污水中新冠病毒的检测

## 一、实验目的

(1) 掌握污水中新冠病毒的检测原理、方法。

(2) 了解污水中新冠病毒检测的意义。

## 二、实验原理

西班牙、日本、意大利频频发布了在废水中发现新冠病毒的研究报告。2022年美国疾病控制与预防中心(CDC)的一份报告指出,新冠病毒的变种奥密克戎(Omicron)很有可能在美国首例确诊病例官宣的一周前就已经存在于污水中了。为何总在废水中频频检出新冠病毒呢?废水中能检测出新冠病毒,大概率能够说明在那一片区域中已经有人群感染了新冠病毒,且污染了的废弃水没有经过消毒处理直接外泄,并且可以推测生活在那一片区域的人群感染程度以及病毒载量都比较高。

感染新冠病毒以后,会有很多病毒从肠道中排出体外。污水是集中粪便、洗手水等诸多环境的废水,能够有效监测多途径的病毒感染条件。污水站的新冠病毒密度,早已成为新冠病毒传播的一个早期预警信号。污水流行病学是估测人群中COVID-19感染率的一种有效解决手段。污水监测是一个可行的早期预警系统,可以帮助跟踪新冠病毒变种的传播。污水厂的病毒变体检测和临床确诊病例有正相关,而且能远早于临床检测获得病毒变异的信息。同时,随着全球旅行的回归正常,航班的污水测试可能是在入境点对入境旅客进行新冠病毒筛查的有效方法,因为咽喉样本中的病毒检测可能存在滞后,航班废水检测可以提供额外的数据信息。在入境点对污水进行快速现场监测可能有助于检测和监测在全球范围内流通的其他传染性病原体,并为未来的流行病提供警报。

污水场应该成为多种病毒传播监测的哨点,通过大规模核酸筛查,成本与人力投入是十分高昂的,如果通过污水监测,虽然做不到像核酸这样精准,但是它也有一些独特的优势。

(1) 更快捷。核酸监测往往是已有疫情风险的区域进行筛查。所谓已有风险,实际上在该区域已有人感染。但是污水监测可以发现该区域中无症状的感染情况,更容易、更早地监测出区域的安全风险。

(2) 更方便,成本更低。污水监测成本相对低廉,方便,对社会生活和工作干扰较少。

污水监测不仅仅针对新冠病毒,对多种病毒,尤其是肠道病毒,呼吸道病毒,都可能具有很好的监测作用。让污水监测作为流行病学的一个重要监测手段。废水监测是一个非常强大的工具,它不仅是能为病毒传播提供预警信号,还有助于跟踪每波疫情的完整发展趋势和轨迹。

污水中新型冠状病毒的检测先用富集浓缩的方法收集病毒,然后把病毒核酸提取出来进行实时荧光RT-PCR检测。富集浓缩的方法有3种,分别为聚乙二醇沉淀法、铝盐混凝沉淀法和离心超滤法。

聚乙二醇沉淀法是向污水中加入聚乙二醇,聚乙二醇在一定盐浓度条件下可使病毒颗粒形成多聚体，在一定离心力下将水溶液与病毒颗粒多聚体分开，收集病毒颗粒多聚体形成的沉淀，用于后续核酸提取和实时荧光 RT-PCR 检测。铝盐混凝沉淀法是向污水中加入铝盐混凝剂，铝盐水解产生的氢氧化铝胶体可吸附和包裹病毒颗粒，通过离心作用收集含病毒的胶体，然后通过化学溶解释放出包裹的病毒颗粒，用于后续核酸提取和实时荧光 RT-PCR 检测。离心超滤法是选用嵌有超滤膜的超滤杯，通过离心作用将分子量大于超滤膜截留分子量的病毒颗粒截留在超滤杯内，收集超滤杯中的病毒浓缩液，用于后续核酸提取和实时荧光 RT-PCR 检测。本实验采用聚乙二醇沉淀法提取。

## 三、实验仪器和试剂

1. 仪器

高速冷冻离心机（4℃，50 mL 或 250 mL 转子，可承受离心力≥12 000 N）；电子天平（分辨力不低于 0.001 g）；生物安全柜（Ⅱ级或Ⅱ级以上）；高压灭菌器；移液器（10 μL、100 μL、200 μL、1 mL）；大容量电动移液器；实时荧光 PCR 仪；混匀器。

2. 试剂

聚乙二醇（分子生物学级，平均相对分子质量 8000）；氯化钠（分子生物学级）；无核酸酶水（分子生物学级）；病毒核酸提取试剂盒；新冠病毒核酸检测试剂盒（荧光 PCR 法）。

3. 材料

无菌带盖离心管（1.5 mL）；无核酸酶（50 mL 或 250 mL，可承受离心力≥12 000 N）；无菌移液器吸头（10 μL、100 μL、200 μL、1 mL，带滤芯，无核酸酶）；无菌移液管（50 mL）；无菌 PCR 管或 PCR 板（无核酸酶）。

## 四、实验步骤

### （一）水样的采集、运输及保存

根据采样场所排水系统分布情况，重点选取污水排水口、内部管网汇集处等关键位置对未经消杀处理的污水进行采样。用无菌聚乙烯瓶采集污水样本，采样体积为 300 mL。可根据现场条件和检测需求确定水样采集方式，如瞬时水样（采样点位某一时间随机采集的样本）或混合水样（同一采样点位不同时间所采集的瞬时水样混合后的样本）。样本采集后应在现场使用 75％乙醇溶液对采样瓶外表面进行消毒，然后将采样瓶装入密封采样袋中，对密封采样袋外表面再次进行消毒，并尽快将样本送至实验室，运输过程中确保在 0～4℃条件下冷藏运输。到达实验室后样本同样应保存于 0～4℃环境中。

### （二）富集浓缩步骤

1. 预离心

用大容量电动移液器分别移取 3 份 35 mL 污水样本置于 3 个 50 mL 离心管中，在 4℃、2500 g 条件下离心 30 min，将上清液分别转移到另外 3 个 50 mL 离心管中备用。剩余污水样本作为备份。

注 1：当污水样本悬浮物含量过高，可能影响病毒核酸提取和实时荧光 RT-PCR 检测时，应采用预离心弃除悬浮物后再进行后续操作。

注 2：若选用 250 mL 离心管，可直接取 105 mL 污水样本于 250 mL 离心管中，在上述条件下离心后将上清液转移到另外 1 个 250 mL 离心管中备用。

2. 第二次离心

在 3 个装有 35 mL 污水样本或预离心后上清液的 50 mL 离心管中分别加入（3.5±

0.1)g 聚乙二醇和(0.79±0.01)g 氯化钠，充分混合，直至试剂完全溶解，该溶解过程约需15 min。然后在 4℃、12 000 N 条件下离心 120 min，离心机降速时不应使用制动力。离心机停止后倾倒并弃除离心管中的上清液，至无上清液流出。

注：若选用 250 mL 离心管，在装有 105 mL 污水样本或预离心后上清液的 250 mL 离心管中操作时，聚乙二醇和氯化钠用量应等比例增加，其他操作相同。

3. 富集浓缩

(1) 在 4℃、12 000 N 条件下将第二次离心后剩余的样本再次离心 5 min，离心机降速时不应使用制动力。离心机停止后用移液器从离心管中吸出并弃除剩余的上清液。

(2) 吸取 0.4 mL 无核酸酶水加入到其中的一个离心管中，反复吹吸沉淀，瞬时离心，使所有液体聚集在管底，将混悬液吸出并加入到第二个离心管中。

(3) 重复吹吸沉淀和瞬时离心的操作后，再次将混悬液吸出并加入到第三个离心管中。

(4) 继续重复吹吸沉淀和瞬时离心的操作，最终形成的混悬液即为该水样的浓缩液，体积约为 0.6 mL。将浓缩液转移至 1.5 mL 离心管中，于 0～4℃条件下保存，并于 24 h 内完成核酸提取和实时荧光 RT-PCR 检测。

注：若选用 250 mL 离心管，按照(1)中的条件再次离心并弃除剩余的上清液后，在离心管中加入 0.4 mL 无核酸酶水，反复吹吸沉淀，并瞬时离心后即得到浓缩液。

### (三) 核酸检测

1. 核酸提取

在生物安全柜中打开装有污水样本浓缩液的离心管，按照病毒核酸提取试剂盒说明，取适量浓缩液进行核酸提取，提取完成后应立即封盖并马上进行实时荧光 RT-PCR 检测。剩余的浓缩液和核酸样本应于－80℃条件下冻存。

2. 实时荧光 RT-PCR 检测

(1) 检测靶标选择原则。采用双靶标检测，针对开放读码框 1ab(open reading frame 1ab, ORF1ab)和核壳蛋白(nucleocapsid protein, N)。必要时可根据检测需求和相关规定进行调整。

(2) 反应体系。参照新冠病毒核酸检测试剂盒说明书。每个样本设置 3 个平行。

### (四) 质量控制

1. 富集浓缩质量控制

(1) 富集浓缩阳性质量控制。将采集到的污水样本灭活后，加入污水中不存在的非人源病毒(如：鼠肝炎病毒、牛冠状病毒、牛呼吸道合胞病毒、新冠病毒假病毒等阳性质控)，加标浓度为 1000 copies/mL，作为富集浓缩阳性质控样。富集浓缩阳性质控样检测过程与污水样本检测过程完全相同，但实时荧光 RT-PCR 时应使用相应核酸检测试剂盒。在每一批次检测中应至少做一个富集浓缩阳性质控样。

(2) 富集浓缩阴性质量控制。样本采集时用无核酸酶水代替污水样本，将其作为富集浓缩阴性质控样。富集浓缩阴性质控样检测过程与污水样本检测过程完全相同(注：富集浓缩阴性质控样同时也是采样过程空白对照样)。在每一批次检测中应至少做一个富集浓缩阴性质控样。

2. 核酸提取质量控制

(1) 核酸提取阳性质量控制。使用阳性质控作为核酸提取过程阳性质控样。核酸提取阳性质控样检测过程与污水样本从核酸提取开始的检测过程完全相同。但实时荧光 RT-PCR 时应使用相应核酸检测试剂盒。在每一批次核酸提取过程中应至少做一个核酸提取阳性质控样。

(2) 核酸提取阴性质量控制。使用无核酸酶水作为核酸提取过程阴性质控样。核酸提取阴性质控样检测过程与污水样本从核酸提取开始的检测过程完全相同。在每一批次核酸提取过程中应至少做一个核酸提取阴性质控样。

3. PCR 检测质量控制

(1) PCR 检测阳性质量控制。使用新冠病毒核酸检测试剂盒中的阳性质控作为 PCR 检测过程阳性质控样。制备反应体系时用 PCR 阳性质控样代替样本核酸加入,其他操作与污水样本 PCR 检测过程完全相同。在每一批次实时荧光 RT-PCR 过程中应至少做一个 PCR 检测阳性质控样。

(2) PCR 检测阴性质量控制。使用新冠病毒核酸检测试剂盒中的阴性质控作为 PCR 检测过程阴性质控样。制备反应体系时用 PCR 阴性质控样代替样本核酸加入,其他操作与污水样本 PCR 检测过程完全相同。在每一批次实时荧光 RT-PCR 过程中应至少做一个 PCR 检测阴性质控样。

## 五、数据记录与处理

1. 实验有效性判断

实验结果应满足表 1 要求,否则实验视为无效。

**表 1　实验有效性判断标准**

| 质控样类型 | 实验结果 | 质控样类型 | 实验结果 |
| --- | --- | --- | --- |
| 富集浓缩阳性质控样 | 阳性 | 核酸提取阴性质控样 | 阴性 |
| 富集浓缩阴性质控样 | 阴性 | PCR 检测阳性质控样 | 阳性 |
| 核酸提取阳性质控样 | 阳性 | PCR 检测阴性质控样 | 阴性 |

注:以上 6 项需在一次实验中同时满足。

2. 结果判定

(1) PCR 结果判断:

阴性:无 $C_t$ 值、无 S 形扩增曲线。

阳性:$C_t$ 值小于或等于新型冠状病毒核酸检测试剂盒说明书规定值,且有 S 形扩增曲线。

(2) 阳性样本判断:

双靶标:同一份样本中新型冠状病毒 2 个靶标(ORF1ab 和 N)实时荧光 RT-PCR 均出现阳性检测结果,即 2 个靶标的 3 个平行样各出现至少 1 个阳性检测结果,样本判定为阳性,例如:ORF1ab+/−/−,N −/+/−。

单靶标:同一份样本中新型冠状病毒单靶标(ORF1ab 或 N)实时荧光 RT-PCR 至少 2 个平行样出现阳性检测结果,样本判定为阳性,例如:ORF1ab+/+/−,N −/−/− 或 ORF1ab −/−/−,N+/+/−。当出现单个靶标只有 1 个平行样为阳性检测结果时,需对该样本重新进行富集浓缩和核酸提取,并进行实时荧光 RT-PCR 检测,若仍出现阳性检测结果,则样本判定为阳性。

## 六、注意事项

(1) 富集浓缩采用聚乙二醇沉淀法或铝盐混凝沉淀法时,方法检出限为 10 copies/mL;富集浓缩采用离心超滤法时,方法检出限为 100 copies/mL。

(2) 3 种新冠病毒富集浓缩方法适用条件相同,使用过程中可根据实验条件进行选择。

(3) 整个实验过程要满足生物安全。污水样本采集时个人防护要求应符合 WS/T 697 相关规定。样本灭活、检测等操作应在生物安全二级及以上实验室进行,同时采用不低于生物安全三级实验室的个人防护。水样采集后,富集浓缩、核酸提取和实时荧光 RT-PCR 检测等所有操作均应避免样本暴露于外环境。实验过程中产生的所有废弃物(包括剩余水样)均应经有效灭菌后再按医疗废弃物进行分类处理。

(4) 病毒灭活的时候,样本要充分混匀后置于 60℃水浴 30 min。水浴锅水位应高于样本液面,确保容器内样本达到目标温度。

(5) 实验室应在接到样本后 24 h 内进行富集浓缩处理,并在富集浓缩后 24 h 内完成核酸提取及实时荧光反转录聚合酶链式反应(实时荧光 RT-PCR)检测。

## 七、思考题

(1) 污水中哪些因素会影响新冠病毒核酸富集效果?

(2) 为什么要采集的是未经消杀处理的污水?

# 实验六　水中总大肠杆菌群数的测定

## 一、实验目的

(1) 了解水质评价的微生物学卫生标准,理解总大肠菌群数量的重要性。

(2) 掌握多管发酵法测定水中总大肠菌群数量的原理、方法和操作步骤。

## 二、实验原理

总大肠菌群是温血动物肠道中的正常菌群,常随动物的粪便排入水体,影响水质。肠道病原菌在水中的浓度很低,检测流程烦琐复杂,且有感染风险。而总大肠菌群能指示肠道病原菌的存在,也比病原菌容易检出,且其数量与肠道病原菌数量呈正相关,因而是一个合适的指示菌群。所以检测水的细菌卫生学标准,通常检测总大肠菌群。

总大肠菌群是指在37℃条件下24～48 h能发酵乳糖产酸、产气的兼性厌氧的革兰阴性无芽孢杆菌的总称,主要由肠杆菌科中四个属(埃希氏杆菌属、柠檬酸杆菌属、克雷伯菌属和肠杆菌属)的细菌组成。这些细菌基本上包括了健康人粪便内的全部需氧的革兰氏阴性杆菌。我国《生活饮用水卫生标准》(GB 5749—2022)规定,100 mL生活饮用水中不得检出总大肠菌群(cfu)。生活饮用水中总大肠菌群的检测通常取原水样直接进行多管发酵实验,实验步骤包括初(步)发酵试验、平板分离和复发酵试验3个部分。根据阳性结果,查找总大肠菌群检数表(见本书附录六),计算水中总大肠菌群数量。

(1) 初(步)发酵试验:向发酵管中加入乳糖蛋白胨液体培养基,并加溴甲酚紫作为pH指示剂,兼做其他细菌如芽孢杆菌等的抑制剂,并在其中倒置一德汉氏小套管,于37℃下培养48 h,大肠菌群能发酵乳糖并产酸产气。产酸后,培养基即由原来的紫色变为黄色;产气后,德汉氏小套管内会观察到气体的存在。培养24 h内产酸产气且培养基混浊,说明水中存在大肠菌群,为阳性结果(但其他类型的个别细菌也可能在此条件下产气);24～48 h内才产酸产气的视为可疑结果;48 h后仍不产气的为阴性结果。

(2) 平板分离:平板培养基一般使用复红亚硫酸钠琼脂(远藤氏培养基,见附录七)或伊红美蓝琼脂培养基(EMB培养基,见附录七),本实验使用EMB培养基。伊红美蓝琼脂平板含有伊红和美蓝染料,起到指示剂的作用,大肠菌群发酵乳糖形成酸性环境时,这两种染料即结合形成复合物,使大肠菌群产生带核心的、有金属光泽的深紫色(龙胆紫的紫色)菌落。初发酵管24 h内产酸产气的阳性结果和48 h内产酸产气的可疑结果均需在EMB平板上划线分离菌落。

(3) 复发酵试验:将以上大肠菌群阳性菌落,经涂片染色成革兰阴性无芽孢杆菌者,通过此试验进行进一步证实。原理与初发酵试验相似,将细菌菌落接种至乳糖蛋白胨液体培养基后,经24 h培养后既产酸又产气的,最后确定为大肠菌群阳性结果。

## 三、实验仪器和试剂

1. 仪器

恒温培养箱；普通光学显微镜；德汉氏小套管；洁净工作台；振荡器；玻璃珠；pH 计；酒精灯；压力蒸汽灭菌器；移液器等。

2. 水体样品

生活饮用水(如自来水)和地表水(如湖水、河水、塘水)。

3. 培养基

(1) 乳糖蛋白胨液体培养基。

(2) 三倍浓缩乳糖蛋白胨液体培养基。

(3) 伊红美蓝固体培养基。

(4) EC 液体培养基。

以上培养基配方见本书附录七。

4. 试剂

革兰氏染色试剂(配制方法见本书附录八)。

## 四、实验步骤

1. 水样的采集

(1) 自来水水样。先将自来水龙头用火焰灼烧 3 min 灭菌，再完全打开水龙头放水 5 min 后，用已灭菌的具塞玻璃瓶接取水样。所得水样最好立即检测，否则需放入 4℃冰箱中保存备用。

(2) 湖水水样。采集距湖水表面 10～15 cm 深水样，将灭菌的具塞玻璃瓶瓶口向下浸入水中，然后翻转过来，除去玻璃塞，水即流入瓶中，盛满后，将瓶塞盖好，再从水中取出，最好立即检测，否则需放入 4℃冰箱中保存备用。

2. 生活饮用水中总大肠菌群数的测定

(1) 初发酵试验。在两个装有已灭菌的 50 mL 三倍浓缩乳糖蛋白胨培养液的大试管或烧瓶中(内倒置有德汉氏小套管)，以无菌操作各加入混匀的水样 100 mL。在 10 支装有已灭菌的 5 mL 三倍浓缩乳糖蛋白胨培养液的试管中(内有倒管)，以无菌操作加入混匀的水样 10 mL 混匀后置于 37℃恒温箱内培养 24 h。

(2) 平板分离。经 48 h 培养后，将 24 h 内产酸产气及 48 h 内产酸产气的发酵管，分别划线接种于伊红美蓝琼脂培养基平板上，再于 37℃下培养 18～24 h，挑取具有下列特征菌落的菌落，进行涂片、革兰染色、镜检：深紫黑色，具有金属光泽；紫黑色，不带或略带金属光泽；淡紫红色，中心颜色较深。

(3) 复发酵试验。上述涂片镜检如为革兰阴性无芽孢杆菌，则挑取该菌落的另一部分，再接种于普通浓度的乳糖蛋白胨培养液的试管中(内有倒置德汉氏小套管)。每管可接种来自同一初发酵管的同类型菌落 1～3 个，37℃培养 24 h，试验结果若产酸产气，即证实有大肠菌群存在。

## 五、数据记录与处理

生活饮用水中总大肠菌群多管发酵实验阳性结果记录在表 1 中，查总大肠菌群检数表(参见本书附录六)可知水样中总大肠菌群数。根据测定结果，判断所测自来水的清洁程度，是否合乎我国饮用水标准。

表1　生活饮用水中总大肠菌群多管发酵实验记录表

| 100 mL 水量的阳性管数 | 10 mL 水量的阳性管数 | 总大肠菌群数/(个/100 mL) |
| --- | --- | --- |
| | | |

## 六、思考题

(1) 伊红美蓝琼脂培养基(EMB)的主要成分有哪些？在检查总大肠菌群时，各起什么作用？

(2) 初发酵试验结果呈阳性的菌液为什么还要进行平板分离、鉴定及复发酵实验？

(3) 为什么选用大肠菌群作为水的卫生指标？

# 实验七　水中细菌菌落总数的测定

## 一、实验目的

(1) 学会细菌菌落总数的测定。

(2) 了解水质与细菌数量之间的相关性。

## 二、基本原理

细菌总数测定是测定水中需氧菌、兼性压氧菌和异养菌密度的方法,可作为判定被检水样(或其他样品)被有机物污染程度的标志。细菌数量越多,则水中有机质含量越高。因为细菌能以单独个体,成双成对、链状、成簇等形式存在,而且没有任何单独一种培养基能满足一个水样中所有细菌的生理要求。所以,由此法所得的菌落可能要低于真正存在的活细菌的总数。细菌种类很多,有各自的生理特性,必须用适合它们生长的培养基才能将它们培养出来。然而,在实际工作中不易做到,通常用一种适合大多数细菌生长的培养基培养腐生性细菌,以它的菌落总数表明有机物污染程度。

实际上细菌菌落总数(colony form unit,CFU)是指 1 mL 水样在营养琼脂培养基中,于37℃培养 24 h 后,所生长的腐生性细菌菌落的总数。此法主要作为判定饮用水、水源水、地表水等有机物污染程度的标志,也是卫生指标。在饮用水中所测得的细菌菌落总数除说明水被生活废弃物污染程度外,还指示该饮用水能否饮用。但水源水中的细菌菌落总数不能说明污染的来源。因此,结合大肠菌群数以判断水的污染源的安全程度就更全面。我国现行生活饮用水卫生标准(GB/T 5749—2022)规定：1 mL 自来水中细菌菌落总数不得超过 100 个。

## 三、实验仪器和试剂

1. 仪器

高压蒸汽灭菌器；电热干燥箱；培养皿；锥形瓶；烧杯；量筒；药物天平；培养箱；水浴锅；移液管；石棉网；角匙；铁架；表面皿；pH 试纸和棉花等。

2. 试剂

牛肉膏；蛋白胨；NaCl 溶液；NaOH 溶液和琼脂等。

## 四、实验步骤

### (一) 培养基

制备营养琼脂培养基：蛋白胨 10 g,牛肉浸膏 3 g,NaCl 5 g,琼脂 15～20 g,蒸馏水 1000 mL,将上述成分混合后,调节 pH 7.4～7.6,过滤除去沉淀,分装于玻璃容器内,经121℃灭菌 15 min,储存于暗处备用。

### (二) 水样的稀释

1. 选择稀释度

稀释度要选择适宜,以期在平皿上的菌落总数介于 30～300。例如,如果认为直接水样的标准平皿计数可高达 3000,就应该将水样稀释到 1：100 后,再进行平皿计数。

大多数饮用水水样，未经稀释直接接种 1 mL，所得的菌落总数可适于计数。

2. 水样的稀释方法

(1) 将水样用力振摇 20～25 次，使可能存在的细菌团成分散状。

(2) 以无菌操作方法吸取 10 mL 充分混匀的水样，注入盛有 90 mL 灭菌水的三角烧瓶中(可放有适量的玻璃珠)混匀成 1∶10 稀释液。

(3) 吸取 1∶10 的稀释液 1 mL 注入盛 9 mL 灭菌水的试管中，混匀成 1∶100 稀释液。按同法依次稀释成 1∶1000、1∶10 000 稀释液(稀释倍数按水样污浊程度而定)。注意：吸取不同浓度的稀释液时，必须更换吸管。也可按图 1 所示的方法进行稀释。

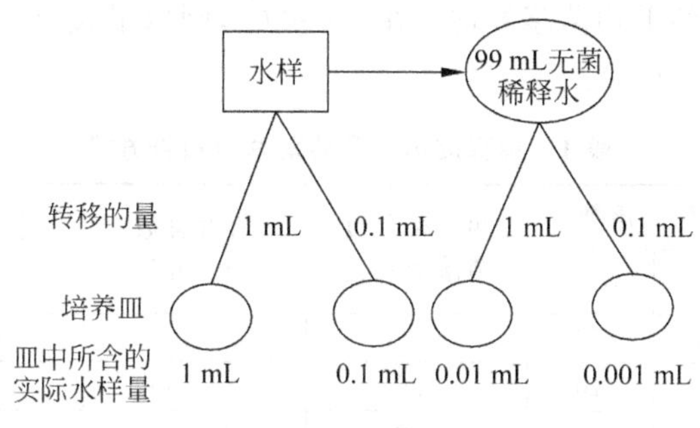


图 1　水样的稀释操作

### (三) 操作方法

(1) 以无菌操作方法用 1 mL 灭菌吸管吸取充分混匀的水样或 2～3 个适宜浓度的稀释水样 1 mL，注入灭菌平皿中，倾注约 15 mL 已融化并冷却到 45℃左右的营养琼脂培养基，并立即旋摇平皿，使水样与培养基充分混匀。每个水样应倾注两个平皿，每次检验时，另用一个平皿只倾注营养琼脂培养基作空白对照。

(2) 待琼脂冷却凝固后，翻转平皿，使底面向上，置于 37℃恒温箱内培养 24 h，进行菌落计数。

### (四) 菌落计数

培养之后，立即进行平皿菌落计数。如果计数必须暂缓进行，平皿需在 5～10℃条件下存放，且不得超过 24 h，但是不可以使这种做法成为常规的操作方式。

作平皿落计数时，可用菌落计数器或放大镜检查，以防遗漏，在记下各平皿的菌落数后，应求出同稀释度的平均菌落数。在求同稀释度的平均数时，如果其中一个平皿有较大片状菌落生长时，则不宜采用，而应以无片状菌落生长的平皿作为该稀释度的菌落数，若片状菌落不到平皿的一半，而其余一半中菌落分布又很均匀，则可将此半皿计数后乘以 2 代表全皿菌落数，然后再求该稀释度的平均菌落数。如果由于稀释等过程中有杂菌污染，或者对照平皿显示出培养基或其他材料染有杂菌，以致平皿无法计数，则应报告“实验事故”。

对那些看来相似，距离相近但却不相触的菌落，只要它们之间的距离不小于最小菌落的直径，便应予以计数。那些紧密接触而外观(例如形态或颜色)相异的菌落，也应该予以计数。

### (五) 计算和报告计数结果

细菌的总数是以每个平皿菌落的总数或平均数(例如同一稀释度两个重复平皿的平均数)乘以稀释倍数而得来的。各种不同情况的计算方法如下：

(1) 首先选择平均菌落数在 30～300 者进行计算,当只有一个稀释度的平均菌落数符合此范围时,即以该平均菌落数乘其稀释倍数报告(表 1 例次 1)。

(2) 若有两个稀释度,其平均菌落数均在 30～300,则应按二者之比值来决定。若其比值小于 2 应报告两者的平均数,若大于 2 则报告其中较小的数值(见表 1 例 2、例 3)。

(3) 若所有的稀释度的平均菌落数均大于 300,则应按稀释倍数最大的平均菌落数乘以稀释倍数报告(表 1 例次 4)。

(4) 若所有稀释度的平均菌落数均小于 30,则应按稀释倍数最小的平均菌落数乘以稀释倍数报告(表 1 例次 5)。

(5) 若所有稀释度的平均菌落数均不在 30～300,则以最接近 300 或 30 的平均菌落数乘稀释倍数报告(表 1 例次 6)。

**表 1　稀释度选择及菌落总数报告方式**

| 例次 | 不同稀释度的平均菌落数 | | | 两个稀释度菌落数只比 | 菌落总数/(个/mL) | 报告方式/(个/mL) | 备　注 |
|---|---|---|---|---|---|---|---|
| | $10^{-1}$ | $10^{-2}$ | $10^{-3}$ | | | | |
| 1 | 1365 | 164 | 20 | — | 16 400 | 16 000 | 两位以后的数字采取四舍六入五单双的原则取舍 |
| 2 | 2760 | 295 | 46 | 1.6 | 37 750 | 38 000 | |
| 3 | 2890 | 271 | 60 | 2.2 | 27 100 | 27 000 | |
| 4 | 无法计数 | 1650 | 513 | — | 513 000 | 510 000 | |
| 5 | 27 | 11 | 5 | — | 270 | 270 | |
| 6 | 无法计数 | 305 | 12 | — | 30 500 | 31 000 | |

(6) 菌落计数的报告：菌落数在 100 以内时按实有数报告；大于 100 时,采用二位有效数字,用 10 的指数来表示。在报告菌落数为“无法计数”时,应注明水样的稀释度。

## 五、思考题

(1) 在倒培养基时,为什么要将培养基的温度控制在 50℃左右？平板为什么要倒置培养？

(2) 在细菌菌落计数实验中,样品的系列稀释对移液管的使用有哪些要求？为什么？

(3) 测定水中细菌菌落总数有什么实际意义？

(4) 根据我国饮用水水质标准,评价这次检验结果。

# 实验八　废水微生物代谢特性分析

## 一、实验目的

(1) 掌握Biolog法的实验原理和ECO板分析微生物群落功能多样性的基本操作过程。

(2) 了解废水中微生物群落的功能多样性。

## 二、实验原理

微生物是生态系统的重要组成部分,其结构和功能会随着环境条件的改变而改变,并通过群落代谢功能的变化对生态系统产生一定的影响,因此微生物功能多样性信息对于了解生态系统中微生物群落的作用及其生态系统的功能具有重要意义。Biolog法是目前已知的研究微生物代谢功能多样性的重要方法,其应用已经涉及土壤、水、污泥等各种不同的环境,目前研究较为广泛、深入的是土壤环境微生物群落的功能多样性。传统的研究方法主要通过分离培养纯的微生物菌种,对分离出来的纯菌种分别研究,这种方法存在着一定局限性,如可分离培养的微生物种类有限、分离培养后微生物的生理特性易发生改变等；而近年来得以广泛应用的各种基于生物标志物的测定方法(微生物醌法,脂肪酸法等)和分子生物学方法(FISH、TGGE、DGGE等)虽然无须分离培养就可反映微生物的群落结构信息,但却无法获得有关微生物群落总体活性与代谢功能的信息。Biolog方法则弥补了这些不足,虽然Biolog是基于培养的分析方法,但不可培养细胞对底物供应也有响应。因此Biolog方法不仅能够得到代谢功能多样性信息,而且能够得到微生物群落总体活性的相关信息,这是基于生物标志物和分子生物学的方法不可比拟的。

Biolog法由美国BIOLOG公司于1989年开发成功,最初就根据其中具体类型的代谢指纹来鉴定已分离纯化的环境微生物物种,至今已经能够鉴定包括细菌、酵母菌和霉菌在内的2000多种病原微生物和环境微生物。1991年,Garland和Mills开始将这种方法应用于土壤微生物群落的研究,该项工作引起了许多微生物生态学研究者的广泛关注。

Biolog法是通过微生物对微平板上不同单一碳源的利用能力来反映微生物群落的功能多样性。微生物群落功能多样性分析中所用到的微平板主要有革兰阴性板(GN)、生态板(ECO)、丝状菌板(FF)、酵母菌板(YT)、SF-$N_2$、SF-$P_2$和可针对具体研究情况自配底物的MT板等。其中,GN、ECO、MT板的原理是,当微生物接种到含有不同单一碳源的微平板上时,在利用碳源过程中产生自由电子,与微平板上的噻唑蓝(MTT)染料发生还原反应而显蓝紫色,颜色的深浅可以反映微生物对碳源的利用程度,从而比较分析不同的微生物群落。由于许多真菌代谢不能使噻唑蓝染料还原而显色,所以GN、ECO和MT板不能反映真菌的变化。FF板含有碘硝基四氮唑紫(INT)染料,作为电子受体,丝状真菌利用相应的碳源进行代谢,会发生下列一种或两种变化：一是线粒体呼吸增强,使得该孔呈现红紫色；二是真菌生长速度较快,使该孔浊度增加,因此可利用微平板孔中的颜色和浊度变化来评价真菌的活动。YT板A-C行含有噻唑蓝染料,D-H行无染料。因此,可通过颜色反应和浊度变化分别表示代谢作用和同化作用。SF-$N_2$和SF-$P_2$微孔板不含有染料,通过孔中浊度变化来评价革兰氏阴性或阳性产芽孢或分生孢子微生物的活动。

目前，在微生物群落功能多样性研究中应用较多的是ECO板，Biolog ECO微平板上有96个微孔，其中包含31种碳源和水空白，每种底物有3个重复。碳源主要分为6类：氨基酸类、羧酸类、胺类、糖类、聚合物类和其他。也有根据研究目的不同，将31种碳源分为四大类，即糖类及其衍生物、氨基酸类及其衍生物、脂肪酸及脂类、代谢中间产物及次生代谢物。

由于环境微生物对不同碳源的利用能力很大程度上取决于环境微生物的种类和固有性质，因此在一块微平板上同时测定环境微生物对不同单一碳源的利用能力(sole carbon source utilization，SCSU)，就可以鉴定纯种环境微生物或比较分析不同的环境微生物群落。

Biolog方法用于环境微生物群落研究，具有以下特点：①灵敏度高，分辨力强，对SCSU的测定可以得到被测环境微生物群落的代谢特征指纹(metabolic finger print)，分辨环境微生物群落的微小变化；②无须分离培养纯种环境微生物，可最大限度地保留环境微生物群落原有的代谢特征；③测定简便，数据的读取与记录可以由计算机辅助完成，环境微生物对不同碳源代谢能力的测定在一块微平板上一次完成，效率大大提高。

本实验采用Biolog ECO微平板法分析不同环境废水中微生物群落的代谢功能多样性。

## 三、实验仪器和试剂

1. 仪器

Biolog自动读数仪；恒温培养箱；振荡器；ECO微平板；无菌取样铲；无菌样品瓶；天平；无菌锥形瓶；移液器；无菌试管等。

2. 试剂

吐温-80(Tween-80)工作液：将一定量的吐温-80溶于蒸馏水中，制备成0.05%的工作液，高压灭菌后备用。采集的家庭、工厂等不同环境中的废水样品。

生理盐水：0.85%～0.90%的NaCl溶液。

## 四、实验步骤

1. 样品采集

根据实验目的，按照相关方法采集污水处理厂的废水样品。

2. 菌悬液的制备

取一定量的废水样品(约30 mL)加入适量的无菌NaCl溶液(100～200 mL)，再加入1%的吐温-80工作液，充分振荡15 min，使水样均匀分散，静置1 min，使较大颗粒自然沉降，上层悬浊液即为菌悬液，并进行10倍系列梯度稀释。

3. ECO微平板的接种将

ECO微平板从冰箱中取出，预热到28℃，根据预实验选取适宜稀释度的稀释液接种到ECO板中，每孔接种150 μL。

4. ECO微平板培养和检测

将接种的ECO微平板在28℃(通常细菌培养在26～37℃条件下，根据具体情况而定)下培养1周，分别于接种的0时刻和每隔一定时间(通常为24 h)，用Biolog自动读数仪在590 nm波长处读取每个反应孔的吸光值来表征颜色变化，通常需要连续读取7～10 d的吸光度值。

另外，为排除真菌生长造成的浊度变化对吸光值产生的影响，可以以 590 nm 和 750 nm（浊度值）下吸光值的差值来表征颜色变化。

## 五、数据记录与处理

对于小组的单个样品来说，绘制平均颜色变化率（AWCD）随时间的变化曲线，并可进行多样性指数计算。对于小组间一系列相关样品，可以应用统计分析软件（如 SPSS 等）进行主成分分析、聚类分析、多样性指数比较等，从而了解微生物群落代谢功能多样性的差异或变化。

(1) 平均颜色变化率（AWCD）。废水微生物对碳源的利用情况用平均颜色变化率（average well color development，AWCD）表示。AWCD 是反映废水微生物活性，即利用单一碳源能力的一个重要指标。绘制样品的 AWCD 值随时间的变化曲线，可以用来表示样品中微生物的平均活性变化，体现微生物群落反应速度和最终达到的程度。

某一时刻 AWCD 值的计算公式为

$$\mathrm{AWCD}=\frac{\sum_{i=1}^{31} C_i - C_0}{31} \tag{1}$$

式中：$C_i$ 为单一碳源反应孔在 590 nm 波长处的吸光值；$C_0$ 为 ECO 微平板对照孔的吸光值；若 $C_i-C_0$ 小于 0 的孔，计算中按 0 处理，即 $C_i-C_0\geqslant 0$。

(2) 多样性指数。Biolog 研究中常见的多样性指数较多，各种多样性指数能够从不同侧面反映微生物群落代谢功能的多样性，评价废水生态功能的健康及稳定程度。本实验以如下两个多样性指数分析不同环境的生态稳定性。

(a) 多样性 Shannon 指数（$H'$）。多样性 Shannon 指数表示微生物群落的丰富度和均匀度。微生物种类数目越多，多样性也就越高；微生物种类分布的均匀性增加，多样性也会提高。计算公式为

$$H' = -\sum P_i \times \ln P_i \tag{2}$$

式中：$P_i=(C_i-C_0)/\sum(C_i-C_0)$ 表示含有单一碳源的孔与对照孔吸光值之差与整个微平板总差的比值。

(b) 优势度 Simpson 指数（$D$）。优势度指数用来估算微生物群落中各微生物种类的优势度，反映了不同种类微生物数量的变化情况。优势度指数越大，表明微生物群落内不同种类微生物数量分布越不均匀，优势微生物的生态功能越突出。计算公式为

$$D=1-\sum(P_i)^2 \tag{3}$$

(3) 主成分分析。对相关样品所得的一系列数据利用统计分析软件，如 SPSS 等，进行主成分分析，在同一图中用点的位置直观地反映出不同微生物群落的代谢特征，由此可分析微生物群落结构产生分异的主要环境因素。

为了减少初始接种密度对微生物群落多样性产生的影响，便于进行不同样本间的比较，在进行主成分分析前需先对 Biolog 数据进行标准化。数据标准化的方法为：用每一个底物某一时刻的吸光度值与对照孔的差值除以该时刻板的 AWCD 值，即为光密度标准化值（$R_i$），以 $R_i$ 值对所有相关数据进行标准化转换，公式为

$$R_i = \frac{C_i - C_0}{\text{AWCD}_i} \tag{4}$$

式中：$C_i$ 为单一碳源反应孔在 590 nm 波长处的吸光值；$C_0$ 为 ECO 微平板对照孔的吸光值。

若 $C_i - C_0$ 小于 0 的孔，计算中按 0 处理，即 $C_i - C_0 \geqslant 0$。

另外，通常选取 72 h 的测定数据进行 ECO 板的主要成分分析，因为 72 h 后的微生物生长主要表现为真菌的增长。

(4) 聚类分析。对于相关样品所得的一系列数据利用统计分析软件，如 SPSS 等，进行聚类分析，进一步了解不同环境中微生物群落功能结构的相似性。

## 六、思考题

(1) 根据 590 nm 波长处测定的吸光值，计算并绘制样品的 AWCD 值随时间变化的曲线。

(2) 计算样品的多样性 Shannon 指数($H'$)和优势度 Simpson 指数($D$)。

(3) 通过比较小组间样品的多样性 Shannon 指数的差异，分析不同环境微生物生态功能的健康及稳定性。

(4) 通过比较小组间样品的微生物代谢功能多样性信息，分析不同环境样品中微生物群落的生态功能及造成微生物功能多样性差异的主要原因。

# 实验九　活性污泥的培养

## 一、实验目的

(1) 通过培养活性污泥，加深对活性污泥法作用机制及主要技术参数，如活性污泥浓度、有机物去除率、污泥增长规律等的理解。

(2) 学会培养活性污泥的方法，掌握培养活性污泥的基本方法，为以后工作环境中调试污水处理工程奠定必要的知识和技能基础。

(3) 能对活性污泥培养过程中出现的异常现象进行初步分析。

(4) 了解有机负荷对活性污泥增长率的影响。

## 二、实验原理

活性污泥(activated sludge)是微生物群体及它们所依附的有机物质和无机物质的总称，1912 年由英国的克拉克(Clark)和盖奇(Gage)发现，活性污泥可分为好氧活性污泥和厌氧颗粒活性污泥。活性污泥主要用来处理污废水，即习惯所称的普通活性污泥法或传统活性污泥法，其工艺流程如图 1 所示，由初沉池、曝气池、二沉池、曝气设备及污泥回流设备等组成，主要构筑物是曝气池和二沉池。

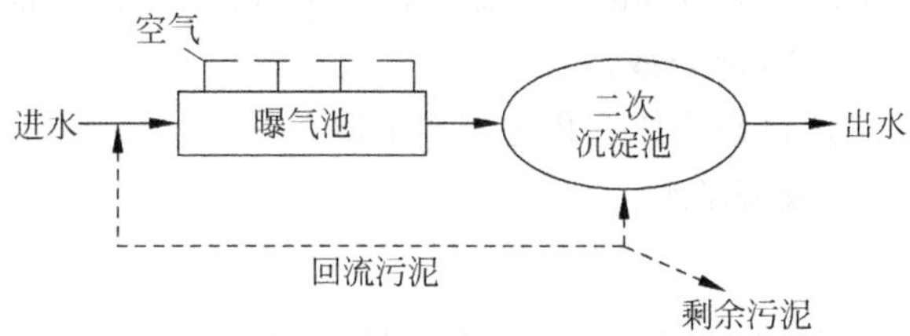


图 1　普通活性污泥法的基本流程

活性污泥中复杂的微生物与废水中的有机营养物形成了复杂的食物链。最先担当净化任务的是异氧菌和腐生性真菌，细菌特别是球状细菌起着最关键的作用，优良运转的活性污泥，是以丝状菌为骨架由球状菌组成的菌胶团，沉降性好。随着活性污泥的正常运行，细菌大量繁殖，开始生长原生动物，是细菌的一次捕食者。活性污泥常见的原生动物有鞭毛虫、肉毛虫、纤毛虫和吸管虫，活性污泥成熟时固着型的纤毛虫、钟虫占优势。后生动物是细菌的二次捕食者，如轮虫、线虫等只能在溶解氧充足时才出现，所以当出现后生动物时标志着处理水质好转。其性能指标包括混合液悬浮固体(MLSS)，污泥沉降比(SV)，污泥指数(污泥体积指数 SVI)，污泥密度指数(SDI)。

废水的生化处理法就是利用自然界广泛存在的、以有机物为营养物质的微生物来降解或分解废水中溶解状态和胶体状态的有机物，并将其转化为 $CO_2$ 和 $H_2O$ 等稳定无机物的方法，通常又称为生物处理法。从 1916 年到现在，废水生物处理技术经历了从简单到复杂，从单一功能到多种功能、从低效率到较高效率的纵向发展阶段；从英国到世界各地，废水生物处理技术经历了由点到面、由生活污水处理到各种工业废水处理的横向发展阶段。

在活性污泥法中起主要作用的是活性污泥，由具有活性的微生物、微生物自身氧化的残留物、吸附在活性污泥上不能被微生物所降解的有机物和无机物组成。活性污泥微生物从污水中连续去除有机物的过程包括以下几个阶段：①初期去除与吸附作用；②微生物的代谢作用；③絮凝体的形成与凝聚沉淀。

BOD污泥负荷率、水温、pH、溶解氧(DO)、营养物质及其平衡、有毒物质等环境因素都会影响活性污泥法的处理效果，而活性污泥法处理设备的任务就是要创造有利于微生物生理活动的环境条件，充分发挥活性污泥微生物的代谢功能。

## 三、实验仪器和试剂

1. 仪器

容积为2.5～3.0 L的活性污泥法实验模型，采用有机玻璃制造，外形为方形或圆形，带空气扩散装置或表面曝气装置；压缩空气供给系统；悬浮固体测定装置及设备；COD测定装置及设备；量筒；定时钟；烘箱；冰箱等。

2. 试剂

储存液：葡萄糖液溶液(2 L)93.8 g/L (相当于COD 100 g/L)。

溶液A(2 L)：$K_2HPO_4$，320 g/L；$KH_2PO_4$，160 g/L；$NH_4Cl$，120 g/L。

溶液B(2 L)：$MgSO_4 \cdot 7H_2O$，15.0 g/L；$FeSO_4 \cdot 7H_2O$，0.5 g/L；$ZnSO_4 \cdot 7H_2O$，0.5 g/L；$CaCl_2$，2.0 g/L；$MnSO_4 \cdot 3H_2O$，0.5 g/L。

若自配合成废水，参考配方如下：

合成废水(相当于COD 1000 mg/L)：葡萄糖液10 mL/L(混合液)；溶液A 10 mL/L(混合液)；溶液B 10 mL/L(混合液)。

按上述量加入后，可加自来水使容积达到要求值。

采集生化污水等废水或淘米水。

## 四、实验步骤

(1) 从已有的活性污泥法处理构筑物中取活性污泥300 mL加入4套实验模型中作为菌种，然后加入待试验的合成废水或某种真实的废水，进行活性污泥的培养和驯化。

(2) 培养和驯化活性污泥的方法是，每天向装置内曝气23 h，然后加自来水补充曝气过程中的蒸发损失，并按一定比例排出部分混合液的一定体积(100～600 mL)测定其沉降比 $SV$，再关闭空气管混合沉淀30 min，小心地用虹吸管排出上清液后，再向装置投加新鲜废水。

(3) 上述步骤应重复9 d以上，本组每个同学至少独立操作一次，此时装置运行情况一般会达到稳定状态。

## 五、数据记录与处理

在表1中记录实验相关数据。

**表1 活性污泥培养记录表**

| 培养时间/d | 1 | 2 | 3 | 4 | 5 | 6 | 7 | 8 | 9 | 10 |
|---|---|---|---|---|---|---|---|---|---|---|
| 同学姓名 | | | | | | | | | | |
| 排泥量/mL | | | | | | | | | | |
| 上清液排放量/mL | | | | | | | | | | |
| 污泥沉降比 $SV$ | | | | | | | | | | |

## 六、思考题

（1）绘制随时间而变化的 $SV$ 曲线并进行分析。

（2）结合实验数据讨论不同混合液排放量对活性污泥培养过程的影响。

（3）在工程实践中，如何培养活性污泥？

（4）在活性污泥法运行管理中，一般需控制哪些参数？如何实现对这些参数的调控以达到该工艺的良好运行？

# 附录一

# 物理、化学及生化分析指标的保存技术（据HJ 493—2009《水质采样　样品的保存和管理技术规定》）

| 序号 | 测试项目/参数 | 采样容器 | 保存方法及保存剂用量 | 可保存时间 | 最少采样量/mL① | 容器洗涤方法 | 备　　注 |
|---|---|---|---|---|---|---|---|
| 1 | 浊度 | G 或 P | | 12 h | 250 | Ⅰ | 尽量现场测定 |
| 2 | 色度 | G 或 P | | 12 h | 250 | Ⅰ | 尽量现场测定 |
| 3 | pH | G 或 P | | 12 h | 250 | Ⅰ | 尽量现场测定 |
| 4 | 气味 | G | 1～5℃冷藏 | 6 h | 500 | | 大量测定可带离现场 |
| 5 | 电导率 | BG 或 P | | 12 h | 250 | Ⅰ | 尽量现场测定 |
| 6 | 悬浮物 | G 或 P | 1～5℃暗处 | 14 d | 500 | Ⅰ | |
| 7 | 碱度③ | G 或 P | 1～5℃暗处 | 12 h | 500 | Ⅰ | |
| 8 | 酸度③ | G 或 P | 1～5℃暗处 | 30 d | 500 | Ⅰ | |
| 9 | 二氧化碳 | G 或 P | 水样充满容器，低于取样温度 | 24 h | 500 | | 最好现场测定 |
| 10 | 溶解性固体（干残渣） | 见“总固体（总残渣）” | | | | | |
| 11 | 总固体（总残渣） | G 或 P | 1～5℃冷藏 | 2 d | 100 | | |
| 12 | 化学需氧量 | G | 加 $H_2SO_4$，pH≤2 | 2 d | 500 | Ⅰ | |
| | | P | －20℃冷冻 | 1 个月 | 100 | | 最长 6 m |
| 13 | 高锰酸盐指数③ | G | 1～5℃暗处冷藏 | 2 d | 500 | Ⅰ | 尽快分析 |
| | | P | －20℃冷冻 | 1 个月 | 500 | | |
| 14 | 五日生化需氧量 | 溶解氧瓶 | 1～5℃暗处冷藏 | 12 h | 250 | Ⅰ | |
| | | P | －20℃冷冻 | 1 个月 | 1000 | | 冷冻最长可保持 6 m（质量浓度小于 50 mg/L 保存 1 m） |
| 15 | 总有机碳 | G | 用 $H_2SO_4$ 酸化，pH≤2；1～5℃ | 7 d | 250 | Ⅰ | |
| | | P | －20℃冷冻 | 1 个月 | 100 | | |

续表

| 序号 | 测试项目/参数 | 采样容器 | 保存方法及保存剂用量 | 可保存时间 | 最少采样量/mL① | 容器洗涤方法 | 备注 |
|---|---|---|---|---|---|---|---|
| 16 | 溶解氧 | 溶解氧瓶 | 加入硫酸锰，碱性KI叠氮化钠溶液，现场固定 | 24 h | 500 | Ⅰ | 尽量现场测定 |
| 17 | 总磷 | G或P | HCl，$H_2SO_4$ 酸化至pH≤2 | 24 h | 250 | Ⅳ | |
| | | P | －20℃冷冻 | 1个月 | 250 | | |
| 18 | 溶解性正磷酸盐 | 见“溶解性磷酸盐” | | | | | |
| 19 | 总磷酸盐 | 见“总磷” | | | | | |
| 20 | 溶解性磷酸盐 | G或P或BG | 1～5℃冷藏 | 1个月 | 250 | | 采样时现场过滤 |
| | | P | －20℃冷冻 | 1个月 | 250 | | |
| 21 | 氨氮 | G或P | 加 $H_2SO_4$，酸化pH≤2 | 24 h | 250 | Ⅰ | |
| 22 | 亚硝酸盐氮 | G或P | 1～5℃冷藏避光保存 | 24 h | 250 | Ⅰ | |
| 23 | 氨类(易释放、离子化) | G或P | 用 $H_2SO_4$，酸化pH 1～2；1～5℃ | 21 d | 500 | | 保存前现场离心 |
| | | P | 加 $H_2SO_4$，酸化pH≤2 | 1个月 | 500 | | |
| 24 | 硝酸盐氮 | G或P | 1～5℃冷藏 | 24 h | 250 | Ⅰ | |
| | | G或P | 用HCl酸化，pH 1～2 | 7 d | 250 | | |
| | | P | －20℃冷冻 | 1个月 | 250 | | |
| 25 | 凯氏氮 | P或BG | 用 $H_2SO_4$，酸化pH 1～2；1～5℃，避光 | 1个月 | 250 | | |
| | | P | －20℃冷冻 | 1个月 | 250 | | |
| 26 | 总氮 | P或BG | 用 $H_2SO_4$，pH 1～2 | 7 d | 250 | Ⅰ | |
| | | P | －20℃冷冻 | 1个月 | 500 | | |
| 27 | 硫化物 | G或P | 1 L水样加NaOH至pH 9，加入5%抗坏血酸5 mL，饱和EDTA 3 mL，滴加饱和 $Zn(AC)_2$ 至胶体产生，常温蔽光 | 24 h | 250 | Ⅰ | |
| 28 | 硼 | P | 水样充满容器密封 | 1个月 | 100 | | |
| 29 | 总氰化物 | G或P | NaOH，pH≥9，1～5℃冷藏 | 7 d，如果硫化物存在，保存12 h | 250 | Ⅰ | |
| 30 | pH为6时释放的氰化物 | P | NaOH，pH＞12，1～5℃暗处冷藏 | 24 h | 500 | | 24h(存在硫化物时) |
| 31 | 易释放氰化物 | P | NaOH，pH＞12，1～5℃暗处冷藏 | 7 d | 500 | | |

续表

| 序号 | 测试项目/参数 | 采样容器 | 保存方法及保存剂用量 | 可保存时间 | 最少采样量/mL[①] | 容器洗涤方法 | 备　注 |
|---|---|---|---|---|---|---|---|
| 32 | $F^-$ | P | 1～5℃避光 | 14 d | 250 | Ⅰ | |
| 33 | $Cl^-$ | G 或 P | 1～5℃避光 | 30 d | 250 | Ⅰ | |
| 34 | $Br^-$ | G 或 P | 1～5℃避光 | 14 h | 250 | Ⅰ | |
| 35 | $I^-$ | G 或 P | NaOH,pH12 | 14 h | 250 | Ⅰ | |
| 36 | $SO_4^{2-}$ | G 或 P | 1～5℃避光 | 30 d | 250 | Ⅰ | |
| 37 | $PO_4^{3-}$ | G 或 P | NaOH,$H_2SO_4$ 调 pH 7,$CHCl_3$ 0.5% | 7 d | 250 | Ⅳ | |
| 38 | $NO_2$,$NO_3$ | G 或 P | 1～5℃冷藏 | 24 h | 250 | | 保存前现场过滤 |
| | | P | －20℃冷冻 | 1 个月 | 500 | | |
| 39 | 碘化物 | G | 1～5℃冷藏 | 1 个月 | 500 | | |
| 40 | 溶解性硅酸盐 | P | 1～5℃冷藏 | 1 个月 | 200 | | 现场过滤 |
| 41 | 总硅酸盐 | P | 1～5℃冷藏 | 1 个月 | 100 | | |
| 42 | 硫酸盐 | P 或 G | 1～5℃冷藏 | 1 个月 | 200 | | |
| 43 | 亚硫酸盐 | P 或 G | 水样充满容器。100 mL 加 1 mL 2.5% EDTA 溶液,现场固定 | 2 d | 500 | | |
| 44 | 阳离子表面活性剂 | G 甲醇清洗 | 1～5℃冷藏 | 2 d | 500 | | 不能用溶剂清洗 |
| 45 | 阴离子表面活性剂 | G 或 P | 1～5℃冷藏,用 $H_2SO_4$,pH 1～2 | 2 d | 500 | Ⅳ | 不能用溶剂清洗 |
| 46 | 非离子表面活性剂 | G | 水样充满容器。1～5℃冷藏,加入 37%甲醛,使样品成为含 1%的甲醛溶液 | 1 个月 | 500 | | 不能用溶剂清洗 |
| 47 | 溴酸盐 | P 或 G | 1～5℃ | 1 个月 | 100 | | |
| 48 | 溴化物 | P 或 G | 1～5℃ | 1 个月 | 100 | | |
| 49 | 残余溴 | P 或 G | 1～5℃避光 | 24 h | 500 | | 最好在采集后 5 min内现场分析 |
| 50 | 氯胺 | P 或 G | 避光 | 5 min | 500 | | |
| 51 | 氯酸盐 | P 或 G | 1～5℃冷藏 | 7 d | 500 | | |
| 52 | 氯化物 | P 或 G | | 1 个月 | 100 | | |
| 53 | 氯化溶剂 | G,使用聚四氟乙烯瓶盖 | 水样充满容器。1～5℃冷藏;用 HCl 酸化,pH 1～2,如果样品加氯,250 mL 水样加 20 mg $Na_2S_2O_3 \cdot 5H_2O$ | 24 h | 250 | | |
| 54 | 二氧化氯 | G 或 P | 避光 | 5 min | 500 | | 最好在采集后 5 min内现场分析 |
| 55 | 余氯 | G 或 P | 避光 | 5 min | 500 | | 最好在采集后 5 min内现场分析 |

续表

| 序号 | 测试项目/参数 | 采样容器 | 保存方法及保存剂用量 | 可保存时间 | 最少采样量/mL① | 容器洗涤方法 | 备注 |
|---|---|---|---|---|---|---|---|
| 56 | 亚氯酸盐 | G或P | 避光1～5℃冷藏 | 5 min | 500 | | 最好在采集后5 min内现场分析 |
| 57 | 氟化物 | P(聚四氟乙烯除外) | | 1个月 | 200 | | |
| 58 | 铍 | G或P | $HNO_3$,1 L水样中加浓$HNO_3$ 10 mL | 14 d | 250 | 酸洗Ⅲ | |
| 59 | 硼 | P | $HNO_3$,1 L水样中加浓$HNO_3$ 10 mL | 14 d | 250 | 酸洗Ⅰ | |
| 60 | 钠 | P | $HNO_3$,1 L水样中加浓$HNO_3$ 10 mL | 14 d | 250 | Ⅱ | |
| 61 | 镁 | G或P | $HNO_3$,1 L水样中加浓$HNO_3$ 10 mL | 14 d | 250 | 酸洗Ⅱ | |
| 62 | 钾 | P | $HNO_3$,1 L水样中加浓$HNO_3$ 10 mL | 14 d | 250 | Ⅱ | |
| 63 | 钙 | G或P | $HNO_3$,1 L水样中加浓$HNO_3$ 10 mL | 14 d | 250 | Ⅱ | |
| 64 | 六价铬 | G或P | NaOH,pH 8～9 | 14 d | 250 | 酸洗Ⅲ | |
| 65 | 铬 | G或P | $HNO_3$,1 L水样中加浓$HNO_3$ 10 mL | 1个月 | 100 | 酸洗 | |
| 66 | 锰 | G或P | $HNO_3$,1 L水样中加浓$HNO_3$ 10 mL | 14 d | 250 | Ⅲ | |
| 67 | 铁 | G或P | $HNO_3$,1 L水样中加浓$HNO_3$ 10 mL | 14 d | 250 | Ⅲ | |
| 68 | 镍 | G或P | $HNO_3$,1 L水样中加浓$HNO_3$ 10 mL | 14 d | 250 | Ⅲ | |
| 69 | 铜 | P | $HNO_3$,1 L水样中加浓$HNO_3$ 10 mL | 14 d | 250 | Ⅲ | |
| 70 | 锌 | P | $HNO_3$,1 L水样中加浓$HNO_3$ 10 mL | 14 d | 250 | Ⅲ | |
| 71 | 砷 | G或P | $HNO_3$,1 L水样中加浓$HNO_3$ 10 mL,DDTC法,HCl 2 mL | 14 d | 250 | Ⅲ | 使用氢化物技术分析砷用盐酸 |
| 72 | 硒 | G或P | 1 L水样中加浓$HNO_3$ 2 mL酸化 | 14 d | 250 | Ⅲ | |
| 73 | 银 | G或P | 1 L水样中加浓$HNO_3$ 2 mL酸化 | 14 d | 250 | Ⅲ | |
| 74 | 镉 | G或P | $HNO_3$,1 L水样中加浓$HNO_3$ 10 mL | 14 d | 250 | Ⅲ | 如用溶出伏安法测定,可改用1 L水样中加浓$HClO_4$ 19 mL |

续表

| 序号 | 测试项目/参数 | 采样容器 | 保存方法及保存剂用量 | 可保存时间 | 最少采样量/mL[①] | 容器洗涤方法 | 备注 |
|---|---|---|---|---|---|---|---|
| 75 | 锑 | G或P | HCl,0.2%(氢化物法) | 14 d | 250 | Ⅲ | |
| 76 | 汞 | G或P | HCl 1%,如水样为中性,1 L水样中加浓HCl 10 mL | 14 d | 250 | Ⅲ | |
| 77 | 铅 | G或P | $HNO_3$,1 L水样中加浓$HNO_3$ 10 mL | 14 d | 250 | Ⅲ | 如用溶出伏安法测定,可改用1 L水样中加浓$HClO_4$ 19 mL |
| 78 | 铝 | G或P或BG | 用$HNO_3$酸化,pH 1～2 | 1个月 | 100 | 酸洗 | |
| 79 | 铀 | 酸洗P或酸洗BG | 用$HNO_3$酸化,pH 1～2 | 1个月 | 200 | | |
| 80 | 钒 | 酸洗P或酸洗BG | 用$HNO_3$酸化,pH 1～2 | 1个月 | 100 | | |
| 81 | 总硬度 | 见"钙" | | | | | |
| 82 | 二价铁 | 酸洗P或酸洗BG | 用HCl酸化,pH 1～2,避免接触空气 | 7 d | 100 | | |
| 83 | 总铁 | 酸洗P或酸洗BG | 用$HNO_3$酸化,pH 1～2 | 1个月 | 100 | | |
| 84 | 锂 | P | 用$HNO_3$酸化,pH 1～2 | 1个月 | 100 | | |
| 85 | 钴 | P或G | 用$HNO_3$酸化,pH 1～2 | 1个月 | 100 | 酸洗 | |
| 86 | 重金属化合物 | P或BG | 用$HNO_3$酸化,pH 1～2 | 1个月 | 500 | | 最长6 m |
| 87 | 石油及衍生物 | 见"碳氢化合物" | | | | | |
| 88 | 油类 | 溶剂洗G | 加入HCl至pH≤2 | 7 d | 250 | Ⅱ | |
| 89 | 酚类 | G | 1～5℃避光,用磷酸调至pH≤2,加入抗坏血酸0.01～0.02 g除去残余氯 | 24 h | 1000 | Ⅰ | |
| 90 | 苯酚指数 | G | 添加硫酸铜,磷酸化至pH<4 | 21 h | 1000 | | |
| 91 | 可吸附有机卤化物 | P或G | 水样充满容器,用$HNO_3$酸化,pH 1～2,1～5℃避光保存 | 5 d | 1000 | | |
| 92 | 挥发性有机物[③] | G | 用1+10HCl调至pH≤2,加入抗坏血酸0.01～0.02 g除去残余氯,1～5℃避光保存 | 12 h | 1000 | | |

续表

| 序号 | 测试项目/参数 | 采样容器 | 保存方法及保存剂用量 | 可保存时间 | 最少采样量/mL[①] | 容器洗涤方法 | 备注 |
|---|---|---|---|---|---|---|---|
| 93 | 除草剂类[③] | G | 加入抗坏血酸0.01～0.02 g除去残余氯，1～5℃避光保存 | 24 h | 1000 | Ⅰ | |
| 94 | 酸性除草剂 | G(带聚四氟乙烯瓶塞或膜) | HCl,pH 1～2,1～5℃冷藏,如果样品加氯,1000 mL水样加80 mg $Na_2S_2O_3 \cdot 5H_2O$ | 14 d | 1000 | 萃取样品同时萃取采样容器 | 不能用水样冲洗采样容器,不能水样充满容器 |
| 95 | 邻苯二甲酸酯类 | G | 加入抗坏血酸0.01～0.02 g除去残余氯，1～5℃避光保存 | 24 h | 1000 | Ⅰ | |
| 96 | 甲醛[③] | G | 加入0.2～0.5 g/L硫代硫酸钠除去残余氯,1～5℃避光保存 | 24 h | 250 | Ⅰ | |
| 97 | 杀虫剂(包含有机氯、有机磷、有机氮) | G(带聚四氟乙烯瓶塞或膜)或P(适用草甘膦) | 1～5℃冷藏 | 萃取5 d | 1000～3000,不能用水样冲洗采样容器,水样不能充满容器 | | 萃取应在采样后24 h内完成 |
| 98 | 氨基甲酸酯类杀虫剂 | G溶剂烯 | 1～5℃ | 14 d | 1000 | | 如果样品加氯,1000 mL水样加80 mg $Na_2S_2O_3 \cdot 5H_2O$ |
| | | P | －20℃冷冻 | 1个月 | 1000 | | |
| 99 | 叶绿素 | P或G | 1～5℃冷藏 | 24 h | 1000 | | 棕色采样瓶 |
| | | P | 用乙醇萃取后－20℃冷冻 | 1个月 | 1000 | | |
| | | P | 过滤后－80℃冷冻 | 1个月 | 1000 | | |
| 100 | 清洁剂 | 见“表面活性剂” | | | | | |
| 101 | 肼 | G | 用HCl酸化到至pH＝1,避光 | 24 h | 500 | | |
| 102 | 碳氢化合物 | G溶剂(如戊烷)萃取 | 用HCl或$H_2SO_4$酸化到至pH 1～2 | 1个月 | 1000 | | 现场萃取不能用水样冲洗采样容器,不能用水样充满容器 |
| 103 | 单环芳香烃 | G(带聚四氟乙烯薄膜) | 水样充满容器,用$H_2SO_4$酸化,pH 1～2,如果样品加氯,采样前1000 mL样品加80 mg $Na_2S_2O_3 \cdot 5H_2O$ | 7 d | 500 | | |
| 104 | 有机氯 | 见“可吸附有机卤化物” | | | | | |
| 105 | 有机金属化合物 | G | 1～5℃冷藏 | 7 d | 500 | | 萃取应带离现场 |

续表

| 序号 | 测试项目/参数 | 采样容器 | 保存方法及保存剂用量 | 可保存时间 | 最少采样量/mL[①] | 容器洗涤方法 | 备　注 |
|---|---|---|---|---|---|---|---|
| 106 | 多氯联苯 | G 溶剂洗带聚四氟乙烯瓶盖 | 1～5℃冷藏 | 7 d | 1000 |  | 尽可能现场萃取，不能用手样冲洗采样容器，如果样品加氯，采样前1000 mL 样品加80 mg$Na_2S_2O_3 \cdot 5H_2O$ |
| 107 | 多环芳烃 | G 溶剂洗带聚四氟乙烯瓶盖 | 1～5℃冷藏 | 7 d | 500 |  | 尽可能现场萃取，如果样品加氯，采样前1000 mL样品加80 mg$Na_2S_2O_3 \cdot 5H_2O$ |
| 108 | 三卤甲烷类 | G，带聚四氟乙烯薄膜的小瓶 | 1～5℃冷藏，水样充满容器 | 14 d | 100 |  | 如果样品加氯，采样前1000 mL样品加80mg$Na_2S_2O_3 \cdot 5H_2O$ |
|  | 生物[③] | G,P | 不能现场测定时用甲醛固定 | 12 h | 250 | Ⅰ |  |

注：1. G为硬质玻璃瓶，P为聚乙烯瓶(桶)，BG为硼硅盐玻璃瓶。

2. d表示天，h表示小时，min表示分。

3. Ⅰ，Ⅱ，Ⅲ，Ⅳ 表示4种洗涤方法如下。

Ⅰ：洗涤剂洗1次，自来水洗3次，蒸馏水洗1次；对于采集微生物和生物的采样容器，须经160℃干热灭菌2 h，经灭菌的微生物和生物采样容器，必须在两周内使用，否则应重新灭菌；经121℃高压蒸气灭菌15 min的采样容器，如不立即使用，应于60℃将瓶内冷凝水烘干，两周内使用。细菌监测项目采样时不能用水样冲洗采样容器，不能采混合水样，应单独采样后2 h内送实验室分析。

Ⅱ：洗涤剂洗1次，自来水洗2次，(1∶3)$HNO_3$荡洗1次，自来水洗3次，蒸馏水洗1次。

Ⅲ：洗涤剂洗1次，自来水洗2次，(1∶3)$HNO_3$荡洗1次，自来水洗3次，去离子水洗1次。

Ⅳ：铬酸洗液洗1次，自来水洗3次，蒸馏水洗1次。

4. 如果采集污水样品可省去用蒸馏水、去离子水清洗的步骤。

附录二

# 生物、微生物指标的保存技术（据HJ 493—2009《水质采样　样品的保存和管理技术规定》）

| 待测项目 | 采样容器 | 保存方法及保存剂用量 | 最少采样量/mL | 可保存事件 | 容器洗涤方法 | 备　注 |
| --- | --- | --- | --- | --- | --- | --- |
| 一、微生物分析 | | | | | | |
| 细菌总数大肠菌总数粪大肠菌粪链球菌沙门氏菌志贺氏菌等 | 灭菌容器G | 1～5℃冷藏 | | 尽快（地表水、污水及饮用水） | | 取氯化或溴化过的水样时，所用的样品瓶消毒之前，按每125 mL加入0.1 mL 10%（质量分数）的硫代硫酸钠以消除氯或溴对细菌的抑制作用。对重金属含量高于0.01的水样，应在容器消毒之前，按每125 mL容积加入0.3 mL的15%（质量分数）EDTA |
| 二、生物学分析（本表所列的生物分析项目，不可能包括所有的生物分析项目，仅仅是研究工作所常涉及的动植物种群） | | | | | | |
| 鉴定和计数 | | | | | | |
| 底栖无脊椎动物类——大样品 | P或G | 加入70%乙醇 | 1000 | 1年 | | 样品中的水应先倒出以达到最大的防腐剂的浓度 |
| | P或G | 加入37%甲醛（用硼酸钠或四氮六甲圜调节至中性）用100 g/L甲醛溶液稀释到3.7%甲醛（相应的1～10的甲醛稀释液） | 1000 | 3个月 | | |
| 底栖无脊椎动物类——小样品（如参考样品） | G | 加入防腐溶液，含70%乙醇，37%甲醛和甘油（比例是100∶2∶1） | 100 | 不确定 | | 加入防腐溶液，含70%乙醇，37%甲醛和甘油（比例是100∶2∶1） |

续表

| 待测项目 | 采样容器 | 保存方法及保存剂用量 | 最少采样量/mL | 可保存事件 | 容器洗涤方法 | 备注 |
|---|---|---|---|---|---|---|
| 藻类 | G或P盖紧瓶盖 | 每200份，加入0.5～1份卢格氏溶液1～5℃暗处冷藏 | 200 | 6个月 | | 碱性卢格氏溶液适用于新鲜水，酸性卢格氏溶液适用于带鞭毛虫的海水。如果退色，应加入更多的卢格氏溶液 |
| 浮游植物 | G | 见“海藻” | 200 | 6个月 | | 暗处 |
| 浮游动物 | P或G | 加入37%甲醛(用硼酸钠调节至中性)稀释至3.7%，海藻加卢格氏溶液 | 200 | 1年 | | 如果退色，应加入更多的卢格氏溶液 |
| 湿重和干重 | | | | | | |
| 底栖大型无脊椎动物大型植物藻类浮游植物浮游动物鱼 | P或G | 1～5℃冷藏 | 1000 | 24 h | | 不要冷冻到－20℃，尽快分析，不得超过24 h |
| | P或G | 加入37%甲醛(用硼酸钠或四氮六甲圜调节至中性)用100 g/L甲醛溶液稀释到3.7%甲醛(相应的1～10的甲醛稀释液) | 1000 | 3个月 | | 水生附着生物和浮游植物的干重湿重测量通常以计数和鉴定环节测量的细胞体积为基础 |
| 灰分重量 | | | | | | |
| 底栖大型无脊椎动物大型植物藻类浮游植物 | P或G | 加入37%甲醛(用硼酸钠或四氮六甲圜调节至中性)用100 g/L甲醛溶液稀释到3.7%甲醛(相应的1～10的甲醛稀释液) | 1000 | 3个月 | | 水生附着生物和浮游植物的干重湿重测量通常以计数和鉴定环节测量的细胞体积为基础 |
| 干重和灰分重量 | | | | | | |
| 浮游动物 | | 玻璃纤维滤器过滤并－20℃冷冻 | 200 | 6个月 | | |
| 毒性试验 | | | | | | |
| | P或G | 1～5℃冷藏 | 1000 | 24 h | | 保存期随所用分析方法不同 |
| | P | －20℃冷冻 | 1000 | 2周 | | |

注：G和P同附录一。

## 附录三

# 放射学分析的保存技术（据HJ 493—2009《水质采样 样品的保存和管理技术规定》）

| 待测项目 | 采样容器 | 保存方法及保存剂用量 | 最少采样量/mL | 可保存时间 | 备　注 |
|---|---|---|---|---|---|
| α放射性 | P | 用 $HNO_3$ 酸化，pH 1～2 | 2000 | 1个月 | 如果样品已蒸发，不酸化 |
| | P | 1～5℃暗处冷藏 | 2000 | 1个月 | |
| β放射性（放射碘除外） | P | 用 $HNO_3$ 酸化，pH 1～2 | 2000 | 1个月 | 如果样品已蒸发，不酸化 |
| | P | | 2000 | 1个月 | |
| γ放射性 | P | | 3000 | 2 d | 1 L水样加入2～4 mL次氯酸钠溶液(10%)，确保过量氯 |
| 氡同位素镭（氡生长测定法） | BG | | 2000 | 2 d | 最少4周 |
| 其他方法镭 | P | | 2000 | 2个月 | 最少4周 |
| | | | 2000 | 2个月 | |
| 放射性锶 | P | | 1000 | 1个月 | 最少2周 |
| 放射性铯 | P | | 5000 | 2 d | |
| 含氚水 | P | | 250 | 2个月 | 样品需分析前蒸馏 |
| 铀 | P | | 2000 | 1个月 | |
| | | | 2000 | 1个月 | |
| 钚 | P | | 2000 | 1个月 | |
| | | | 2000 | 1个月 | |

注：G或P或BG同附录一。

附录四

# 大气降水样品的保存
# (据GB/T 13580.2—1992《大气降水样品的采集与保存》)

| 待测项目 | 储存容器 | 储存方式 | 保存时间 |
|---|---|---|---|
| 电导率 | 聚乙烯瓶 | 冰箱(3～5℃) | 24 h |
| pH | 聚乙烯瓶 | 冰箱(3～5℃) | 24 h |
| $NO_2^-$ | 聚乙烯瓶 | 冰箱(3～5℃) | 24 h |
| $NO_3^-$ | 聚乙烯瓶 | 冰箱(3～5℃) | 24 h |
| $NH_4^+$ | 聚乙烯瓶 | 冰箱(3～5℃) | 24 h |
| $F^-$ | 聚乙烯瓶 | 冰箱(3～5℃) | 1个月 |
| $Cl^-$ | 聚乙烯瓶 | 冰箱(3～5℃) | 1个月 |
| $SO_4^{2-}$ | 聚乙烯瓶 | 冰箱(3～5℃) | 1个月 |
| $K^+$ | 聚乙烯瓶 | 冰箱(3～5℃) | 1个月 |
| $Na^+$ | 聚乙烯瓶 | 冰箱(3～5℃) | 1个月 |
| $Ca^{2+}$ | 聚乙烯瓶 | 冰箱(3～5℃) | 1个月 |
| $Mg^{2+}$ | 聚乙烯瓶 | 冰箱(3～5℃) | 1个月 |

## 附录五

# 氧在蒸馏水中的饱和溶解度

| 温度/℃ | $C_s$/(mg/L) | 温度/℃ | $C_s$/(mg/L) | 温度/℃ | $C_s$/(mg/L) | 温度/℃ | $C_s$/(mg/L) |
|---|---|---|---|---|---|---|---|
| 0 | 14.62 | 8 | 11.87 | 16 | 9.95 | 24 | 8.53 |
| 1 | 14.23 | 9 | 11.59 | 17 | 9.74 | 25 | 8.38 |
| 2 | 13.84 | 10 | 11.33 | 18 | 9.54 | 26 | 8.22 |
| 3 | 13.48 | 11 | 11.08 | 19 | 9.35 | 27 | 8.07 |
| 4 | 13.13 | 12 | 10.83 | 20 | 9.17 | 28 | 7.92 |
| 5 | 12.80 | 13 | 10.60 | 21 | 8.99 | 29 | 7.77 |
| 6 | 12.48 | 14 | 10.37 | 22 | 8.83 | 30 | 7.63 |
| 7 | 12.17 | 15 | 10.15 | 23 | 8.63 | | |

注：$C_s$ 是氧在纯水中的溶解度(饱和度)。

# 附录六

# 总大肠菌群检数表

接种水样总量 300 mL(100 mL 2 份,10 mL 10 份)时每升水样中总大肠菌群检数如下表所示。

| 10 mL 水样的阳性管数 | 每升水样中总大肠菌群数 | | |
|---|---|---|---|
| | 0 | 1 | 2 |
| 0 | <3 | 4 | 11 |
| 1 | 3 | 8 | 18 |
| 2 | 7 | 13 | 27 |
| 3 | 11 | 18 | 38 |
| 4 | 14 | 24 | 52 |
| 5 | 18 | 30 | 70 |
| 6 | 22 | 36 | 92 |
| 7 | 27 | 43 | 120 |
| 8 | 31 | 51 | 161 |
| 9 | 36 | 60 | 230 |
| 10 | 40 | 69 | >230 |

附录七

# 环境生物类实验用培养基的配制

1. 牛肉膏蛋白胨培养基(培养细菌用)

牛肉膏 5 g,蛋白胨 10 g,氯化钠 5 g,蒸馏水 1000 mL。以上为液体培养基配方;配制固体培养基时,在该配方的基础上加 15~20 g 琼脂即可。用 10%盐酸或 10%的氢氧化钠调节 pH 7.0~7.2,121℃灭菌 20 min。

2. 马铃薯-葡萄糖培养基(PDA,培养真菌)

马铃薯(去皮)200 g,葡萄糖 20 g,琼脂 15~20 g,自来水 1000 mL,自然 pH。将马铃薯洗净去皮切成小块,加水 1000 mL 煮烂(煮沸 20~30 min,能被玻璃棒戳破即可),用四层纱布过滤,滤液加葡萄糖和琼脂,继续加热搅拌,稍冷却后再补足水分至 1000 mL,分装、加塞、包扎,112℃灭菌 35 min。

3. 马丁氏培养基(分离真菌)

葡萄糖 10 g,蛋白胨 5 g,$KH_2PO_4$ 1 g,$MgSO_4 \cdot 7H_2O$ 0.5 g,琼脂 15~20 g,1/3000 孟加拉红 100 mL,蒸馏水 800 mL,自然 pH。112℃灭菌 35 min。临用前,以无菌操作每 100 mL 培养基中加 1%链霉素液 0.3 mL,使其终浓度为 30 μg/mL。

4. 高氏 1 号液体培养基(培养放线菌用)

可溶性淀粉 20 g,$KNO_3$ 1 g,$K_2HPO_4$ 0.5 g,$MgSO_4 \cdot 7H_2O$ 0.5 g,NaCl 0.5 g,$FeSO_4 \cdot 7H_2O$ 0.01 g,琼脂 20 g,pH=7.2~7.4。配制时,先用少量冷水将淀粉调成糊状,再倒入少于所需水量的沸水中,在火上加热,边搅拌边依次逐一溶化其他成分,溶化后,补足水分至 1000 mL,调节 pH,121℃灭菌 20 min。

5. 乳糖蛋白胨液体培养基

蛋白胨 10 g,牛肉膏 3 g,NaCl 5 g,蒸馏水 1000 mL,1.6%溴甲酚紫乙醇溶液 1 mL,pH 7.2~7.4。

分装试管,每管 10 mL,112℃灭菌 35 min。

6. 三倍浓缩乳糖蛋白胨液体培养基

蛋白胨 30 g,牛肉膏 9 g,NaCl 15 g,蒸馏水 1000 mL,1.6%溴甲酚紫乙醇溶液 3 mL,pH 7.2~7.4。

分装试管,每管 5 mL,112℃灭菌 35 min。

7. 伊红美蓝固体培养基(EMB 培养基)

蛋白胨 10 g,乳糖 10 g,$K_2HPO_4$ 2 g,琼脂 25 g,2%伊红 Y(曙红)水溶液 20 mL,0.5%

美蓝水溶液 13 mL，pH 7.4。先将蛋白胨、乳糖、$K_2HPO_4$ 和琼脂混匀溶解后，调节 pH 为 7.4，加塞包扎待灭菌。伊红 Y(曙红)水溶液、美蓝水溶液单独分装。112℃灭菌 35 min。灭菌后，在无菌操作条件下充分混匀。

8. 氨氧化细菌培养基

$(NH_4)_2SO_4$ 2.0 g，$K_2HPO_4$ 0.75 g，$NaH_2PO_4$ 0.25 g，$MnSO_4 \cdot 4H_2O$ 0.01 g，$MgSO_4 \cdot 7H_2O$ 0.03 g，$CaCO_3$ 5.0 g，蒸馏水 1000 mL，pH 7.2，121℃灭菌 20 min。

9. 亚硝酸盐氧化细菌培养基

$NaNO_2$ 1.0 g，$K_2HPO_4$ 0.75 g，$NaH_2PO_4$ 0.25 g，$MnSO_4 \cdot 4H_2O$ 0.01 g，$MgSO_4 \cdot 7H_2O$ 0.03g，$Na_2CO_3$ 1.0 g，$CaCO_3$ 5.0 g，蒸馏水 1000 mL，pH 7.2，121℃灭菌 20 min。

10. 麦芽汁培养基

①麦芽汁固体培养基：麦芽汁 150 mL，琼脂 3 g，自然 pH(约 6.4)。121℃灭菌 20 min。②麦芽汁液体培养基：麦芽汁 70 mL，自然 pH(约 6.4)，121℃灭菌 20 min。

11. 麦氏(McClary)培养基

葡萄糖 0.1 g，KCl 0.18 g，酵母膏 0.25 g，乙酸钠 0.82 g，琼脂 1.5 g，蒸馏水 100 mL，112℃湿热灭菌 35 min。

12. EC 液体培养基

胰胨 20 g，乳糖 5 g，胆盐三号 1.5 g，磷酸氢二钾($K_2HPO_4$)4 g，磷酸二氢钾($KH_2PO_4$)1.5 g，氯化钾 5 g，蒸馏水 1000 mL，pH 为 6.9。分装于倒置有德汉氏小套管的试管中，每管 5 mL，112℃灭菌 35 min。

附录八

# 革兰氏染色法

革兰氏染色法是细菌学中最常用的一种鉴别染色法，将细菌分为两大类。细菌经结晶紫初染，并用碘液媒染后，用95%乙醇溶液脱色，最后用番红杂色液复染，倘若细菌经一系列处理后仍保持紫色，则为革兰氏染色阳性；如果细菌被酒精脱色，可被复染成红色，则为革兰氏染色阴性。

1. 草酸铵结晶紫染色液

甲液：结晶紫 2.5 g，溶于 25 mL 95%乙醇溶液。乙液：草酸铵 1.0 g，溶于 100 mL 蒸馏水。将结晶紫研细后，加入 95%乙醇溶液使之溶解，配成甲液；将草酸铵溶于蒸馏水，配成乙液。将两者混合均匀，静置 48 h 后使用。

2. 卢哥氏(Lugol)碘液

碘 1 g，碘化钾 2 g，溶于 300 mL 蒸馏水。将碘化钾溶于少量蒸馏水中，然后加入碘，待碘全部溶解后，加水稀释至 300 mL。

3. 番红染色液(safranine)

番红 2.5 g、95%乙醇溶液 100 mL，取上述配好的番红乙醇溶液 10 mL 与 80 mL 蒸馏水混匀即可。

4. 脱色剂

95%乙醇溶液。

5. 染色步骤

(1) 初染：加草酸铵结晶紫 1 滴，约 1 min，水洗。

(2) 媒染：滴加碘液冲去残水，并覆盖约 1 min，水洗。

(3) 脱色：将载玻片上面的水甩净，并衬以白背景，用 95%乙醇溶液滴洗至流出乙醇溶液刚刚不出现紫色时为止，20～30 min，立即用水冲净乙醇溶液。

(4) 复染：用番红杂色液复染 1～2 min，水洗。

(5) 干燥后，在显微镜下观察颜色。革兰氏阴性菌呈红色，革兰氏阳性菌呈紫色。

# 参考文献


[1] 高廷耀.水污染控制工程：下册[M].4版.北京：高等教育出版社，2019.

[2] 成官文.水污染控制工程实验教学指导书[M].北京：化学工业出版社，2013.

[3] 国家环境保护总局.水和废水检测分析方法[M].北京：中国环境科学出版社，2002.

[4] 陈泽堂.水污染控制工程实验[M].北京：化学工业出版社，2002.

[5] 钟文辉.环境科学与工程实验教程[M].北京：高等教育出版社，2013.

[6] 中华人民共和国卫生行业标准(WS/T 799—2022)[S].污水中新型冠状病毒富集浓缩和核酸检测方法标准.

[7] 中华人民共和国环境保护行业标准(HJ/T 345—2007)[S].水质铁的测定—邻菲啰啉分光光度法.

[8] 中华人民共和国国家环境保护标准(H/T 91.1—2019)[S].污水监测技术规范.

[9] 中华人民共和国国家环境保护标准(H/T 91—2002)[S].地表水和污水监测技术规范.

[10] 中华人民共和国国家环境保护标准(HJ 494—2009)[S].水质采样技术指导.

[11] 中华人民共和国国家环境保护标准(HJ 495—2009)[S].采样方案设计技术规定.

[12] 中华人民共和国国家标准(GB/T 14581—1993)[S].水质湖泊和水库采样技术指导.

[13] 中华人民共和国国家标准(GB 13580.2—1992)[S].大气降水样品的采集与保存.

[14] 中华人民共和国国家环境保护标准(HJ 493—2009)[S].水质样品的保存和管理技术规定.

[15] 中华人民共和国国家环境保护标准(HJ 164—2020)[S].地下水环境监测技术规范.

[16] 中华人民共和国环境保护行业标准(H/T 92—2002)[S].水污染物排放总量监测技术规范.

[17] 刘洁，付睿峰，王娟娟，等.总有机碳固体进样系统测定生物可降解材料中有机碳含量[J].环境化学，2021，40(7)：2268-2270.

[18] 徐爱玲，宋志文.环境工程微生物实验技术[M].北京：中国电力出版社，2017.

[19] 乐毅全，王士芬.环境微生物学[M].3版.北京：化学工业出版社，2018.

[20] 郭俊元，陈诚，刘文杰.微生物絮凝剂及与壳聚糖复配处理亚甲基蓝废水[J].中国环境科学，2017，37(9)：3346-3352.

[21] 侯玉琳.微生物絮凝剂与PAC复配用于印染废水的研究[J].天津化工，2018，32(5)：15-17.

[22] 郜守一，邵传东，张彦军，等.离子选择电极法测定氟离子方法的优化[J].化工设计通讯，2021，47(3)：63-70.

[23] 田雅楠，王红旗.Biolog法在环境微生物功能多样性研究中的应用[J].环境科学与技术，2011，34(3)：50-57.

[24] 中华人民共和国国家环境保护标准(HJ 897—2017)[S].水质叶绿素a的测定分光光度法.